高等学校水利学科教学指导委员会组织编审

高等学校水利学科专业规范核心课程教材·水文与水资源工程

# 河流动力学

主　编　武汉大学　张小峰
副主编　四川大学　刘兴年
主　审　清华大学　吴保生

U0294380

中国水利水电出版社
www.waterpub.com.cn

# 内 容 提 要

　　本教材是水利学科教学指导委员会推荐教材。全书系统介绍了河流动力学的理论，除绪论外共分 11 章，分别阐述河流泥沙来源、泥沙运动、流域侵蚀、河床演变、河道观测和河床冲淤变形模拟方法等内容。

　　本书为水文与水资源工程专业"十二五"普通高等教育本科国家级规划教材，亦可供水利类其他专业师生参考使用。

## 图书在版编目（CIP）数据

　　河流动力学/张小峰主编 . —北京：中国水利水电出版社，2010.6（2022.5 重印）
　　高等学校水利学科专业规范核心课程教材 . 水文与水资源工程
　　ISBN 978 - 7 - 5084 - 7638 - 4

　　Ⅰ.①河… Ⅱ.①张… Ⅲ.①河流动力学—高等学校—教材 Ⅳ.①TV143

　　中国版本图书馆 CIP 数据核字（2010）第 120799 号

| | | |
|---|---|---|
| 书　　名 | 高等学校水利学科专业规范核心课程教材·水文与水资源工程<br>**河流动力学** | |
| 作　　者 | 主　编　武汉大学　张小峰<br>副主编　四川大学　刘兴年<br>主　审　清华大学　吴保生 | |
| 出版发行 | 中国水利水电出版社<br>（北京市海淀区玉渊潭南路 1 号 D 座　100038）<br>网址：www.waterpub.com.cn<br>E - mail：sales@mwr.gov.cn<br>电话：（010）68545888（营销中心） | |
| 经　　售 | 北京科水图书销售有限公司<br>电话：（010）68545874、63202643<br>全国各地新华书店和相关出版物销售网点 | |
| 排　　版 | 中国水利水电出版社微机排版中心 | |
| 印　　刷 | 北京市密东印刷有限公司 | |
| 规　　格 | 175mm×245mm　16 开本　13.5 印张　312 千字 | |
| 版　　次 | 2010 年 6 月第 1 版　2022 年 5 月第 5 次印刷 | |
| 印　　数 | 11001—14000 册 | |
| 定　　价 | **40.00 元** | |

# 高等学校水利学科专业规范核心课程教材

## 编 审 委 员 会

# 水文与水资源工程专业教材编审分委员会

# 总　前　言

随着我国水利事业与高等教育事业的快速发展以及教育教学改革的不断深入，水利高等教育也得到很大的发展与提高。与 1999 年相比，水利学科专业的办学点增加了将近一倍，每年的招生人数增加了将近两倍。通过专业目录调整与面向新世纪的教育教学改革，在水利学科专业的适应面有很大拓宽的同时，水利学科专业的建设也面临着新形势与新任务。

在教育部高教司的领导与组织下，从 2003 年到 2005 年，各学科教学指导委员会开展了本学科专业发展战略研究与制定专业规范的工作。在水利部人教司的支持下，水利学科教学指导委员会也组织课题组于 2005 年底完成了相关的研究工作，制定了水文与水资源工程、水利水电工程、港口航道与海岸工程以及农业水利工程四个专业规范。这些专业规范较好地总结与体现了近些年来水利学科专业教育教学改革的成果，并能较好地适用不同地区、不同类型高校举办水利学科专业的共性需求与个性特色。为了便于各水利学科专业点参照专业规范组织教学，经水利学科教学指导委员会与中国水利水电出版社共同策划，决定组织编写出版"高等学校水利学科专业规范核心课程教材"。

核心课程是指该课程所包括的专业教育知识单元和知识点，是本专业的每个学生都必须学习、掌握的，或在一组课程中必须选择几门课程学习、掌握的，因而，核心课程教材质量对于保证水利学科各专业的教学质量具有重要的意义。为此，我们不仅提出了坚持"质量第一"的原则，而且还通过专业教学组讨论、提出，专家咨询组审议、遴选，相关院、系认定等步骤，对核心课程教材的选题及主编、主审人选和教材编写大纲进行了严格把关。为了把本套教材组织好、编著好、出版好、使用好，我们还成立了高等学校水利学科专业规范核心课程教材编审委员会以及各专业教材编审分委员会，对教材编纂与使用的全过程进行组织、把关和监督，充分依靠各学科专家发挥咨询、评审、决策等作用。

本套教材第一批共规划 52 种，其中水文与水资源工程专业 17 种，水利水电工程专业 17 种，农业水利工程专业 18 种，计划在 2009 年年底之前全部出齐。尽管已有许多人为本套教材作出了许多努力，付出了许多心血，但是，由于专业规范还在修订完善之中，参照专业规范组织教学还需要通过实践不断总结提高，加之，在新形势下如何组织好教材建设还缺乏经验，因此，这套教材一定会有各种不足与缺点，恳请使用这套教材的师生提出宝贵意见。本套教材还将出版配套的立体化教材，以利于教、便于学，更希望师生们对此提出建议。

高等学校水利学科教学指导委员会

中国水利水电出版社

2008 年 4 月

# 前　言

　　本教材是水利学科教学指导委员会与中国水利水电出版社共同策划、组织编写出版的"高等学校水利学科专业规划核心课程教材"之一，为高等学校水文与水资源工程专业的通用教材，2014 年被评为"十二五"普通高等教育本科国家级规划教材。

　　全书共分 11 章，前 6 章讲述河流泥沙运动的基本规律，包括河流泥沙的来源和基本特性、泥沙的沉速、泥沙的起动、推移质运动与悬移质运动规律等，第 7 章阐述流域侵蚀与水土保持方面的知识，第 8 章和第 9 章叙述河床演变方面的内容，第 10 章讲述河道观测和数据库管理系统，第 11 章讲述河床冲淤变形模拟方法。

　　本书由张小峰担任主编，刘兴年担任副主编。其中绪论、第 1 章、第 4 章、第 6 章、第 11 章由武汉大学张小峰编写，第 8 章、第 9 章由武汉大学陈立编写，第 2 章、第 3 章、第 5 章、第 7 章、第 10 章由四川大学刘兴年、黄尔、王协康编写。编写过程中，引用了有关院校、研究单位编写的教材及技术资料，编者在此一并致谢。

　　本书由清华大学吴保生教授担任主审，在审稿过程中提出了许多宝贵意见，在此表示衷心感谢。

　　限于编写者的水平，书中难免有疏漏错误，敬请读者批评指正。

编　者

2010 年 3 月

# 目　录

# 绪　论

　　众所周知，河流与人类的关系非常密切，是人类文明的摇篮。河流两岸广阔的冲积平原和源源不断的淡水资源是人类得以生存和发展的重要条件。纵观历史，人类文明基本上都是以河流及流域作为其发源地，例如两河文明发源于底格里斯河与幼发拉底河流域，尼罗河文明发源于尼罗河流域，印度河文明发源于印度河与恒河流域，中华文明则起源于黄河和长江流域。但是河流周期性的洪水泛滥等灾害又对人类生存构成严重的威胁。因此，人类要想趋利避害，谋求社会经济的可持续发展，就需要认识河流。

## 0.0.1　河流动力学的研究内容

　　河流是在自然因素及人类影响下水流与河床以泥沙为中介相互作用的产物，有其自身发展变化的客观规律。河流动力学就是以力学及统计等方法研究河流在水流、泥沙和河床边界三者共同作用下的变化规律的学科，主要内容包括以下几方面。

　　(1) 水流结构。研究水流内部运动特征及运动要素的空间分布。河道中的水流运动基本上都属于阻力平方区紊流。水流紊动与泥沙运动密切相关。例如床面泥沙起动和推移质运动等均与床面附近水流的紊动有着密切的联系；河流中的悬移质泥沙之所以在重力作用下依然能够在垂线上保持一定分布，随水流悬浮向前运动，也完全是水流紊动引起上下水团交换的结果。水流结构研究在河流动力学中起着重要的支撑作用。

　　(2) 泥沙运动。研究泥沙冲刷、搬运和堆积的机理。天然河流中，水流与河床是一个矛盾的统一体，一方面水流作用于河床，使河床发生变化，另一方面河床又反过来作用于水流，影响水流结构，二者相互依存、相互影响、相互制约，从而使河流永远处于不断的发展和变化之中。而泥沙运动是水流与河床之间相互作用的纽带。在泥沙运动过程中，泥沙不断从矛盾的一个方面转化到矛盾的另一个方面：一种情况下，泥沙发生沉降淤积，成为河床的组成部分，河床抬高；另一种情况下，河床泥沙遭受冲刷，成为河水的组成部分，河床高程降低。泥沙运动的纽带作用使得关于泥沙运动规律的研究成为河流动力学的核心。

（3）河床演变。研究流域水系的形成和发展、河流系统、河流分类与河型成因、不同类型河流的河床演变规律等。随着河流来水来沙条件的变化，河流将自动调整它的纵向、断面和平面形态以及河床物质组成，以达到与上游来水来沙相适应的河床形态，从而引起河床处于不断的演变过程中。

## 0.0.2　河流动力学发展过程简述

河流动力学的发展与人类社会的生产发展状态、科学技术水平以及认识手段有着密切的关系。

古代，人类社会的生产力水平低下，科学技术不发达，人类对河流客观规律的认识还处于感性阶段，主要通过对河流治理实践过程中的经验进行积累与总结来完成，还没有河流动力学的概念，对河流动力学的系统认识与论述更无从谈起。那时人类对于河流动力学所形成的一些优秀认识成果散见于一些当时兴修的水利工程以及水利著作中。大约 2200 多年前（公元前 256 年），秦国蜀郡太守李冰修建的都江堰引水工程就巧妙地利用自然河势来分流分沙、引水排沙，是我国古代劳动人民利用河流动力学经验知识治理河道、兴修水利的典范。都江堰水利枢纽位于四川省都江堰市，为岷江

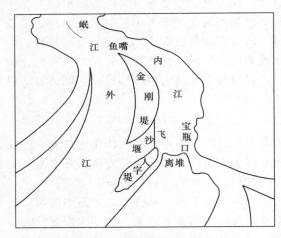

图 0-1　都江堰布局示意图

出山口后进入成都平原的起点，由鱼嘴、金刚堤、飞沙堰、宝瓶口等组成，示意图如图 0-1 所示。鱼嘴位于江心，将岷江分隔成外江和内江，金刚堤是建于江心的分水堤坝，外江排洪，内江引水灌溉。飞沙堰起泄洪、排沙和调节水量的作用。宝瓶口控制进水流量，因口的形状如瓶颈，故称宝瓶口。宝瓶口附近玉垒山截断的山丘部分，称为离堆。在中小流量时，水流出关口后主流趋左，平顺进入内江。在内江流量小于 350m³/s 时，飞沙堰不溢流，水流过宝瓶口进入引水渠。当岷江流量为 600～800m³/s 时，内江

分流比为 56％。在较大洪水时，河心滩过流，主流趋中，到鱼嘴时偏右，大于 50％的水流进入外江下泄。河道内大量输移的卵石在上游微弯河势弯道环流的作用下进入外江。飞沙堰位于内江弯道的下段，在弯道环流的作用下进入内江的卵石 90％以上从飞沙堰排到外江，实测从飞沙堰排出的卵石直径最大可达到 600mm 以上。发生大洪水时，主流直冲离堆的凹形崖壁，反冲后几乎横向宝瓶口，极大地挤压了宝瓶口的有效过水面积，从而控制宝瓶口的进流量。都江堰水利工程建成后，成都平原沃野千里，"水旱从人，不知饥馑，沃野千里，世号陆海，谓之天府"。另外，公元前 246 年，秦王嬴政采用韩国人郑国的建议，兴修了大型灌溉工程郑国渠，西引泾水中的含沙水流灌溉关中平原。西汉末年，针对当时黄河河患频发的状况，贾让提出了以"宽河行洪"思想为主的治理黄河三策，对后世产生了重要的影响。

近代以后，随着工业革命的兴起，科学技术飞速发展，河流治理逐渐从过去单纯依靠经验转变为在理论和科学试验指导下进行，对河流的认识越来越系统化、专业化，河流动力学逐渐发展成为一门独立的学科，专门从事河流动力学研究的学者也大量涌现，推动了河流动力学学科的发展。Guglielmini 被西方认为是河流动力学的创始人，他以野外观测的成果为基础出版了河流治理及泥沙运动和沉积的专著。Dubuat（1734—1809）在他的《水力学原理》第二版中记录了各种尺寸的泥沙颗粒的起动流速，讨论了沙波的形状和运动规律、渠道横断面的稳定、粗化影响、各种均匀流方程以及冲积河流的形态等问题。Baumgarten 在 1848 年出版的书中第一次记述了实测的输沙率，仔细量测了沙波的尺度和运动速度。Dubuit（1804—1866）是第一个深入研究悬移质输沙的人。Duboys 于 1879 年提出的拖曳力理论被广泛应用于推移质运动的研究。Deacon 在 1894 年通过试验系统观测了沙波运动随水流变化的全过程。Fargue 第一个在室内进行动床河工模型试验研究。Engels 于 1898 年修建了专门的实验室，开展大量有关动床水力学问题的研究。Meyer - Peter 对推移质运动进行了细致的研究，导出了沿用至今的推移质输沙率公式。Rouse 在 1938 年发表的泥沙紊动扩散理论的论文是泥沙运动力学研究的重大成果。Einstein 从理论上系统研究了推移质运动，开创了用流体力学和概率论相结合来研究泥沙运动的先河，并于 1942 年发表了著名的 Einstein 推移质输沙率公式。另外，我国的众多学者也对河流动力学开展了大量的研究工作。张瑞瑾先生主编的《河流动力学》于 1961 年出版，是我国在该领域最早的著作。钱宁先生完成的三部巨著《泥沙运动力学》、《河床演变学》、《高含沙水流运动》奠定了我国泥沙研究在世界上的重要地位。

### 0.0.3　河流动力学的应用

在河流系统中，泥沙作为一个重要的组成要素，其引发的问题是多种多样的，主要包括以下几方面。

（1）水库泥沙淤积。我国许多河流含沙量都比较大，水库淤积问题突出。例如 1949 年新中国成立后，我国在黄河上中游和干支流共修建了小（1）型以上水库 700 多座，其中大型水库 25 座，总库容近 900 亿 m³。到 20 世纪 90 年代时，大型水库已经淤积的库容近 120 亿 m³，小型水库淤积情况更为严重，淤积量占总库容近 90%，严重影响水库综合效益的发挥。

（2）水利枢纽下游河床冲刷。在河道上修建水利枢纽后，运行初期，泥沙大量被水库拦蓄，下泄水流含沙量明显降低，下游河床发生冲刷，床沙粗化。河床冲刷类型一般有两种：①枢纽下游较长河段上普遍发生的一般冲刷；②在枢纽下游附近较短河段内发生的局部冲刷。前者的冲刷距离往往长达数十千米到数百千米，后者的冲刷距离虽然只有数十米至数百米，但其冲刷深度较前者大得多。

（3）引水工程中的泥沙问题。为满足工农业和生活用水，往往需要从天然河道中取水。取水口运行后，在上、下游一定范围内由于分水分沙的影响河势会发生相应的变化，主流线可能发生摆动。因此，在规划设计阶段，必须认真分析取水口所在河段的河床演变、泥沙运动规律及其对取水口的影响。若对这些问题重视不够或处理不好，就会造成取水口和引水渠的严重淤积，甚至使整个取水工程淤废。

（4）港口航道泥沙问题。港口是水陆联运的枢纽，是货物集散地和转运站；航道是船舶航行的水上通道，是河道内满足船舶航行尺度要求的连续带状水域。对于港口选址，泥沙淤积问题是重要的考虑因素。航道内若由于泥沙淤积造成船舶搁浅，阻碍航行，则必须采取工程措施予以解决。

（5）河道泥沙淤积问题。对于多沙河流，河道内泥沙淤积、床面高程抬高是其主要问题。我国的黄河是典型的多沙河流。据 1985 年前统计资料，黄河每年输送到下游的泥沙多达 16 亿 t，其中约有 12 亿 t 输送入海，约 4 亿 t 沉积在河床上，日积月累，河床愈抬愈高，成为举世闻名的"地上悬河"，河床高于两岸地面 3～5m，最大者达到 10m，过洪能力降低，极易酿成洪灾甚至改道，每次洪灾或改道都给两岸人民群众的生命财产造成巨大的损失。近年来，随着沿黄地区社会经济的快速发展，工农业、城乡用水日益增加，人类对河流的干预也不断加大，上、中游水利枢纽日趋增多，进入黄河下游的水量进一步减少，中小流量历时延长。在中小流量下，泥沙淤积主要发生在河槽里，嫩滩附近淤积厚度较大，远离主槽的滩地淤积厚度较小，堤根附近淤积更少，形成"槽高、滩低、堤根洼"的"二级悬河"局面。加上河槽两侧人工生产堤的束缚，"二级悬河"发展十分迅速。目前，只要水流漫滩，大堤堤根附近平均水深就会达到 2～3m，局部河段堤根最大水深可达到 5m 以上，横河、斜河、滚河、堤防发生冲决或溃决等的可能性增大，出现了"小水大灾"的不利局面。这对黄河下游的河势稳定、河道行洪等均产生了非常不利的影响。

上述这些问题的解决主要依靠的就是河流动力学专业知识。

## 0.0.4 河流动力学的研究方法

泥沙运动涉及的影响因素众多、影响机理复杂，研究方法主要有理论研究、试验研究、原型观测、数学模型等。在研究过程中，这几种方法常常是互相结合补充，相辅相成。

（1）理论研究。河流动力学的基础理论包括泥沙运动力学基本理论和河流演变过程原理的研究。河流动力学研究对象的物理机理相当复杂，一方面表现出力学作用规律的必然性，另一方面又表现出数理统计意义上的随机性，显示出两面性的特征。力学分析与统计理论是河流动力学研究的主要理论工具。

（2）试验研究。试验研究是河流动力学研究的一种重要手段，包括水槽试验和河工模型试验。水槽试验主要是为理论研究服务的，也可以检验理论分析成果的正确性。河工模型试验主要是为了解决河流上的工程问题。由于天然河流几何尺度较大，因此一般根据相似原理，将原型河流按一定比尺缩小后再在实验室进行河工模型试验。

（3）原型观测。原型观测资料是第一手资料，是开展河流动力学研究的一个非常重要的环节。对其进行分析，可以总结出某些基本规律，也可以对理论分析成果进行验证。验证是重要的步骤，如果验证发现问题，就需要进行修正或重新研究，直至验证证实所得结果是可靠的。通过验证可以达到"去粗取精，去伪存真"的效果。

（4）数学模型。20 世纪 50 年代以来，随着计算机技术的迅猛发展和计算水平的不断提高，人们越来越多地借助数学模型研究河流的问题，特别是大范围、长周期的河流影响和变化，只能采用数学模型的方法进行研究。数学模型正在成为研究河流泥沙问题的一种重要手段。

### 0.0.5　河流动力学学科展望

从历史角度来说，河流动力学是一门古老的学科，但从发展的角度来说，河流动力学又是一门常新的学科。河流动力学从它建立之日起，就不断地通过与其他学科相互交叉发展，拥有蓬勃的生机与活力。展望河流动力学学科的发展，它应包含两个方面的内容：一是在传统理论与现代化量测技术的基础上，对已有的研究成果进行系统的总结、归纳和提高，对一些假定和近似处理给出更严密的论证，对一些经典的试验成果重新进行检验；二是开拓新的研究领域和研究方向，特别要注重与其他学科和最新的科学技术的交叉与融合。现阶段，随着人类社会经济的向前发展，科学技术的不断进步，河流动力学与其他学科的交叉更趋活跃，主要表现在以下几个方面。

（1）河流地貌学是研究在水流动力作用下，全流域及其水系的组成物质、形态演变和分布规律的学科，河流动力学通过与地貌学交叉，形成河流动力地貌学。

（2）河流中泥沙颗粒（特别是细颗粒泥沙）具有很强的吸附能力，在运动过程中可以吸附和携带水体中的污染物质，河流动力学通过与环境学科交叉，形成环境泥沙学。

（3）如今，地球空间信息科学迅猛发展，河流动力学通过与遥感、遥测和卫星定位系统交叉，建立河流动力学信息系统。

（4）河流动力学与海岸动力学交叉研究近岸海流、潮汐与波浪作用下的泥沙运动规律及海岸带湿地与生物多样性的保护。

（5）在流域尺度上，以泥沙为主要研究对象，将流域面与河道作为一个整体加以考虑，实现从河流泥沙向流域泥沙的转变，形成流域泥沙动力学等。

我们相信，在新的世纪里，河流动力学这一学科必将能够迸发出新的活力。

# 第1章

## 河流泥沙的来源和基本特性

　　河流是自然界中水流、泥沙输送的主要通道。流域的水土侵蚀是河流泥沙的主要来源。河流中水流与河床的相互作用以泥沙运动为纽带，水流通过泥沙的冲刷、输运和沉积，使河床发生冲淤方面的变化，反过来河床作用于水流，影响水流结构。泥沙运动规律是河流动力学的核心问题。泥沙颗粒在水中的运动既取决于水体的性质和运动状态又与泥沙颗粒的粒径、级配、容重等物理、化学性质有关。认识泥沙颗粒的物理、化学特性是研究泥沙运动规律的基础。

## 1.1　河流和流域

　　从水文学的定义来说，在陆地表面上接纳、汇集和输送水流的路径和通道称为河槽，河槽与其中流动的水流，统称为河流。从河流动力学的角度来说，河流是由水、泥沙及河床边界共同组成的系统，三者相互作用、相互制约，并且受外部各种自然因素和人类活动的影响。较大的河流常称为江、川、河，较小的河流常称为涧、溪、沟、曲等。每条河流均有河源和河口，河源是指河流的发源地，河口是河流的终点。水系是指地表水和地下水通过地表和地下途径汇入小沟、溪，然后又汇入较大一级沟、溪或小河，最后逐步汇聚而成江河的河网系统。流域是指河流的集水区，由分水线包围所构成。由于流域内的水流包括地表水和地下水，因此分水线也有地表分水线与地下分水线之分。相应河流集水区可以分为地表集水区和地下集水区两类。如果地表集水区和地下集水区在垂直投影面上相重合，称为闭合流域；如果地表集水区和地下集水区由于地形、地质等方面的原因在垂直投影面上不重合，称为非闭合流域。由于地下水的分水线难以测定，所以平时所称的流域一般指的是地表集水区。

### 1.1.1　河流系统

　　从系统论的角度来说，河流系统可以划分为多个子系统，每个子系统又由多个复杂的因子所组成。陆中臣等[1]将河流系统划分为山坡地系统、河道系统及三角洲系统3个子系统。

（1）山坡地系统：从海洋中蒸发的水汽被气流输送到大陆形成降雨。当降雨落到裸露的坡地上时，开始在坡地上呈面状流动，均匀侵蚀地面，产生泥沙，面状水流逐渐汇集，发展成线状水流，土壤侵蚀能力加强，坡面出现细沟，细沟发育的范围仍属坡地系统。当细沟下部水流进一步集中，发生剧烈侵蚀，形成切沟，切沟的沟底坡度明显不同，沟缘与坡地之间有清晰的转折。切沟沟缘构成坡地系统的下界限，上界为分水岭。其中坡度、地形、物质组成、植被、降雨、温度、重力、地下水等构成了山坡地系统的主要因子。

（2）河道系统：从切沟开始，水流沟道不断冲深展宽，发育成冲沟和间歇性小溪。水流进一步汇集，不断向低洼处流动，沿程不断冲深展宽，发育成更大的具有常年流水的河槽，水流运动、泥沙输移和沉积成为主要特征，此时属于河道系统。其中流量、流速、水流结构、河槽形态、河道物质组成、河型、含沙量等构成了河道系统的主要因子。

（3）三角洲系统：河流入海河段，潮波影响最远的地点是河道系统的下界，也就是三角洲系统的上界。三角洲系统的下界一般认为位于水下三角洲前缘坡度转折点处，也就是整个河流系统的底界。最后，通过河流输运来的水流、泥沙进入海洋。其中径流、潮流、海流、波浪、泥沙等构成了三角洲系统的主要因子。

河流子系统的示意图如图1-1所示。从上述过程可以看出，河流系统对全球水文循环、地表泥沙物质输运均起着非常重要的作用。

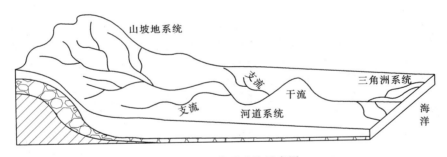

图1-1 河流子系统示意图

## 1.1.2 流域几何形态

流域作为河流的集水区，很多特点均与流域面积有关。Hack[2]发现河流某一控制点以上的干流长度与该点以上的流域面积之间存在如下关系：

$$L = 1.27A^{0.6} \tag{1-1}$$

式中：$L$ 为河流某一控制点以上的干流长度，km；$A$ 为该点以上的流域面积，km²。自河源顺流向下，流域面积越来越大。

表示流域整体外形常用的特征指标有：形态要素、流域圆度、流域狭长度和流域对称指标等。

形态要素：

$$R_f = A_u / L_b^2 \tag{1-2}$$

流域圆度：

$$R_c = A_u / A_c \tag{1-3}$$

流域狭长度：

$$R_e = D_c / L_b \tag{1-4}$$

流域对称指标：

$$R_s = A_{u1} / A_{u2} \tag{1-5}$$

式中：$A_u$ 为流域面积；$L_b$ 为流域长度；$u$ 为河段级别；$A_c$ 为与流域具有同一周长的圆面积；$D_c$ 为与流域具有同一面积的圆的直径；$A_{u1}$、$A_{u2}$ 为流域中主流右半侧、左半侧的面积。

### 1.1.3　水系形态规律

#### 1.1.3.1　水系的平面形态

由于流域内地质、地理条件的复杂多变，水系相应可以形成各种不同的平面形态，它们各自具有不同的特点。

（1）树枝状。这是一种最常见的水系形态，支流与微弯的干流以锐角相交，多出现在岩石与土层比较单一的地区，形状呈水平状或略有倾斜，在水系初形成时地面坡降较平。

（2）长方形。由于受直角相交的基岩节理和断裂控制，支流多以直角与干流相交，形成长方形水系，河流与分水岭之间缺乏地区连续性。

（3）羽毛状。水系由长而接近平行的顺向河和两侧大小几乎相等的小河槽组成。多出现在地形狭长地区，土壤中粉砂含量比较高。

（4）平行状。一般出现在均匀、和缓并作等坡度下降的坡面上，干流多位于断层或断裂处。

（5）放射状。受火山口、穹丘、残蚀地形的影响，自高处作辐射状外流的水系。

（6）环状。在具有结构的穹丘处，可以见到这种水系。从地形特征看与放射状水系相似，但支流受岩石的断裂和节理控制，多呈同心圆状。

此外，水系的平面形态还有格栅状、多棱角状、向心状、分散状等。

图 1-2 为几种类型的水系平面形态示意图。

#### 1.1.3.2　水系组成的 Horton - Strahler 模式

Horton 和 Strahler[3] 认为水系是由不同大小与级别的河道所组成。下面为 Horton - Strahler 水系组成模式中一些形态参数的概念。

（1）河道级别：水系是由各种大小不同的沟道、河道所组成，河道级别是采用序列方法来表达它们之间差异的分级方法。1945 年 Horton 提出，在一个流域内，最小的不分枝的支流为第一级河道，接纳第一级但不接纳更高级的支流为第二级河道，接纳第一级和第二级支流的河道为第三级河道，依此类推，直到将整个流域中的河道划分完毕为止。按照这种分级方法，主流可以一直延伸到河源，存在一定的不合理性。1953 年 Strahler 对 Horton 定义方法进行了改进，提出主流向河源延伸的顶端所有最

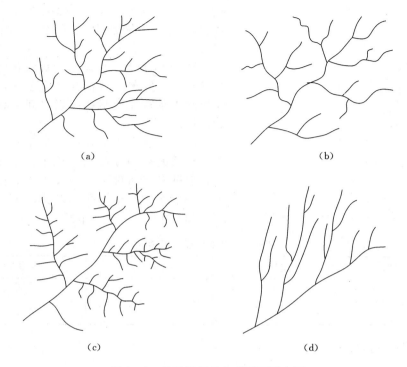

图1-2　几种类型的水系平面形态图

（a）树枝状；（b）长方形；（c）羽毛状；（d）平行状

小、不分枝的支流作为第一级河道，两条第一级河道汇合后形成的新的河道为第二级河道，汇合了两个第二级河道的，称为第三级河道，依次类推，直到将整个流域中的河道划分完毕为止。如图1-3所示。

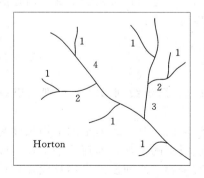
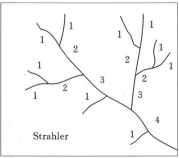

图1-3　水系河流级别示意图

（2）分枝比：级别为 $u$ 河道数目与比 $u$ 高一级别 $u+1$ 河道数目的比值称为分枝比。表示为：

$$R_b = N_u / N_{u+1} \tag{1-6}$$

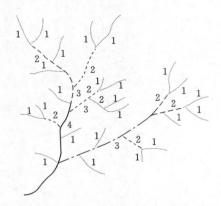

图 1-4 美国 GaGe 河 Strahler 原则分级

式中：$R_b$ 为分枝比；$N_u$ 为级别为 $u$ 的河段数目；$N_{u+1}$ 为级别为比 $u$ 高一级别河段的数目。

Horton 和 Strahler 在统计大量河流资料的基础上，发现水系作为一个整体，在标志流域和水系特征的某些因素之间存在着一定的规律。

（1）河道分枝比规律。在任何一个流域内，水系的平均分枝比接近于一个常数。不论在何种自然条件下，分枝比的值都是相似的，一般为 3～5 之间。以美国 GaGe 河为例，如图 1-4、表 1-1 所示。

表 1-1　　　　　　　　　　　GaGe 河各级河道数目表

| 河道级别 | 河道数目 | 河道级别 | 河道数目 |
| --- | --- | --- | --- |
| 1 | 24 | 3 | 3 |
| 2 | 8 | 4 | 1 |

分枝比分别为：

$$N_1/N_2 = 24/8 = 3 \qquad (1-7)$$

$$N_2/N_3 = 8/3 = 2.7 \qquad (1-8)$$

$$N_3/N_4 = 3/1 = 3 \qquad (1-9)$$

可以看出，美国 GaGe 河各级河道的分枝比大致接近于 3。

（2）河道数量规律。在任何一个流域内，随着河道级别的增加，河道数目不断减少，十分接近于一递减的几何数列。关系表达式为：

$$N_u = R_b^{\Omega-u} \qquad (1-10)$$

式中：$R_b$ 为分枝比；$\Omega$ 为干流的级别。

从式（1-10）可知，在任何一个流域内，河道级别 $u$ 和各级别河道数目的对数 $\log N_u$ 之间成一条直线的回归关系。

（3）河道平均长度规律。在任何一个流域内，某一级河道的平均长度与其低一级河道的平均长度的比值为一常数。随着河道级别的增加，河道的平均长度倾向于一递增的几何数列，这个几何数列的第一个基数是第一级河段的平均长度。表达式为：

$$\overline{L_u} = \overline{L_1} R_L^{u-1} \qquad (1-11)$$

其中：

$$R_L = \overline{L_2}/\overline{L_1}$$

式中：$R_L$ 为河长比；$\overline{L_1}$ 为第一级河段的平均长度；$\overline{L_u}$ 为第 $u$ 级河段的平均长度。

从式（1-11）可知，在任何一个流域内，河道级别 $u$ 和各级别河道数目的对数

$\log \overline{L_u}$ 之间成一条直线的回归关系。表 1-2 为 Horton 根据地形图得到的纽约河埃索普斯克流域河道级别及相应平均长度。

**表 1-2** 河道级别及相应平均长度

| 河道级别 | 平均长度<br>（km） | 河道级别 | 平均长度<br>（km） |
|---|---|---|---|
| 1 | 1.6 | 4 | 19.66 |
| 2 | 3.94 | 5 | 46.7 |
| 3 | 9.08 | | |

（4）河道平均纵比降规律。在任何一个流域内，随着河道级别的增加，河道的平均纵比降倾向于一列递减的几何数列，这个几何数列的第一个基数是第一级河道的平均纵比降。表达式为：

$$\overline{J_u} = \overline{J_1} R_J^{s-u} \tag{1-12}$$

式中：$R_J$ 为某一级河段平均纵比降与其低一级河段平均纵比降的比值；$\overline{J_1}$ 为第一级河段的平均纵比降；$\overline{J_u}$ 为第 $u$ 级河段的平均纵比降；$s$ 为水系中河道的最高级别。

同理，河道级别 $u$ 和各级别河道平均纵比降的对数 $\log \overline{J_u}$ 之间成一条直线的回归关系。表 1-3 为 Schumm 在 Perth Amboy 地区实测得到的河道级别与河道平均纵比降数据。

**表 1-3** 河道级别及相应平均纵比降

| 河道级别 | 河道数目 | 平均纵比降<br>（%） | 河道级别 | 河道数目 | 平均纵比降<br>（%） |
|---|---|---|---|---|---|
| 1 | 214 | 59.9 | 4 | 2 | 18.2 |
| 2 | 45 | 40.6 | 5 | 1 | 11.1 |
| 3 | 8 | 33.7 | | | |

（5）河道面积规律。在任何一个流域内，随着河道级别的增加，河道的平均流域面积倾向于一列递增的几何数列，这个几何数列的第一个基数是第一级河道的平均流域面积。表达式为：

$$\overline{A_u} = \overline{A_1} R_a^{u-1} \tag{1-13}$$

式中：$R_a$ 为某一级河段平均流域面积与其低一级河段平均流域面积的比值；$\overline{A_1}$ 为第一级河段的平均流域面积；$\overline{A_u}$ 为第 $u$ 级河段的平均流域面积。

同理，河道级别 $u$ 和各级别河道平均流域面积的对数 $\log \overline{A_u}$ 之间成一条直线的回归关系。

### 1.1.3.3 水系发展的随机游移模式

在统计数学中，随机游移是提供最可能状态数学模型的常用方法之一。Leopold 和 Langbein 采用这个方法，来说明水系组成的几何规律。具体方法是：设想在一张

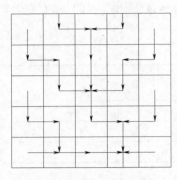

图 1-5　方格径流随机方向

方格纸中每一个方格代表流域中的一个单位面积，这个单位面积内的地表径流要向外排泄。自方格的中心向邻近方格的中心连一条直线，这条直线的箭头出现机遇完全相等，具体究竟朝哪个方向流动则决定于机遇定律，如图 1-5 所示。按照这样的方式把各个箭头连起来，就会形成一个水系网。通过随机游移方式得到的假想水系，从统计意义上来说，许多性质均和天然水系十分接近。

水系发展的随机游移模式表明，自然界以随机的方式建立起水系的分枝图式，每一种可能发生的图式都具有同样的几率。水系组成的几何规律主要是水系形态根据机遇规律随机发展的结果。Horton—Strahler 水系形态几何规律反映了水系中各级河流的一种最有可能出现的分布状态。

# 1.2　风化过程与地表物质组成

泥沙是由地球表面物质经不同的物理、化学作用而产生的，其中风化与土壤侵蚀起着重要的作用。泥沙颗粒的性质与其形成过程有着密切的联系。不同的形成过程使泥沙颗粒在粒径大小、形状、容重、矿物成分、化学特性等方面均差异较大。因此，要对泥沙性质有所了解，首先应该研究泥沙的形成过程。

## 1.2.1　风化过程

风化作用是岩石和矿物在地表（或接近地表）环境中，受物理、化学和生物作用，发生结构破坏和化学成分变化的过程。风化作用包括物理机械风化作用（包括温差、冰劈、植物根劈、盐类结晶以及岩石卸载释重引起的剥离等）和化学风化作用（包括溶解、水解、水化、碳酸盐化、氧化和生物化学风化等）两种类型，两种作用一般同时发生，相辅相成，成为一个统一的过程。风化作用主要受气候、岩石矿物成分、地质构造、植被、地形以及时间等因素的影响。在风化的初期，一般以物理机械风化作用为主，后期在物理机械风化作用的基础上，进一步发生化学风化。岩石经物理机械风化作用后，仍保留原有多种矿物成分，由原生矿物如石英、长石、云母等组成，形成的砂粒与岩石中原生矿物颗粒大小差不多。化学风化作用使岩石的原生矿物成分发生化学变化，形成粉粒以下细小颗粒的次生矿物。其中，不可溶次生矿物是黏粒的主要成分，如次生二氧化硅、蒙脱石、高岭土等。

### 1. 物理风化作用及产物

物理风化作用主要发生在风化初期，地球表面的岩石受物理机械作用分离形成小块和颗粒等岩石碎屑，残留在原地，最小粒径可达 0.02mm，化学成分基本保持不变，此阶段也称为碎屑物残积阶段。物理风化作用主要有三种分离形式。

（1）成块分离。岩石发生裂缝，然后沿缝隙崩解，形成小块岩石。

（2）成粒分离。由于个别矿粒之间缺少凝聚力，岩石因之分离成小粒泥沙。成粒分离只限于粗粒岩石，以粗粒花岗岩为多。

（3）表层剥离。岩石受力后表层和内层分离，日久外层剥落，内层暴露变为外层，逐层剥离。

造成岩石分离的原因很多，主要有下面几种。

（1）减卸荷重。地壳内部的岩石因地壳隆起或受冲刷作用而暴露于地面，由于压力减小，膨胀生裂而分离。

（2）温度变化。岩石的热导率较小，当温度升高时，岩石上层比下层温度高，上层岩石受热膨胀过程中受到下层岩石联结力的反抗作用，产生与岩层表面平行的纤细裂缝。

（3）霜冻。在纬度或海拔较高的地区，霜冻与冻融交相作用，岩石裂隙水结冰时体积膨胀，使岩石产生裂缝。

（4）结晶体成长。雨水渗入岩石裂隙时，间或带入一部分矿质溶液或溶化了的岩石中的可溶盐。当裂隙水受热蒸发后，矿质结晶体在裂隙中沉淀成长，由于成长膨胀作用使岩石开裂。

（5）磨蚀。岩石在随水流、冰川移动时，由于相互间的摩擦冲击而分裂。

此外，岩石分离还受动植物所施外力以及人类活动等因素的影响。

岩石物理机械分离过程依次如图 1-6（a）、（b）、（c）、（d）所示。

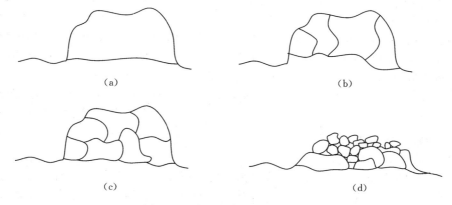

图 1-6　岩石物理机械分离过程

2. 化学分解风化作用及产物

岩石在前期物理风化的基础上，进一步受大气作用发生矿物的或化学的变化，称为岩石的化学分解。大气中含有氮气、氧气、二氧化碳、惰性气体以及含量不等的水分，在特殊情况或特殊地区，受火山灰或工业尘烟的影响，还可能含有酸质物质。其中，氧气、二氧化碳以及酸性物质随雨水降落到地面渗透表层泥土而与岩石相接触后，发生氧化、水解、水化以及溶解等作用，使岩石分解。此外，有机质的生物化学作用也可以造成岩石的风化。

（1）岩石的氧化。岩石的氧化有由微生物等有机体造成的，也有由非有机体促成的，形态不一。常见的例子如辉石、闪石、橄榄石中的硅酸铁氧化分解，二价铁转化为氧化铁（$Fe_2O_3$）或含水氧化铁（$Fe_2O_3 \cdot H_2O$）等。

（2）岩石的水解和水化。在化学风化的早期阶段，岩石铝酸盐矿物中的 $K^+$、$Na^+$、$Ca^{2+}$、$Mg^{2+}$ 等阳离子逐渐被极化水分子溶液中的 $H^+$ 从矿物晶格中离析出来，与溶液中的 $Cl^-$、$CO_3^{2-}$、$SO_4^{2-}$ 等离子结合形成氯化物、碳酸盐和硫酸盐。其中卤族元素（I、F、Cl、Br）和氯化物（KCl、NaCl）容易随水流失，而碳酸盐和硫酸盐等无水矿物质在吸附水分以后成为含水矿物，不发生根本性的化学变化，常见的例子如无水石膏（$CaSO_4$）转变为石膏（$CaSO_4 \cdot 2H_2O$）；二氧化碳溶于水形成碳酸，与氢氧化钾（KOH）作用形成碳酸钾（$K_2CO_3$）；长石（$KAlSi_3O_8$）与水、二氧化碳作用形成高岭土〔$Al_2Si_2O_5(OH)_4$〕、二氧化硅（$SiO_2$）和碳酸钾（$K_2CO_3$）等。岩石矿物成分在吸收水分后体积膨胀，进一步促进岩石的机械分离。

（3）岩石的溶解。岩石的溶解是风化过程中最重要的作用之一。上述岩石受水中二氧化碳作用而碳酸化，形成可溶性碳酸盐就是一个例子。岩石氧化产生的溶液流动使风化区的化学环境不断改变，溶解质离子化以后，更进一步促进溶液与固体之间的盐基交换。随着岩石化学风化的深入，颗粒体积进一步减小，表面面积迅速增大。由于化学作用多发生在颗粒相邻表面，化学作用进一步增强。硅酸盐矿物晶体破坏，部分硅和铝从矿物中析出，其中 $SiO_2$ 溶于水形成硅酸真溶液或胶体溶液。胶体的化学作用仅次于溶液，与带正电胶体相遇而电性中和，进一步促进岩石的化学风化。纯 $SiO_2$ 的含水凝胶（$SiO_2 \cdot nH_2O$）脱水后可以转化为玉髓（$SiO_2$）或粉末状（$SiO_2 \cdot nH_2O$）（称为粉石英）。

（4）生物化学作用。细菌和微生物的生物化学作用可以大大加速岩石的风化。它们的躯体一般非常微小，可以进入岩石最细的裂隙中。腐生菌把构成它们食物的有机质分解成水和碳酸，碳酸可以溶解石灰岩，破坏云母和长石。

岩石经物理、化学风化作用后产生的泥沙，一部分留在原地，成为土壤形成的开端，称为残积物；另一部分随着水流、波浪、冰川、风力及重力作用而迁移。

## 1.2.2　地表物质组成

### 1. 残积物与风化壳

岩石的原生矿物成分按稳定性排序依次为：石英、白云母、钾长石、黑云母、含碱斜长石、角闪石、斜辉石、含钙斜长石、橄榄石。岩石经风化作用发生物理破坏和化学成分改变后，残留在原地的堆积物，称为残积物，具有多层结构的残积物剖面称为风化壳。残积物主要由原岩岩屑、残余矿物及地表新生矿物组成。

地表新生矿物是原生矿物风化过程中的中间产物和最终产物，一般为在地表稳定或较稳定的次生含水氧化物。最终产物主要是黏土矿物和胶体矿物，黏土矿物的主要成分是含水硅酸铝，其化学通式是 $Al_2O_3 \cdot mSiO_2 \cdot nH_2O$，依地表水介质环境由弱碱性向酸性的变化，依次形成伊利石、蒙脱石与高岭石等。通常蒙脱石、高岭石形成于湿润气候条件，伊利石则是较干冷气候的产物。

主要硅酸盐造岩矿物在风化过程中的变化如下。

钾长石—绢云母—水云母（伊利石）—高岭石

辉石、角闪石—绿泥石—水绿泥石—蒙脱石—多水高岭石—高岭石

黑云母—蛭石—蒙脱石—高岭石

白云母—伊利石—贝得石—蒙脱石—多水高岭石—变水高岭石—高岭石

石英—硅酸—蛋白石—石髓—次生石英

在适宜气候条件下，高岭石还可以进一步分解成铝土矿；角闪石、黑云母还可以分解成褐铁矿、针铁矿。一般来说，石英、高岭石、氧化铁和铝土矿是湿热条件下岩石长期风化作用的最终产物。

2. 残积物的分布特征

由于近地表处风化作用相对强烈，物质流失较多，原岩矿物成分改变明显，从地表向下随着深度的增加，风化作用逐渐减弱，所以在垂向分布上残积物具有分层的特点，各层之间逐渐过渡，无明显的分界线。

由于气候是风化作用的主要影响因素之一，而气候随地区不同而有所差异，所以在平面上，残积物表现出分带的特点：①在寒冷的高纬、高山地带，风化作用以冻融作用为主，岩石物理风化速度较快，化学风化轻微，形成以岩石碎屑为主的岩屑残积物；②在干旱区（荒漠）或温带半干旱区（草原），以温差风化作用为主，岩石破碎成土状，化学风化早期析出的碱金属等元素与酸根结合，形成以碳酸钙、石膏和卤化物为主的钙质残积物；③湿润气候条件下，以化学风化作用为主，形成以高岭石为主，蒙脱石次之，并伴有少量次生氧化铁和氢氧化铁矿物的硅铝黏土型残积物，高价铁较多时可呈现红色，称为红色高岭土，若氢氧化铁含量较多时呈褐色、灰色；④湿热条件下，化学风化作用比较彻底，硅酸盐矿物全部分解，转变成以次生氧化铁、铝矿物和高岭石黏土矿物为主的砖红土残积物，称为红壤。

3. 黄土的成因及特征

在干寒气候或沙漠地区会形成黄土。黄土主要由粒径为 0.005～0.05mm 的粉尘所组成，占 50%～80%，并富含碳酸盐，含量通常达到 10%～15% 或更高。其中粉尘颗粒中半数以上是石英颗粒。石英是坚硬而稳定的矿物，不易风化破碎。这些粉沙石英颗粒主要是在冰川研磨或沙漠强烈温差作用下形成的。碳酸盐一部分是从来源区输运而来的，另一部分是从大气降水、地下水和生物活动而来，这两种来源均取决于干旱气候条件，越干旱，碳酸盐含量相应越高。

# 1.3  泥沙的几何特性

河流中既有漂石、卵石和沙粒，也有细小的黏土颗粒，其粒径大小相差百倍、千倍，甚至万倍，形状也不规则。泥沙颗粒的几何特性会影响到其运动状态，运动状态又进一步塑造其几何特性。一般来说，较粗的泥沙颗粒沿河底推移前进，碰撞机会较多，容易磨成较为圆滑的外形；较细的泥沙颗粒随水流悬浮前进，碰撞机会较少，相对不易磨损，棱角比较分明。泥沙颗粒的几何特性常可以直接或间接地反映出其过去运动的历史。

## 1.3.1  泥沙颗粒的大小及分类

不同风化阶段形成的泥沙颗粒大小相差悬殊，不同大小数量级的泥沙颗粒对应的测量方法有所不同，相应的，泥沙颗粒大小的量化指标定义也有所区别。按照泥沙颗粒从大到小的顺序，测量方法依次为。

1. 直接量测与等容粒径

泥沙颗粒形状是不规则的，对于三轴尺寸均较大的单个泥沙颗粒可以采用排水法测出其体积或先使用天平称出其重量再除以泥沙的容重得到沙粒的体积，然后换算成体积与泥沙颗粒相等的球体的直径，该直径称为泥沙颗粒的等容粒径。设某一颗泥沙的体积为 $V$，则其等容粒径为：

$$d = (6V/\pi)^{1/3} \tag{1-14}$$

常用单位为 mm，对较大的粒径也用 cm 为单位。

也可以使用测径规或量规等测量较大的泥沙颗粒长、中、短三轴的大小，记为 $a$、$b$、$c$，将长、中、短三轴的算术平均值 $(a+b+c)/3$ 或几何平均值 $(abc)^{1/3}$ 定义为泥沙颗粒的粒径。如果把泥沙看成椭球体，因椭球体的体积为 $\pi abc/6$，而球体体积为 $\pi d^3/6$，由等容粒径定义，令椭球体与球体体积相等，则：

$$d = (abc)^{1/3} \tag{1-15}$$

即泥沙椭球体的等容粒径为其长、中、短轴长度的几何平均值。

2. 筛析法与筛分粒径

在实际工作中，对于不易直接测量其体积或长、中、短轴长度的泥沙颗粒，通常采用其他的方法确定其粒径。

对于三轴长度在表 1-4 范围内的泥沙颗粒，一般可以通过标准筛确定泥沙颗粒的大小，称为筛析法。标准筛由若干层不同规定尺寸孔径的筛网组成，并赋予相应的筛号。关于筛号和孔径之间的关系，各国有不同的标准。表 1-4 为我国采用的公制标准筛。

表 1-4　　　　　　　　　我国公制标准筛筛号与孔径关系

| 筛号 | 3 | 4 | 6 | 8 | 10 | 12 | 16 | 20 | 30 |
|---|---|---|---|---|---|---|---|---|---|
| 孔径（mm） | 6.35 | 4.76 | 3.36 | 2.38 | 2.0 | 1.68 | 1.19 | 0.84 | 0.59 |
| 筛号 | 40 | 50 | 60 | 70 | 100 | 140 | 200 | 270 | 400 |
| 孔径（mm） | 0.42 | 0.297 | 0.25 | 0.21 | 0.149 | 0.105 | 0.074 | 0.053 | 0.037 |

假设泥沙颗粒经过筛分后，最终停留在孔径为 $d_1$ 的筛网上，此前通过了孔径为 $d_2$ 的筛网，则可以采用两筛孔径的算术平均值 $(d_1 + d_2)/2$ 或几何平均值 $(d_1 d_2)^{1/2}$ 表示该泥沙颗粒的大小，称为筛分粒径。泥沙颗粒的筛分粒径很接近于其等容粒径。

3. 水析沉降法与沉降粒径

对于更小的泥沙颗粒，难以用筛析法量测其大小时，通常采用水析沉降法。具体作法是首先测量出泥沙颗粒在静水中的沉速，然后求出与泥沙颗粒密度相同、在水中沉速相等的球体的直径，以此直径作为泥沙颗粒的沉降粒径。

上述三种泥沙颗粒粒径的定义、测量方法和计算方法均存在差异，因此在提及泥沙颗粒粒径时必须说明该粒径的测量和计算方法。

泥沙颗粒可以根据其粒径大小来进行分类。我国《河流泥沙颗粒分析规程》（SL 42—1992）将泥沙颗粒按粒径大小分为漂石、卵石、砾石、沙粒、粉粒、黏粒 6 组，相应泥沙颗粒粒径大小及量测方法见表 1-5。

表 1-5　　　　　　　　　　　泥沙颗粒按粒径分类

| 粒径（mm） | ≤0.004 | 0.004~0.062 | 0.062~2.0 | 2.0~16.0 | 16.0~250.0 | ≥250.0 |
|---|---|---|---|---|---|---|
| 分类 | 黏粒 | 粉粒 | 沙粒 | 砾石 | 卵石 | 漂石 |
| 量测方法 | 水析沉降法 | 筛析法、水析沉降法 | 筛析法 | 直接量测、筛析法 | 直接量测 | 直接量测 |

### 1.3.2　泥沙粒径分布的描述方法

一般情况下，泥沙是由不同大小、不同形状及不同矿质的泥沙颗粒所组成，表现出非均匀性的特点。泥沙作为一个整体，很多性质是通过不同泥沙颗粒组合而表现出来的。分析不同泥沙颗粒的分布情况是对泥沙整体进行研究的前提。泥沙颗粒的分布情况一般采用泥沙粒径频率直方图或泥沙粒径累积频率曲线来描述。

1. 泥沙粒径频率直方图

采用一定的方法，将泥沙颗粒按粒径大小顺序分为若干组，粒径位于 $d_i$ 至 $d_j$ 区间（$d_i < d_j$）的泥沙称为 $d_i \sim d_j$ 粒径组，$d_i \sim d_j$ 粒径组泥沙的质量（或数目）与沙样总质量（或总的颗粒数目）的比值称为该组泥沙的质量比（或颗粒数目比）。上面谈到的筛析法就可以利用不同的筛孔孔径将泥沙颗粒分为若干组。以不同粒径组泥沙为横坐标，一般采用对数刻度，以不同粒径组泥沙质量百分比（或颗粒数目比）为纵坐标，绘成直方图，称为泥沙粒径频率直方图。如图 1-7 所示。如果泥沙粒径组划分很细，即 $d_i \sim d_j$ 间距很小，则泥沙粒径频率直方图可以连成光滑的曲线，称为泥沙粒径频率分布曲线。泥沙粒径频率直方图的形状与泥沙粒径分组的数目和间距有很大的关系。同一种泥沙在采用不同分组间距时，其频率直方图的形状会存在一定的出入，这种现象使频率直方图的应用受到很大的局限。一般来说，组次分得越多，间距越小，所得结果越能真实反映泥沙的粒径分布。

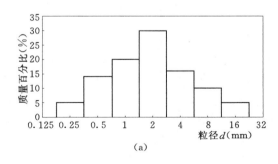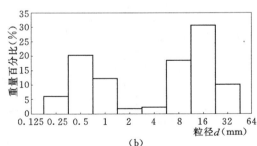

图 1-7　河流泥沙粒径频率直方图

2. 泥沙粒径累积频率分布曲线

泥沙粒径累积频率分布曲线是泥沙粒径频率分布曲线的积分曲线。泥沙粒径累积频率分布曲线需要在专门的坐标纸上绘制，坐标纸一般用横坐标表示泥沙颗粒粒径大小，纵坐标表示小于某一粒径 $d_i$ 的泥沙质量（或颗粒数目）与泥沙总质量（或总的颗粒数目）的百分比。根据坐标纸坐标轴刻度绘制方法的不同，又可以将坐标纸划分为两种：一种是半对数坐标纸，横坐标采用的是对数坐标，纵坐标与通常坐标一样均匀划分，如表1-6、图1-8所示；另一种是对数—概率坐标纸，横坐标采用对数坐标，纵坐标根据正态分布规律绘制，如图1-9所示。

表1-6　　　　　　　　　泥沙颗粒粒径及质量百分比

| 粒径（mm） | 0.074 | 0.122 | 0.148 | 0.222 | 0.295 | 0.418 | 0.588 | 0.843 | 1.22 |
|---|---|---|---|---|---|---|---|---|---|
| 小于某粒径的质量百分比（%） | 0.05 | 0.1 | 0.2 | 1.68 | 20.07 | 72.3 | 93.98 | 99.27 | 99.75 |

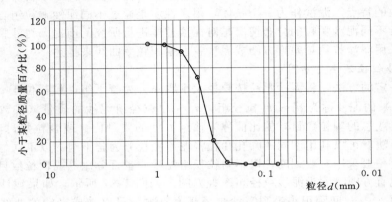

图1-8　半对数坐标泥沙粒径累积频率分布曲线

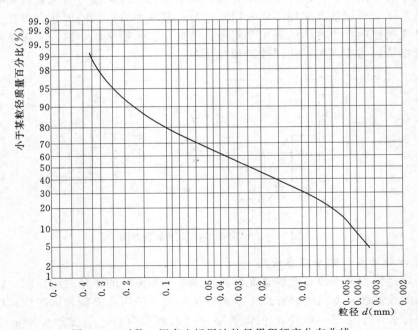

图1-9　对数—概率坐标泥沙粒径累积频率分布曲线

上述泥沙粒径频率分布曲线与泥沙粒径累积频率分布曲线统称为泥沙粒径级配曲线。天然河流河床的泥沙粒径级配曲线形态会因河流类型不同而不同。山区河流河床泥沙粒径范围非常广，从细粉砂到砾石和漂石俱备，许多山区河流河床泥沙粒径频率分布曲线存在明显的双峰，一个峰对应粗卵石和细砾石，另一个峰对应粗砂，相应累积频率曲线呈现为板凳状。图1-7（b）为山区河流泥沙粒径频率直方图的双峰分布。这是因为除了较难冲动的粗大卵石以外，细小的砂子可以填塞到粗大卵石组成的骨架空隙中，冲刷较少，因而含量较高，而砂、卵石中间的那部分颗粒一方面抗冲能力小，另一方面较难填塞隐藏到粗大卵石组成的骨架空隙中，含量较少。当然也有的山区河流河床中的砂子不多，主要由粗颗粒泥沙组成，这时河床的泥沙粒径频率分布曲线只有一个单峰。对于平原河流，一般河床泥沙粒径频率分布曲线只有一个单峰，而且河床泥沙粒径对数值常接近正态分布，其粒径累积频率分布曲线绘制在对数—概率坐标纸上基本上呈一条直线。

### 1.3.3 泥沙粒径的特征值和不均匀度

分析与综合是科学研究的两种重要方法。在上述不同粒径组泥沙颗粒分析的基础上，也可以采用一些泥沙粒径的综合特征值来表示泥沙的整体性质。

一般来说，泥沙粒径的综合特征值主要包括中值粒径、算术平均粒径及几何平均粒径。具体定义、表示符号及计算表达式如下。

（1）中值粒径 $d_{50}$。泥沙粒径累积频率分布曲线上横坐标取值为50%时所对应的粒径值称为泥沙中值粒径。

（2）算术平均粒径 $d_m$。对泥沙各粒径组平均粒径以质量百分比做加权平均计算后得到的平均值称为泥沙算术平均粒径。计算表达式为：

$$d_m = \left( \sum_{i=1}^{n} d_i \Delta p_i \right)/100 \qquad (1-16)$$

式中：$\Delta p_i$ 表示粒径为 $d_i$ 级的质量占总质量的百分比。

（3）几何平均粒径 $d_{mg}$。对泥沙粒径取对数后，再以质量百分比做加权平均计算后得到的平均粒径称为泥沙几何平均粒径。计算表达式为：

$$d_{mg} = \exp\left[ \frac{1}{100} \sum_{i=1}^{n} \ln d_i \Delta p_i \right] \qquad (1-17)$$

如果对某泥沙粒径采用对数坐标，其粒径频率分布曲线接近于高斯正态分布，则根据高斯正态分布律，应有：

$$p = \frac{1}{\sqrt{2\pi}\sigma} \int_{\overline{x}-\sigma}^{\overline{x}+\sigma} e^{-(x-\overline{x})^2/(2\sigma^2)} \, dx = 0.682 = 2 \times 0.341 \qquad (1-18)$$

其中：
$$x = \ln d$$

式中：$x$ 为随机变量；$\overline{x}$ 为 $x$ 的数学期望；$\sigma$ 为 $x$ 的均方差；$p$ 为随机变量在 $\overline{x}-\sigma$ 和 $\overline{x}+\sigma$ 之间出现的概率。

当 $\overline{x}$ 取泥沙算术平均粒径 $\ln d_{50}$ 时有：

$$\ln d_{15.9} = \ln d_{50} - \sigma \qquad (1-19)$$

$$\ln d_{84.1} = \ln d_{50} + \sigma \qquad (1-20)$$

两式相加得：

$$d_{50} = \sqrt{d_{84.1} d_{15.9}} \qquad (1-21)$$

同时，正态分布曲线的几何平均粒径可表示为：

$$\ln d_{mg} = (\ln d_{15.9} + \ln d_{84.1})/2 \qquad (1-22)$$

故：

$$d_{mg} = \sqrt{d_{84.1} d_{15.9}} \qquad (1-23)$$

由此可见，如果某泥沙粒径对数值接近正态分布，则其中值粒径就等于几何平均粒径。

通过对自然界中的河流进行实际调查发现，虽然泥沙中值粒径与几何平均粒径并不完全相等，但差别一般不大，所以，通常可以用泥沙中值粒径近似代替几何平均粒径。

知道了泥沙粒径的综合特征值，还需要确定反映其不均匀程度的综合指标。泥沙的不均匀程度一般可以采用均方差来表示。用式（1-19）与式（1-20）相减得到均方差计算表达式为：

$$\sigma = \ln \sqrt{d_{84.1}/d_{15.9}} \qquad (1-24)$$

同理，$\bar{x}$ 取泥沙几何平均粒径 $\ln d_{mg}$ 可得泥沙几何均方差计算表达式为：

$$\sigma_{mg} = \sqrt{d_{84.1}/d_{15.9}} \qquad (1-25)$$

另外，对于一般河流，Trask 建议采用非均匀沙系数或称拣选系数表示泥沙的不均匀程度，计算表达式为：

$$\varphi = \sqrt{d_{75}/d_{25}} \qquad (1-26)$$

非均匀沙系数等于 1，则沙样为均匀沙；越大于 1，沙样越不均匀。

也有采用土力学中的表示方法，因为土壤的渗透率与 $d_{10}$ 有密切关系，不均匀度系数计算表达式为：

$$\mu = d_{60}/d_{10} \qquad (1-27)$$

# 1.4　泥沙的重力特性

描述河流中泥沙的重力特性的物理量主要包括泥沙的密度（容重）和干密度（干容重）。它们是研究泥沙运动的基本参数。泥沙密度（容重）是计算泥沙沉速的重要参数。泥沙干密度（干容重）是确定泥沙淤积体质量与体积关系的一个重要物理量。在分析河流泥沙冲淤变化时，必须将泥沙冲淤质量通过泥沙干密度（干容重）换算成泥沙冲淤体积，才可以得到河床变形的量值。

## 1.4.1　泥沙的密度（容重）

单位体积实泥沙（排除孔隙）的质量称为密度，用符号 $\rho_s$ 表示。单位体积实泥沙的重量称为容重，用符号 $\gamma_s$ 表示。密度常用的单位有 $t/m^3$、$kg/m^3$、$g/cm^3$。容重常用的单位有 $kN/m^3$、$N/m^3$。

泥沙在水中的运动状态既与泥沙的密度 $\rho_s$ 有关，又与水的密度 $\rho$ 有关。在分析计算时，常采用相对值 $(\rho_s - \rho)/\rho$，称为有效密度。

泥沙颗粒的密度是由颗粒的矿物组成决定的。组成泥沙颗粒的矿物一般包括轻矿物、重矿物等。相对密度（泥沙颗粒密度与水的密度之比）小于 2.8 的矿物称为轻矿物，包括石英、长石和碳酸盐矿物等。相对密度大于 2.8 的矿物称为重矿物，包括不透明金属矿物，如绿帘石、黝帘石、角闪石、云母和辉石等。由于重矿物一般局限在特定岩层中，性质较为稳定、硬度大，在河流中被输运时磨损较小，因此重矿是较为理想的示源矿物。在河流上下游的各个断面收集沙样并分析其中的重矿成分，可以推知河流泥沙的来源。

天然情况下沙与粉沙的主要矿物成分为石英、长石、云母等。泥沙的密度随其组成矿物物质不同而略有差异。表 1-7 列出了组成泥沙主要成分的密度。

表 1-7　　　　　　　　　　　　　　泥沙主要成分密度表

| 名　称 | 密　度 (t/m³) | 名　称 | 密　度 (t/m³) |
|---|---|---|---|
| 长石 | 2.5~2.8 | 云母 | 2.8~3.2 |
| 石英 | 2.5~2.8 | | |

黏土的密度为 2.4~2.5t/m³，黄土的密度为 2.5~2.7t/m³，泥沙密度为 2.6~2.7t/m³，一般常取 2.65t/m³。

## 1.4.2　泥沙干密度（干容重）

从自然界中取得的原状泥沙，经过 100~105℃ 的温度烘干后，其质量与原泥沙整体体积的比值称为泥沙的干密度，用符号 $\rho_s'$ 表示。相应重量的比值称为干容重，用符号 $\gamma_s'$ 表示。由于泥沙颗粒之间存在着孔隙，泥沙的干密度一般小于泥沙颗粒的密度。

河流中的泥沙淤积体在颗粒组成成分基本相同的情况下，其干密度主要受泥沙粒径、淤积厚度、淤积历时等因素的影响。

1. 泥沙粒径对干密度的影响

根据我国官厅水库、塘沽新港、大浦闸、射阳河挡潮闸、黄河河床、新洋河新淤尖闸等泥沙资料（图 1-10）可以发现，泥沙的中值粒径越小，越不均匀，其干密度越小，而变化幅度越大。如黏土和粉沙淤积物要经过数年或数十年才能达到其极限值。反之，组成越均匀、粒径越大的泥沙沉积下来的干密度较大，很接近其极限值，随时间变化幅度较小。

出现上述规律变化的原因在于，组成越不均匀、粒径越小的泥沙在沉积过程中，会呈现出蜂窝状结构，空隙较大，因而干密度较小，同时具有较大的压缩性，随着上层压力的增加和沉积历时的延长，

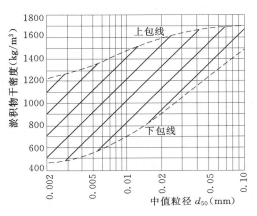

图 1-10　淤积泥沙干密度与中值粒径的关系

体积不断压缩，所以干密度的变化幅度较大。

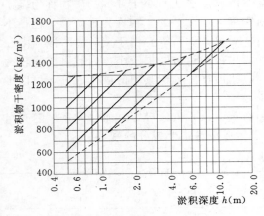

图1-11　淤积泥沙干密度与中值粒径的关系

2. 泥沙淤积厚度对干密度的影响

泥沙淤积物埋深越深，压实越明显，干密度也越大。河流水库中的泥沙淤积厚度一般可达数十米、上百米，因此，水库中泥沙埋深是影响其干密度的主要因素。图1-11是根据官厅水库实测资料绘成的。

出现上述变化规律是容易理解的。泥沙淤积物上层淤积的泥沙，以一定的压力施加于下层，下层泥沙受力压缩，因而泥沙淤积物的部位越低，其干密度越大。此外，由于上层泥沙所受压力小于下层泥沙，故上层泥沙干密度的变化幅度比下层泥沙干密度的变化幅度要大。

3. 泥沙淤积历时对干密度的影响

目前关于泥沙淤积历时对干密度影响研究的野外实测资料相对还比较缺乏，只有少量的试验资料。一般来说，泥沙干密度随淤积历时的增加而趋于一个稳定值。泥沙组成越均匀、粒径越大，其稳定后的最终干密度与初始干密度越接近；而泥沙组成越不均匀、粒径越小，其趋于稳定的时间越长，最终干密度与初始干密度相差甚远。

除上述3个因素外，泥沙是否有机会暴露于空气中，排水情况如何，细颗粒的化学成分如何等均对其干密度有一定的影响。一般来说，干燥环境使泥沙密实程度加快，细颗粒泥沙的化学成分可以决定泥沙在沉积过程中是否会出现胶结现象。

### 1.4.3　确定泥沙干密度的方法

目前确定泥沙干密度的方法还很不成熟，但也有一些研究成果可供分析计算时参考。

1. 泥沙密度、干密度与孔隙率的关系

泥沙密度与干密度、孔隙率之间具有如下关系：

$$\rho_s' = \rho_s(1-e) \tag{1-28}$$

2. 淤积物干密度与粒径的关系

表1-8为特赖斯克、汉姆勃里等收集的资料，给出了各种粒径泥沙淤积仅一年或不足一年时的起始干密度值，此时可以近似看成是淤积物的起始干密度。

3. 淤积物干密度与时间、浸没情况的关系

Lane and Koelzer 综合考虑了泥沙粒径、水库运用方式及时间因素，提出计算水库淤积物干密度的经验公式：

$$\rho' = \rho_1' + B\lg t \tag{1-29}$$

式中：$\rho'$ 为淤积物经过 $t$ 年后的干密度，$t/m^3$；$\rho_1'$ 为淤积物经过1年后的干密度，$t/m^3$；$B$ 为常数，$t/m^3$。不同水库运用方式下 $\rho_1'$ 及 $B$ 值见表1-9。

表 1-8                                     各种粒径泥沙起始干密度

| 加利福尼亚区资料 | | 特赖斯克试验资料 | | 汉姆勃里、柯尔倍斯文森、台维斯资料 | | 汉泼资料 | |
|---|---|---|---|---|---|---|---|
| $d_{90}$ (mm) | 干密度 (kg/m³) | 粒径范围 (mm) | 干密度 (kg/m³) | 中径 (mm) | 干密度 (kg/m³) | 中径 (mm) | 干密度 (kg/m³) |
| 256 | 2240 | | | 1 | 1928 | | |
| 128 | 2210 | 0.25~0.50 | 1430 | 0.5 | 1670 | | |
| 64 | 2120 | 0.125~0.25 | 1430 | 0.25 | 1430 | | |
| 32 | 1990 | 0.064~0.125 | 1380 | 0.1 | 1236 | 0.1 | 1410 |
| 16 | 1860 | 0.016~0.064 | 1268 | 0.05 | 1123 | 0.05 | 1250 |
| 8 | 1750 | 0.004~0.016 | 883 | 0.01 | 915 | 0.01 | 1170 |
| 4 | 1655 | 0.001~0.004 | 369 | 0.005 | 825 | 0.005 | 1090 |
| 2 | 1575 | 0~0.001 | 48.2 | 0.001 | 674 | 0.0012 | 770 |

表 1-9                                     各种粒径泥沙起始干密度

| 水库运用方式 | 沙 | | 粉土 | | 黏土 | |
|---|---|---|---|---|---|---|
| | $\rho_1'$ | $B$ | $\rho_1'$ | $B$ | $\rho_1'$ | $B$ |
| 泥沙常浸没或接近常浸没在水中 | 1.489 | 0 | 1.041 | 0.091 | 0.48 | 0.256 |
| 库水位正常中度下降 | 1.489 | 0 | 1.185 | 0.043 | 0.737 | 0.171 |
| 库水位正常大幅度下降 | 1.489 | 0 | 1.265 | 0.016 | 0.961 | 0.096 |
| 水库正常泄空 | 1.489 | 0 | 1.313 | 0 | 1.249 | 0 |

4. 韩其为、王玉成方法

韩其为、王玉成等在分析丹江口水库和室内试验资料的基础上，提出了一套计算泥沙淤积物初期干密度的方法（这里所谓初期干密度，对于 $d>0.1$mm 的颗粒，相当于不特别压实条件下的稳定干密度；对于 $d<0.1$mm 的颗粒，相当于表层淤积物的干密度）。

(1) 均匀沙。

$d<1$mm 时按下述公式计算：

$$\rho_s' = 0.525 \left( \frac{d}{d + 4\delta_1} \right)^3 \rho_s \tag{1-30}$$

$d>1$mm 时按下述公式计算：

$$\rho_s' = (0.70 - 0.175 e^{-0.095 \frac{d-d_0}{d_0}}) \rho_s \tag{1-31}$$

式中：$\delta_1$ 为薄膜水厚度，取为 $4 \times 10^{-4}$mm；$d_0$ 为参考粒径，取为 1mm。

式（1-30）为经验公式。式（1-31）是理论公式，其将泥沙颗粒近似看成球体，取颗粒之间的空隙等于 4 倍薄膜水厚度，假定颗粒排列不出现交错现象。

(2) 非均匀沙。对于非均匀沙，情况较为复杂，不同情况有不同的计算方法。如果非均匀沙的粒径范围较窄，细颗粒泥沙难以充填到粗颗粒泥沙空隙中，或者泥沙颗粒很细，颗粒之间主要为薄膜水，可以不必考虑充填。此时泥沙可以视为各组粒径均匀沙的线性组合，泥沙平均干密度计算公式为：

$$\frac{1}{\rho'_{sm}} = \sum_{i=1}^{n} \frac{p_i}{\rho'_i} \tag{1-32}$$

式中：$\rho'_{sm}$ 为泥沙平均干密度；$\rho'_i$ 为第 $i$ 组泥沙干密度；$p_i$ 为第 $i$ 组泥沙的质量百分比；$n$ 为分组数目。

如果出现充填现象，在两组粗细颗粒泥沙均匀混合的条件下，当细颗粒较多、粗颗粒较少时，泥沙平均干密度计算公式为：

$$\frac{1}{\rho_{sm}} = p_1/\rho_s + p_2/\rho'_2 \tag{1-33}$$

当粗颗粒较多、细颗粒较少时，泥沙平均干密度计算公式为：

$$\frac{1}{\rho_{sm}} = p_1/\rho'_1 \tag{1-34}$$

式（1-33）中，下标 1 表示粗颗粒，下标 2 表示细颗粒。对于式（1-33），粗颗粒泥沙将埋藏于细颗粒之中，占有的体积全为密实体积，故其干密度 $\rho'_1$ 等于密度 $\rho_s$；对于式（1-34），细颗粒泥沙较少，不足以充填粗颗粒泥沙空隙，此时细颗粒泥沙不占体积。

### 1.4.4　泥沙的水下休止角

在静水中的泥沙，由于颗粒之间的摩擦作用，可以堆积成一定角度的稳定倾斜面而不塌落，倾斜面与水平面的夹角称为泥沙的水下休止角，常用符号 $\varphi$ 表示。其正切值为泥沙的水下摩擦系数，可以用符号 $f$ 表示：

$$f = \tan\varphi \tag{1-35}$$

泥沙水下休止角不仅与其粒径有关，也与其粒径级配及形状有关。Migniot 通过室内试验，得出砂和小砾石的水下休止角变化范围在 $31°\sim40°$ 之间，电木粉的水下休止角变化幅度在 $34°\sim46°$ 之间。

泥沙的水下摩擦系数一般随粒径的减小而减小。如砾石 $f\approx0.6$；沙 $f\approx0.5$；粉沙 $f\approx0.3$。孔隙率越大，泥沙的水下摩擦系数越小。当孔隙率大于 0.7 时，它的水力特性已属于浑水，水下休止角接近于 $0°$。

## 参 考 文 献

[1]　陆中臣，贾邵凤，黄克强，等．河流地貌系统．大连：大连出版社，1991.
[2]　钱宁，张仁，周志德．河床演变学．北京：科学出版社，1987.
[3]　承继成，汪美球．流域地貌数学模型．北京：科学出版社，1986.
[4]　中国水利学会泥沙专业委员会．泥沙手册．北京：中国环境科学出版社，1992.
[5]　张瑞瑾，谢鉴衡，陈文彪．河流动力学．武汉：武汉大学出版社，2007.

［6］ 张瑞瑾. 河流泥沙动力学. 北京：中国水利水电出版社，1998.

［7］ 王兴奎，邵学军，王光谦，等. 河流动力学. 北京：科学出版社，2004.

［8］ 李义天. 河流水沙灾害及其防治. 武汉：武汉大学出版社，2004.

［9］ 陈立，明宗富. 河流动力学. 武汉：武汉大学出版社，2001.

［10］ 倪晋仁，马蔼可. 河流动力地貌学. 北京：北京大学出版社，1998.

［11］ 承继成，汪美球. 流域地貌数学模型. 北京：科学出版社，1986.

［12］ Horton R E. Erosional Development of Streams and Their Drainage Basins：Hydrophysical Approach to Quantitative Morphology，Geol. Soc. Amer. Bull. ，Vol. 56，1945，275 - 370.

［13］ Strahler A N. Quantitative Geomorphology of drainage Basins and Channel network，in Handbook of Applied Hydrology，ed. by V. T. Chow，McGraw - Hill Book Co，1964，4 - 39 to 4 - 76.

# 第 2 章

# 泥 沙 的 沉 速

## 2.1  泥沙沉降的不同形式

泥沙沉降速度是指单颗泥沙在足够大的静止清水中等速下沉时的速度，简称沉速。由于泥沙颗粒愈粗，沉速愈大，因此又被称为水力粗度。它是泥沙的重要水力特性之一，在研究泥沙运动问题时，常常要用到泥沙沉速。

因为泥沙颗粒的密度大于水体的密度，在水体中的泥沙颗粒受到重力作用而下沉；在开始自然下沉的一瞬间，初始沉速视为零，抗拒下沉的阻力也为零，这时只有有效重力（泥沙颗粒所受到的重力与浮力之差）起作用，随后泥沙颗粒会加速下沉；随着下沉速度的增加，相应的阻力增大，当有效重力与阻力达到相等时，泥沙颗粒将以等速方式继续下沉，此时的速度即为泥沙沉降速度。泥沙颗粒下沉时，其加速段的时间一般很短，通常可忽略。例如 0.1mm 的泥沙颗粒，常温下加速段的时间仅为百分之几秒，且随泥沙颗粒粒径减小，这一时间迅速减少。

泥沙沉降实验成果表明，泥沙颗粒在静水中下沉时的运动状态与沙粒雷诺数 $Re_d = \dfrac{\omega d}{\nu}$ 有关；式中 $d$ 及 $\omega$ 分别为泥沙的粒径及沉速，$\nu$ 为水的运动黏滞性系数。如图 2-1 所

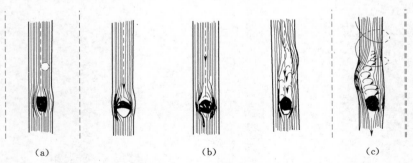

(a)  (b)  (c)

图 2-1  泥沙颗粒在静止水体中下沉时的运动状态[1]

(a) $\dfrac{\omega d}{\nu} < 0.5$；(b) $\dfrac{\omega d}{\nu} = 0.5 \sim 1000$；(c) $\dfrac{\omega d}{\nu} > 1000$

示，当 $Re_d$ 较小时（约小于 0.5），泥沙颗粒基本上沿铅垂线下沉，附近的水体几乎不发生紊乱现象，这时的运动状态属于滞性状态。当沙粒雷诺数较大时（$Re_d > 1000$），泥沙颗粒脱离铅垂线，以极大的紊动状态下沉，附近的水体产生强烈的绕动和涡动，这时的运动状态属于紊动状态。当 $Re_d$ 介于 0.5 与 1000 之间时，泥沙颗粒下沉时的运动状态为过渡状态。

# 2.2 泥 沙 沉 速 公 式

### 2.2.1 圆球体在静水体中的沉速

让我们从最简单的情况，一个孤立的圆球体在无限静止水体中做等速沉降运动开始讲起。

粒径为 $d$ 的圆球在静水中因受有效重力 $W$ 的作用而下沉。

$$W = (\gamma_s - \gamma)\frac{\pi d^3}{6} \tag{2-1}$$

在下沉的过程中，球体受到水体的绕流阻力 $F$ 可以表达为：

$$F = C_d \frac{\pi d^2}{4}\frac{\rho \omega^2}{2} \tag{2-2}$$

当 $W$ 与 $F$ 相等时，得到计算沉速的表达式：

$$\omega^2 = \frac{4}{3} \times \frac{1}{C_d}\frac{\gamma_s - \gamma}{\gamma}gd \tag{2-3}$$

式中：$\omega$ 为沉速；$C_d$ 为阻力系数；$g$ 为重力加速度；$\gamma_s$、$\gamma$ 为球体与液体的容重。

球体在沉降过程中所受阻力与沙粒雷诺数 $Re_d = \frac{\omega d}{\nu}$ 密切相关。实验资料表明，阻力系数 $C_d$ 是沙粒雷诺数 $Re_d$ 的复杂函数，图 2-2 为球体及圆盘的阻力系数 $C_d$ 与沙粒雷诺数 $Re_d$ 的关系。

在 $Re_d < 0.5$ 时，水流的惯性力远小于黏性力；斯托克斯（G. G. Stokes）在忽略因水流质点的加速度引起的惯性项条件下，从理论上导出了球体所受阻力的表达式：

$$F = 3\pi\rho\nu d\omega \tag{2-4}$$

这就是驰名的斯托克斯定律。将上式代入式（2-2），可得 $C_d$ 与 $Re_d$ 的关系式：

$$C_d = \frac{24}{\dfrac{\omega d}{\nu}} \tag{2-5}$$

将式（2-5）代入式（2-3），可得滞流区的球体沉速公式：

$$\omega = \frac{1}{18} \times \frac{\gamma_s - \gamma}{\gamma}g\frac{d^2}{\nu} \tag{2-6}$$

在常温下，$Re_d < 0.5$ 相应的球体临界直径为 0.074mm，亦即通过 200 号筛孔的球体，其沉速可以用斯托克斯定律计算。

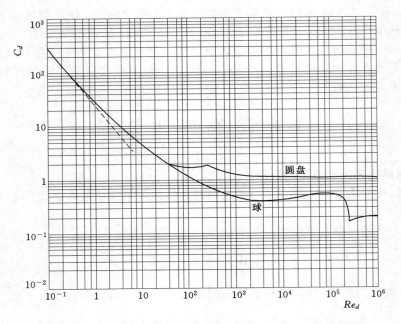

图 2-2　球体及圆盘的阻力系数 $C_d$ 与沙粒雷诺数 $Re_d$ 的关系

　　由于斯托克斯关于滞流区阻力表达式是在完全忽略惯性项的条件下导出的，因而仅适用于 $Re_d$ 很小的情况。奥辛 （C. W. Oseen） 在一定程度上考虑了惯性项的作用，修正了斯托克斯的阻力表达式，所导出的阻力系数与沙粒雷诺数的关系为：

$$C_d = \frac{24}{Re_d}\left(1 + \frac{3}{16}Re_d\right) \tag{2-7}$$

　　以后又有人作了进一步修正。虽然他们的结果较斯托克斯公式适用的沙粒雷诺数范围稍大，但一般当 $Re_d > 2$ 后，现有的理论公式和实际资料都不甚相符。

　　随着 $Re_d$ 的加大，在过渡区 $0.5 < Re_d < 10^3$，惯性力与黏滞力均有一定作用。而当 $Re_d > 10^3$ 以后，黏滞力可以忽略不计，阻力系数 $C_d$ 与沙粒雷诺数 $Re_d = \dfrac{\omega d}{\nu}$ 无关，而接近一个常数 0.45；由此导出球体在紊流区的沉速公式：

$$\omega = 1.72\sqrt{\frac{\gamma_s - \gamma}{\gamma}gd} \tag{2-8}$$

　　对于过渡区 （$0.5 < Re_d < 10^3$） 球体沉速的计算，因目前还没有比较公认的 $C_d$ 与 $Re_d$ 的关系式，一般根据式 （2-3） 和图 2-2 通过试算得到。

### 2.2.2　泥沙的沉速

　　关于泥沙的沉降速度，中外学者提出了不少计算公式。主要的有以下几个。

　1. 张瑞瑾公式

　　张瑞瑾在研究泥沙的静水沉降速度时认为过渡区的阻力既有黏滞力的特点，也有紊流区阻力的特点，只是两者的权重随 $Re_d$ 的变化而变化。采取阻力叠加原则，得：

$$k_1(\gamma_s - \gamma)d^3 = k_2\rho\nu d\omega + k_3\rho d^2\omega^2 \tag{2-9}$$

式中：$k_1$ 为泥沙体积系数；$k_2$ 和 $k_3$ 为待定权重系数。

式（2-9）经过简单变化后，可得：

$$\omega = -\frac{1}{2}\frac{k_2}{k_3}\frac{\nu}{d} + \sqrt{\left(\frac{1}{2}\frac{k_2}{k_3}\frac{\nu}{d}\right)^2 + \frac{k_1}{k_3}\frac{\gamma_s-\gamma}{\gamma}gd} \qquad (2-10)$$

令 $C_1 = \frac{1}{2}\frac{k_2}{k_3}$，$C_2 = \frac{k_1}{k_2}$，则有：

$$\omega = \sqrt{\left(C_1\frac{\nu}{d}\right)^2 + C_2\frac{\gamma_s-\gamma}{\gamma}gd} - C_1\frac{\nu}{d} \qquad (2-11)$$

式（2-11）中的无量纲系数 $C_1$ 及 $C_2$ 需通过泥沙沉降速度实测资料确定。张瑞瑾在分析前人实验资料后，发现阿尔汉格里斯基（Б. А. Архангельский）在 1935 年发表的试验资料[4]精度是较高的，他在试验过程中，特别注意了温度变化对小颗粒泥沙的沉速的影响；其粒径的范围为 $0.005\text{mm} < d < 1.0\text{mm}$，但缺乏 $d > 1.0\text{mm}$ 的观测资料。在粒径 $d > 1.0\text{mm}$ 的范围内，拉普辛[5]、泽格日达[6]、索德里的试验结果是相当接近的，弥补了阿尔汉格里斯基所留下的空白区域。

根据上面的分析，在确定式（2-11）中的系数 $C_1$ 与 $C_2$ 的时候，小颗粒的实测资料以阿尔汉格里斯基的成果为准，大颗粒的实测资料以泽格日达、拉普辛、索德里等的成果为准，同时将其他各家的资料作参考。由此得到：$C_1 = 13.95$，$C_2 = 1.09$。因此：

$$\omega = \sqrt{\left(13.95\frac{\nu}{d}\right)^2 + 1.09\frac{\gamma_s-\gamma}{\gamma}gd} - 13.95\frac{\nu}{d} \qquad (2-12)$$

需要着重指出的是，虽然式（2-12）系以过渡区的情况为出发点推导出来的，但是经过实测资料的验证，它可以同时满足滞流区、紊流区以及过渡区的要求。也就是说，式（2-12）是表达泥沙沉降速度的通用公式。

2. 窦国仁公式

窦国仁在研究过渡区泥沙的沉降规律时[7]，假定随着颗粒雷诺数的增大，球体顶部的分离区不断扩大，分离角度也相应加大，如图 2-3 所示；分离角和雷诺数存在如下关系：

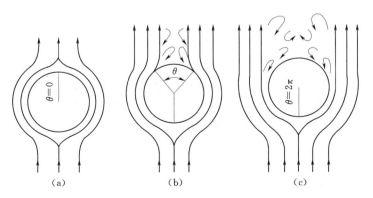

图 2-3　分离角示意图

(a) $Re < 0.25$；(b) $Re = 0.25 \sim 850$；(c) $Re > 850$

$$\frac{\mathrm{d}\theta}{\mathrm{d}Re_d} = \frac{c}{Re_d} \tag{2-13}$$

并通过试验观察到两个边界条件（$Re_d = 0.25$ 时，$\theta = 0$；$Re_d = 850$ 时，$\theta = 2\pi$），求上述微分方程式可得：

$$\theta = \lg(4Re_d) \tag{2-14}$$

分离区在沙粒沉降方向的投影面积为 $\frac{\pi d^2}{4}\varphi$。

其中：

$$\varphi = \begin{cases} \sin^2 \dfrac{\theta}{2} & 0 \leqslant \theta \leqslant \pi \\ 1 & \pi < \theta \leqslant 2\pi \end{cases}$$

因此，水流在球体顶部分离区产生的形状阻力：

$$F_1 = C_{d1} \varphi \frac{\pi d^2}{4} \frac{\rho \omega^2}{2} \tag{2-15}$$

关于分离区以外的黏性阻力，假定遵循奥辛公式，只是由于分离区的存在，将使黏性阻力区的面积也相应减小，由此可得黏性阻力：

$$F_2 = 3\pi \rho \nu d \omega \left(1 + \frac{3}{16}Re_d\right) \frac{1 + \cos \dfrac{\theta}{2}}{2} \tag{2-16}$$

采取黏性阻力和紊动阻力的叠加原则，得到如下形式的阻力 $F$ 的表达式：

$$F = C_d \frac{\pi d^2}{4} \frac{\rho \omega^2}{2} = 3\pi \rho \nu d \omega \left(1 + \frac{3}{16}Re_d\right) \frac{1 + \cos \dfrac{\theta}{2}}{2} + C_{d1} \varphi \frac{\pi d}{4} \frac{\rho \omega^2}{2} \tag{2-17}$$

式中：$C_d$ 为总阻力系数。

（1）滞流区：当 $Re_d < 0.25$，$\theta = 0$，$\varphi = 0$

$$C_d = \frac{24}{Re_d} \left(1 + \frac{3}{16}Re_d\right) \tag{2-18}$$

（2）紊流区：当 $Re_d > 850$，$\theta = 2\pi$，$\varphi = 1$

$$C_d = C_{d1} = 0.45 \tag{2-19}$$

（3）过渡区：当 $0.25 < Re_d < 850$

$$C_d = 0.45\varphi + \frac{24}{Re_d} \left(1 + \frac{3}{16}Re_d\right) \frac{1 + \cos \dfrac{\theta}{2}}{2} \tag{2-20}$$

尽管天然泥沙，特别是较细颗粒的泥沙与球体相差甚远，分离角及与此相联系的几何关系，与实际情况出入甚大，但式（2-20）作为对过渡区阻力物理实质的探讨还是可取的。令式（2-17）与泥沙颗粒的水下有效重力相等，即可计算泥沙沉速（计算时需进行试算）。

3. 冈恰洛夫（В. Н. Гончаров）公式

（1）滞流区（$d < 0.15\text{mm}$）

$$\omega = \frac{1}{24} \frac{\gamma_s - \gamma}{\gamma} g \frac{d^2}{\nu} \tag{2-21}$$

（2）紊流区（$d > 1.5 \text{mm}$）

$$\omega = 1.068 \sqrt{\frac{\gamma_s - \gamma}{\gamma} g d} \qquad (2-22)$$

（3）过渡区（$0.15 < d < 1.5 \text{mm}$）：冈恰洛夫对比了滞流区沉速公式的结构形式，认为对过渡区来说，几个主要变量的方次，应介于滞流区和紊流区之间。故 $d$ 的方次为 $1$，$(\gamma_s - \gamma)/\gamma$ 的方次为 $2/3$，$\nu$ 的方次由 $-1$ 逐渐增至 $0$，考虑到量纲法则，取过渡区沉速公式的结构形式为：

$$\omega = \beta \frac{g^{2/3}}{\nu^{1/3}} \left( \frac{\gamma_s - \gamma}{\gamma} \right)^{2/3} d \qquad (2-23)$$

式中：$\beta$ 为无量纲系数，是表征粒径和温度变化改变黏滞性影响的一个附加因素。冈恰洛夫整理阿尔汉格里斯基试验资料，得到：

$$\beta = 0.081 \left[ \lg 83 \left( \frac{3.7}{d_0} \right)^{1 - 0.037T} \right] \qquad (2-24)$$

式中：$T$ 为水温，℃；$d_0$ 为选定粒径 $0.15\text{cm}$；计算时 $d$ 与 $d_0$ 的单位应一致。

4. 沙玉清公式[8]

沙玉清在研究过渡区泥沙沉降规律时，为了避免求解沉速时的试算麻烦，引进了两个新的判数，即沉速判数 $S_a$ 和粒径判数 $\varphi$。使 $S_a$ 仅包含一个未知数 $\omega$，$\varphi$ 仅包含一个未知数 $d$，且两者均为沙粒雷诺数 $Re_d$ 的函数。这样，只要找出两个判数之间的函数关系，便可从 $d$ 求出 $\omega$ 或从 $\omega$ 求出 $d$，而无须进行试算。

为此，在双对数纸上绘出了 $S_a$ 与 $\varphi$ 的关系曲线，认为在过渡区曲线为一圆弧，从而建立了过渡区泥沙沉速的公式：

$$(\lg S_a + 3.790)^2 + (\lg \varphi - 5.777)^2 = 39.0 \qquad (2-25)$$

其中沉速判数：

$$S_a = \frac{\omega}{g^{1/3} \left( \frac{\rho_s}{\rho_w} - 1 \right)^{1/3} \nu^{1/3}}$$

粒径判数：

$$\varphi = \frac{g^{1/3} \left( \frac{\rho_s}{\rho_w} - 1 \right)^{1/3} d}{10 \nu^{2/3}}$$

当粒径大于 $2.0\text{mm}$，沙玉清紊流区沉速公式

$$\omega = 4.58 \sqrt{10d} \qquad (2-26)$$

式中：$\omega$ 为沉降速度，cm/s；$g$ 为重力加速度，cm/s²；$d$ 为沉降粒径，mm；$\rho_s$ 为泥沙密度，g/cm³；$\rho_w$ 为清水密度，g/cm³；$\nu$ 为水的运动黏滞系数，cm²/s。

沙玉清公式计算结果和实验资料的对比如图 2-4 所示，图中实线为斯托克斯公式计算结果，以 15℃ 作为平均条件；图中虚线为沙玉清公式计算结果，以 20℃ 作为平均条件。

5. 规范推荐计算公式

《河流泥沙颗粒分析规程》（SL 42—92）及《水利水电工程沉沙池设计规范》（SL 269—2001）推荐的天然泥沙沉降速度计算公式如下。

当粒径等于或小于 $0.062\text{mm}$ 时，采用滞流区沉速公式（2-21）。

当粒径为 $0.062 \sim 2.0\text{mm}$ 时，采用沙玉清过渡区公式（2-25）。

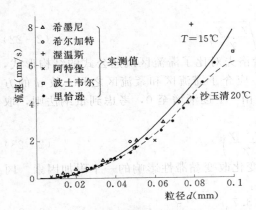

图 2-4　实测值与沙玉清结果的比较

粒径大于 2.0mm 时，采用沙玉清紊流区沉速公式（2-26）。

泥沙沉速是泥沙的一个十分重要的特性。它反映着泥沙在与水流交互作用时对机械运动的抗拒能力。因此，在关于河道演变的分析工作中，与泥沙沉速无关的课题是很少的。

尽管泥沙沉速有这样重要的意义，但是关于泥沙沉速的试验研究工作仍然进行得不够充分。计算沉速的公式虽然不少，但不是精度不高，就是结构繁琐。从实用观点来看，在现阶段，式（2-12）是比较通用的。它特有的优点是以一个统一方程式表达三种状态，在某些工作要求下（如模型设计选沙），比较方便。自然，随着实际观测资料的进一步丰富，公式的系数也可能要做一些调整。应该指出，滞流区与紊流区的沉速公式，现有各家的结构形式是完全一致的，只是系数上略有差异。这里存在的主要问题是，已有实测资料的取舍和更精确的实测资料的收集问题。至于过渡区，则不但在实测资料的取舍和收集方面存在问题，而且关于公式结构形式，既要有理论根据，符合实际资料，又要便于计算，有待进一步研究改进之处更多。

# 2.3　影响泥沙沉速的各种因素

影响泥沙颗粒沉降速度的因素较多，主要有：颗粒形状、边壁条件、含沙浓度、紊动、絮凝等。

## 2.3.1　颗粒形状对沉速的影响

### 1. 几何形状规则的非球体的沉速

当 $Re_d < 0.1$，泥沙颗粒不是真正的球体，可以是柱状、盘状及其他形状。麦克诺恩（McNown, J.S）曾对各种形状颗粒在雷诺数小于 0.1 时的沉速进行过研究，结果如图 2-5 所示。图中垂直坐标为阻力系数 $K$，横坐标为形状系数 $SF = \dfrac{c}{\sqrt{ab}}$，图中点旁数字为轴长比 $a/b$。颗粒是平行于 $c$ 轴运动的。$K$ 的定义如下：

$$F = K(3\pi\mu\omega d_n) \qquad (2-27)$$

式中：$F$ 为颗粒的水中有效重量；$\omega$ 为沉速；$d_n$ 为等容粒径。

$K$ 事实上即等于球体沉速与同体积同重量的颗粒沉速的比值，图中曲线是椭圆体的理论曲线。

### 2. 不同形状颗粒阻力系数

图 2-6 为不同形状颗粒阻力系数 $C_d$ 与 $Re_d$ 的关系曲线。在 $Re_d$ 小于 100 时，不同形状系数颗粒的阻力系数都集中在一起，接近圆球的阻力系数。但当 $Re_d$ 增加到 $100 \sim 1000$ 以上，颗粒运动就不复稳定，轴长比是颗粒沉降运动中的重要因素。

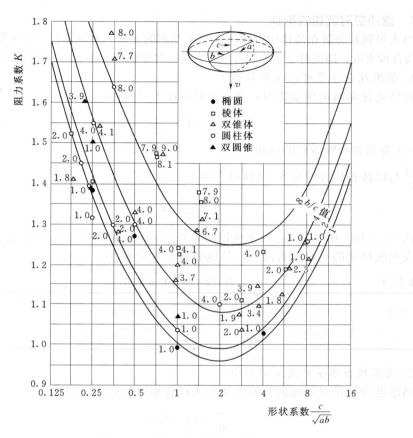

图 2-5　系数 K 与形状系数关系

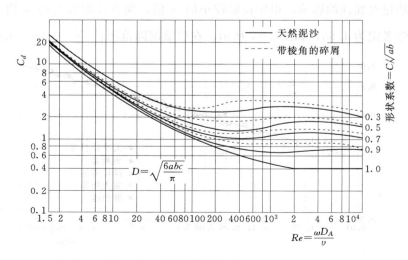

图 2-6　颗粒形状对泥沙沉速的影响

### 2.3.2 含沙量对沉速的影响

当大量颗粒分散在流体中沉降时，由于互相的干扰，其沉速将小于单颗粒沉速，尤其是高含沙水流；即使对于中等的含沙量来说，对单颗粒沉速 $\omega_0$ 值进行校正也是必要的。

**1. 低浓度含沙量对沉速的影响**

在斯克托克斯定律范畴内，含沙量对沉速的影响可以表达为：

$$\frac{\omega_0}{\omega} = 1 + \eta \frac{d}{l} \qquad (2-28)$$

式中：$l$ 为相邻两颗沙粒的间距。

$\dfrac{d}{l}$ 与以体积比含沙量 $S_v$ 之间具有如下关系：

$$\frac{d}{l} = 1.24 S_v^{1/3} \qquad (2-29)$$

式（2-28）中系数 $\eta$，各家所得结果并不一致，见表 2-1。各家公式比较起来，肯宁安和鲍格斯的系数显著偏大，其他公式系数较接近。

**表 2-1** 式（2-28）的 $\eta$ 值

| 作者 | 肯宁安<br>Cuningham | 麦克诺恩<br>McNown | 蔡树棠 | 斯摩尔曲斯基<br>Smoluchwski | 鲍格斯<br>Burgers |
|---|---|---|---|---|---|
| $\eta$ | 1.7~2.25 | 0.7 | 0.75 | 1.16 | 1.4 |

**2. 高浓度含沙量对沉速的影响**

高浓度含沙量对沉速影响的多数公式具有相同的形式，即：

$$\frac{\omega}{\omega_0} = (1 - S_v)^m \qquad (2-30)$$

指数 $m$ 各不相同，对于低含沙量 $m=2$，对于高含沙量 $m>2$，$m$ 值大于 2 的部分反映含沙量对黏性的影响，粗颗粒取较小的 $m$ 值，细颗粒取较大的 $m$ 值。关于 $m$ 值，许多学者定为 4.65，如图 2-7 所示。在层流沉降范围 $\left(\dfrac{\omega_0 d}{\upsilon} < 0.1\right)$，大量的试验

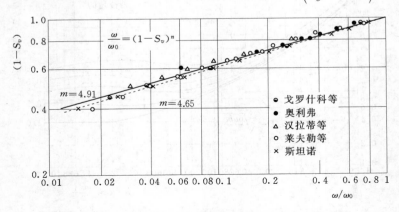

图 2-7 在斯托克斯范围内含沙量对沉速的影响（高浓度）

成果说明 $m$ 接近一个常数，在 $4.65\sim4.91$ 之间，雷诺数超过 $500$ 以后，$m$ 又接近另一个常数，在 $2.39\sim2.65$ 之间，在这两种水力条件之间，$m$ 随着雷诺数的增大而不断减小。

斯坦诺根据试验结果，得出高含沙量条件下的沉速公式为：

$$\frac{\omega}{\omega_0}=[1-(1+\alpha)S_v]^2\times10^{-1.82(1+\alpha)S_v} \tag{2-31}$$

式（2-31）是通过系数及 $S_v$ 来考虑泥沙颗粒的影响的公式之一，式中的 $\alpha$ 值见表 2-2。

表 2-2　　　　　　　　　　　　　式（2-31）中的 $\alpha$ 值

| 物　体 | 粒　径<br>（mm） | 絮凝现象 | $\alpha$ |
|---|---|---|---|
| 玻璃球 | 0.0135 | 不絮凝 | 0 |
| 金刚砂 | 0.0096~0.0122 | 不絮凝 | 0.200 |
| 金刚砂 | 0.0122 | 絮凝 | 0.366 |
| | 0.0096 | | 0.404 |
| | 0.0046 | | 0.538 |

### 2.3.3　不均匀沙的沉速

泥沙由大小不一的颗粒所组成，若在一开始它们均匀分布在水体中，由于粗颗粒泥沙沉得更快一些，在沉降过程中，对于一颗较细的沙粒来说，含沙量对沉速的影响将因粗颗粒泥沙的落淤而不断改变。尤其是当泥沙有可能发生絮凝时，泥沙颗粒在沉降中不断吸附更多的细颗粒泥沙，组成更大的独立单元，以不断加快的速度向下沉降，整个问题将不再属于恒定运动的范围，通过任何一个水平断面的泥沙的平均沉速将会是时间的函数。

对于这样一个复杂的问题，目前还不能严格求解。麦克劳林（McLauglin, R. T. Jr）通过试验，提出整个现象的基本物理图形。

根据关系式：

$$\frac{\partial S_v}{\partial l}+\frac{\partial(\bar{\omega}S_v)}{\partial y}=0 \tag{2-32}$$

式中：$\bar{\omega}$ 为在时间 $t$ 及水平轴以下距离 $y$ 处的平均沉速，由式（2-32）积分可得：

$$(\bar{\omega}S_v)_{y=D}=-\frac{\partial}{\partial t}\int_0^D S_v\mathrm{d}y \tag{2-33}$$

当已知几个不同时间 $T$ 时，$S_v$ 沿着水深的分布，就可以用作图法，求得某一水深泥沙沉速随时间的变化过程。

图 2-8 为麦克劳林利用膨润土及明矾在清水中进行试验的结果。从图 2-8 可以看出，通过任何一个水平断面，泥沙的平均沉速随时间的变化均具有一个最高点，在最高点的左侧反映了泥沙颗粒在沉降过程中由于吸附细颗粒泥沙及絮凝作用而不断加速落淤，在最高点的右侧，则反映了较粗颗粒泥沙落淤后水体中所剩下的泥沙逐渐变细，因而平均沉降递减的过程。在图 2-9 中以虚线绘出了等 $y/t$ 线，这些虚线代表

观察者在 $t=0$ 时，自 $y=0$ 处以等速 $y/t$ 向下移动过程中，所看到的含沙量的变化。如果不存在上述制约作用及加速作用，则观察者在向下移动中自各高程看到的含沙量就相当于沉速等于及小于 $y/t$ 的泥沙的含量。倘使这一含沙量将不因 $y$ 而改变，等 $y/t$ 线将是一条平行于 $y$ 轴的直线。如果含沙量的制约作用更甚于絮凝现象的加速作用，则观察者在向下移动过程中，将看到含沙量不断增大，亦即等 $y/t$ 线是离开 $y$ 轴的斜线。相反的，如絮凝现象的加速作用大于含沙量的制约作用，则沿着等 $y/t$ 线，浓度将因深度的增加而减小，等 $y/t$ 线为向 $y$ 轴靠拢的斜线。

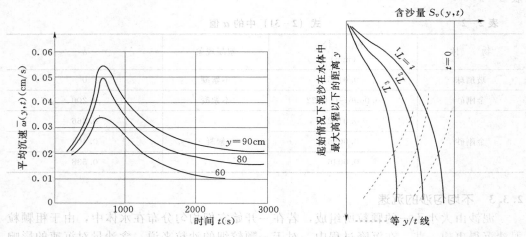

图 2－8　混合沙下沉过程中不同高程　　　图 2－9　均匀分布的混合沙在沉降中
　　　上平均沉速随时间的变化　　　　　　　垂线含沙量分布的变化

### 2.3.4　沉降筒直径对泥沙颗粒沉速的影响

在沉降筒中做沉速试验，必须注意到沉降筒边壁的影响。图 2－10 提供了 $d/D$

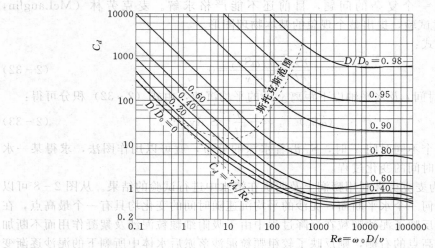

图 2－10　圆球在不同大小的圆柱形量筒中沉降时阻力系数与雷诺数间的关系

及雷诺数对球体阻力系数 $C_d$ 的影响，$D$ 为沉降筒的直径，$d$ 为球体颗粒直径。当 $d/D$ 小于 1 时，麦克诺恩等得出：

$$\frac{\omega_0}{\omega} = 1 + \frac{9d}{4D} + \left(\frac{9d}{4D}\right)^2 \tag{2-34}$$

式中：$\omega_0/\omega$ 为球体在无边界限制的流体中的沉速与在直径为 $d$ 的圆筒中的沉速的比值。

### 2.3.5 紊动对泥沙颗粒沉速的影响

由于水流脉动性质，使作用在沙粒上的外力不能保持恒定，再加上水流中涡旋作用，颗粒不能以最稳定的方位下沉。脉动流速的大小和方向都不断地因时因地而改变，使沙粒在沉降过程中有时受到加速运动，有时又受到减速运动。在这种情况下，作用在沙粒上的阻力除了水流的正常阻力外，还要加上因为加（减）速运动而产生的额外阻力。不少研究工作者，根据理论分析，都得到紊动作用将减低泥沙颗粒沉速的结论，但试验结果尚难作出明确的定论。这一类试验主要的结果列于表 2-3。这些试验的方法为在紊动明流中投入泥沙颗粒，根据泥沙颗粒运动轨迹，或者根据含沙量分布，或者根据落淤床面泥沙颗粒的分布来推算其沉速。当存在细颗粒泥沙形成絮团结构时，情况更为复杂。

表 2-3　　　　　　　　　　　水槽中投放泥沙颗粒的沉降试验

| 试验者 | 选用颗粒 | $\omega d/\upsilon$ | 试验方法 | 试验结果 |
|---|---|---|---|---|
| 莱米特 | 塑料颗粒，比重 1.45，粒径 0.19～1.36mm | 2～140 | | $\dfrac{\omega}{\omega_0} = 0.72$ |
| 范家骅 吴德一 陈明 | 塑料球，粒径 3mm | 33～171 | 在一般紊流中自一点源放入小球，视落在床面位置的几率分布，确定沉速 | $\dfrac{\omega}{\omega_0} \approx 1$ |
| 唐允吉 | 滑石粉与桐油混制的小球，比重 1.56～1.64，粒径 2.88～9.15mm | 555～3350 | | $\dfrac{\omega}{\omega_0} = 0.72～0.80$ |
| 乔布森 塞耶 | 粒径 0.123mm 的玻璃球，比重 2.42，中径 0.39mm 的天然沙，比重 2.65 | 1.3～2.46 | 在水槽全宽投放泥沙，由含沙量分布及床面落淤泥沙分布确定沉速 | 粗沙 $\dfrac{\omega}{\omega_0} \approx 1.05$ |

### 2.3.6 絮凝对泥沙颗粒沉速的影响

泥沙颗粒愈细，其比表面积愈大，当泥沙粒径 $d < 0.01$mm 时，颗粒表面的物理化学作用可使颗粒之间产生微观结构，随着这种细颗粒泥沙含量的增加，相邻的若干带有吸附水膜的细颗粒便彼此连接在一起形成絮团，这种现象称为絮凝现象。

当含有一定浓度的细颗粒泥沙在水中下沉时，由于絮凝作用，不再是单颗下沉，而是形成絮团下沉，其沉速将远大于单颗沙粒下沉的速度。

在含沙量不大时，絮凝作用使泥沙颗粒聚集成絮团，以相对较大的速度下沉。泥沙愈细，其比表面积愈大，颗粒聚集成絮团的作用愈强，相对于基本颗粒而言，所形成的絮团愈大。密尼奥用絮凝因素 $F$ 来反映絮凝作用的强弱：

$$F = \frac{\omega_F}{\omega_0} \qquad (2-35)$$

式中：$\omega_F$ 和 $\omega_0$ 分别表示絮团和泥沙基本颗粒的沉速。

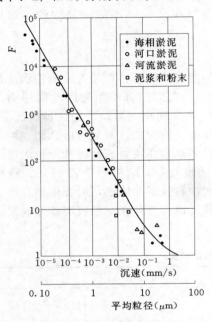

图 2-11   絮凝因素与颗粒大小关系曲线

絮凝因素 $F$ 与基本颗粒粒径的实验关系如图 2-11 所示。由图可见，极细颗粒形成絮团后沉速可成千上万倍地增大；泥沙基本颗粒愈粗，絮凝的作用愈弱，大于 0.03mm 的泥沙颗粒，其絮凝作用便不显著了。当基本颗粒粒径介于 0.01~0.03mm 范围内，絮凝作用十分微弱。所以，在没有更多研究成果前，可以初步把 0.01mm 作为划分有无絮凝现象的泥沙粒径界限。

影响絮凝作用的因素包括泥沙粒径、矿物组成、含沙浓度及水质等。当泥沙粒径和含沙浓度大到一定程度时，对絮凝作用的影响便不太显著，泥沙的矿物组成对絮凝的影响目前研究尚很不够。絮凝作用还可从沙粒的电化学性质和水的电化学作用进行分析，相同粒径和沙粒，在钙、镁离子含量不同的河水中，其静水沉速是不一致的。目前用水析法求得的泥沙粒径即所谓沉径，是使用去离子水并加反凝剂排除了钙、镁离子的影响的。

# 参 考 文 献

[1] 张瑞瑾. 河流动力学. 北京：中国工业出版社，1961.

[2] 张瑞瑾. 河流泥沙动力学. 第 2 版. 北京：中国水利水电出版社，1998.

[3] 钱宁，万兆惠，泥沙运动力学. 北京：科学出版社，1983.

[4] Graf W H. Hydraulics of Sediment Transport. McGraw - Hill Book Company, New York, 1971.

[5] 中国水利学会泥沙专业委员会. 泥沙手册. 北京：中国环境科学出版社，1992.

[6] 泽格日达 A. Л. 在静水中砂粒和砾石的沉速. 曹俊，译. 泥沙研究，2（3），1957.

[7] 窦国仁. 泥沙运动理论. 南京水利科学研究所，1963.

[8] 沙玉清. 泥沙运动学引论. 北京：中国工业出版社，1965.

[9] 水利部黄河水利委员会水文局. 河流泥沙颗粒分析规程（SL 42—92）.1993.

[10] McNown J S, Malaika J and Pramanik R. Particle Shape and Settling Velocity, Transactions 4th Meeting of Intern. Assoc. Hyd. Res. , Bombay, India, 1951.

[11] ［苏］罗马诺夫斯基. 泥沙水力粗度的试验研究. 黄河水利委员会，译.1973.

# 第**3**章

# 泥 沙 的 起 动

在具有一定泥沙组成的床面上，逐渐增加水流强度，直到使床面泥沙（简称床沙）由静止转入运动，这种现象称为泥沙的起动，相应的临界水流条件称为泥沙的起动条件。常见的表达起动条件的形式有两种，起动流速或起动拖曳力。

泥沙起动是河流动力学一个极其重要的基本问题。举凡河渠泥沙输移、河道演变与整治、水库上下游河床的堆积和冲刷、河岸稳定、河口海岸的开发、排灌渠系的设计以及水土保持、床面粗细化、实体模型相似准则的研究、数学模型的基本方程以及许多工程泥沙实际问题的分析处理，都需要以泥沙起动条件为基础。如当我们设计或计算拦河坝下游河床冲刷或桥渡等水工建筑物附近的河床冲刷问题时，就必须先确定泥沙的起动条件。若组成河床的泥沙很粗，实际的水流情况未达到足以使之起动的条件，就不会发生冲刷；或者河床由不均匀的泥沙和砾石组成，较细的能够起动，较粗的不能起动，则细的部分被冲走，粗的留下来，逐渐形成一个覆盖层。这个覆盖层达到一定厚度后，足以保护下层的泥沙不再被冲走，冲刷便停止；或者河床的组成比较细，能够全部起动，则冲刷现象将迅速发生和发展。但当冲刷达到一定程度后，水深增加，而流速降低了，水流条件不足以使泥沙继续起动，这时冲刷过程便会停止。要对上面所述的现象进行定性和定量的探讨，就必须对泥沙的起动条件有较清晰的认识。

## 3.1 泥沙起动的随机性和起动判别标准

### 3.1.1 泥沙起动的随机性

当水流强度达到一定程度以后，河床上的泥沙颗粒开始脱离静止而运动。由于沙粒形状及沙粒在群体中的位置都是随机变量，即使是粒径相同的均匀沙，床面上不同部位的泥沙颗粒的位置也是随机的，作用于颗粒的瞬时底速或拖曳力也是随机的，因此，泥沙颗粒的瞬时起动底速或起动拖曳力必然是随机的。如果床面为粒径不同的非均匀沙组成，出现在床面不同部位的泥沙粒径、相对位置关系也是随机变量，与之相应的瞬时起动底速或拖曳力也必然为随机变量。由此可见，当着眼于一颗特定泥沙的起动时，由于流速或拖曳力的脉动，起动必将具有随机性；当着眼于特定床面多颗泥沙的起动时，则除流速或拖曳力脉动之外，还受沙粒大小、形状及相互位置关系的随机影响，起动更具有随机性。

当水流强度从弱到强慢慢增加，床沙颗粒的状态将发生如下变化。第一阶段，流速或拖曳力甚小，粒径相对较粗，床沙全部都保持静止状态不变。第二阶段，随着流速或拖曳力增强，床面上这里或那里有一些沙粒由静止转入运动，或继续处于静止状态不变；这里或那里有一些沙粒由运动转为静止，或继续处于运动状态。存在的差别只是，运动或静止的沙粒在数量对比上不同。流速或拖曳力大而粒径相对细时，运动的泥沙较多，流速或拖曳力小而粒径粗时，静止的泥沙较多。这一阶段有两个特点，一是即使对均匀沙也不存在要动都动、要不动都不动的情况；二是处于运动状态的泥沙数量（占床面泥沙的百分数）是随流速或拖曳力增强而连续增加的，不存在突变点。第三阶段，流速或拖曳力甚大，粒径相对较细，床沙（表层、含部分次表层）全部变为运动状态。起动研究的显然就是第二阶段。

### 3.1.2　泥沙起动的判别标准

泥沙起动的上述随机性质说明，在同样的时均流速下，泥沙颗粒可以起动，也可以不起动。这就提出了一个起动条件的判别标准问题，这就是，什么才叫床沙处于起动临界状态？又如何在定量上加以测定？这是迄今尚未完全解决的问题。

现有的起动标准大体上可分为定性及定量两大类。

目前在实验室广泛采用的是一种定性标准，即将部分床面有很少量的泥沙在运动规定为起动标准。这种标准大体上相当于克雷默（H. Kramer）的所谓弱动[1]。克雷默将接近起动临界条件的三种运动强度定义为以下内容。

（1）弱动——在床面这里或那里有屈指可数的细颗粒泥沙处于运动状态。

（2）中动——床面各处有中等大小的颗粒在运动，运动强度已无法计数，但尚未引起床面形态发生变化，也不产生可以感知的输沙量。

（3）普动——各种大小的沙粒均已投入运动，并持续地普及床面各处。

这种定性标准是难于明确判定的，即便是同一种标准具体操作时也会因人而异，因此观测标准本身也有随机性。

窦国仁[2]考虑了水流的脉动，但不考虑床沙粗细及其位置对起动流速的影响，得到相应克雷默提出的三种运动强度的起动概率 $P$ 如下。

个别起动：$P_1 = P[u_b > u_c = \overline{u_c} + 3\sigma_{u_b} = 2.11 \overline{u_c}] = 0.0014$

少量起动：$P_2 = P[u_b > u_c = \overline{u_c} + 2\sigma_{u_b} = 1.74 \overline{u_c}] = 0.0228$

大量起动：$P_3 = P[u_b > u_c = \overline{u_c} + \sigma_{u_b} = 1.37 \overline{u_c}] = 0.1585$

式中：$u_c$ 及 $\overline{u_c}$ 为作用于沙粒流层的瞬时及时均起动流速；$\sigma_{u_b}$ 为脉动底流速的均方差。

张小峰等认为[3]，从上述的泥沙起动现象可以看到，在一定的时均流速、水深和床沙粒径情况下，虽然有部分泥沙颗粒起动，也有部分静止不动，但从统计角度讲，起动床沙占床面泥沙的百分数应是确定的。在此基础上推导建立了水力泥沙因子与起动床沙占床面泥沙的百分数之间的关系。这种关系可能是定量确定泥沙起动的判别标准的基础。

美国水道试验站曾规定以推移质输沙率达到 $14\text{cm}^3/(\text{m·min})$ 作为起动标准（有关推移质输沙率的概念和计算将在第 5 章中介绍）；韩其为、何明民等[4] 的起动标准内涵与此相似，他（她）们对水槽、野外沙质及卵石河床分别采用不同的无因次输沙率参数来作为起动标准；韩其为对于均匀沙根据水槽试验资料以相对推移质输沙率 $g_b/\rho_s d\omega_1 = 0.000217$ 作为起动标准，这里 $\omega_1$ 为泥沙粒径 $d$ 的函数，对于散粒体泥沙，其表达式为：

$$\omega_1 = \sqrt{\frac{4}{3C_D}\frac{\rho_s - \rho}{\rho}gd}$$

式中：$C_D$ 为将沙粒看成球体时的拖曳力系数。

整理野外及室内观测资料时，常用的确定泥沙起动条件的办法还有两种：一种是绘制单宽推移质输沙率 $g_b$ 与相应的垂线平均流速 $U$ 或床面拖曳力 $\tau_0$ 的关系，$g_b$ 趋近于零处的 $U$ 及 $\tau_0$ 即为相应的起动流速及起动拖曳力，即取推移质输沙率为零作为起动判别标准；另一种是量测推移质的粒径取其最大粒径，或推移质最大粒径与床沙中更大一级粒径的平均值作为相应水流条件下的起动粒径。

# 3.2　均匀沙的起动条件[5-7]

严格地说，天然河流的床沙组成不可能是均匀的，但在不少情况下，例如冲积河流的沙质河床，床沙粒配范围较窄，其主体部分粒径差异很小，可近似地视其为均匀沙。均匀沙的个别沙粒和整体床沙的起动条件几乎是一致的，用特征粒径（例如平均粒径）作为起动条件计算，处理起来比较简单，因而研究得也比较充分。下面将分别就有关起动流速及起动拖曳力的研究成果加以介绍。除特别指明外，所有水力泥沙因素一律指平均情况。

## 3.2.1　均匀沙散粒体及黏性泥沙的统一起动流速公式

### 3.2.1.1　张瑞瑾公式

位于群体中的床沙，在水流作用下，将受到两类作用力：一类为促使泥沙起动的力，如水流的推力 $F_D$ 及举力 $F_L$；另一类为抗拒泥沙起动的力，如泥沙的重力 $W$ 及存在于细颗粒之间的黏结力 $N$（图 3-1）。其中水流推力 $F_D$ 是水流绕过所考察的颗粒 $A$ 时出现的肤面摩擦及迎流面和背流面的压力差所构成的，其方向和水流方向相同；水流上举力 $F_L$ 则是水流绕流所带来的颗粒顶部流速大、压力小，底部流速小、压力大所造成的，它们可分别用下式表达，即

$$F_D = C_D \frac{\pi d^2}{4}\frac{\rho u_b^2}{2} = C_D a_1 d^2 \gamma \frac{u_b^2}{2g} \tag{3-1}$$

$$F_L = C_L \frac{\pi d^2}{4}\frac{\rho u_b^2}{2} = C_L a_2 d^2 \gamma \frac{u_b^2}{2g} \tag{3-2}$$

式中：$d$ 为颗粒 $A$ 的粒径；$\gamma$ 为水的容重；$g$ 为重力加速度；$C_D$、$C_L$ 为推力及举力系数；$a_1$、$a_2$ 为垂直于水流方向及铅直方向的沙粒面积系数；$u_b$ 为作用于沙粒的瞬时流速。

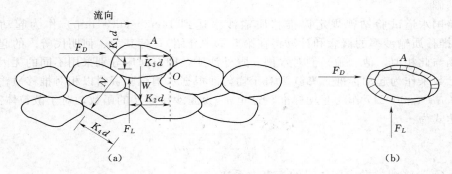

图 3-1　床面沙粒的受力情况

泥沙的水下重量可写成：

$$W = a_3 (\gamma_s - \gamma) d^3 \tag{3-3}$$

式中：$a_3$ 为泥沙的体积系数，对于圆球 $a_3 = \pi/6$。

重力通过沙粒重心，垂直向下。

对于细颗粒而言，还存在黏结力。黏结力可分为原状黏土的黏结力和新淤黏性细颗粒的黏结力两类[5]。影响原状黏土黏结力的物理化学因素很多，如土质结构、矿物组成、干密度、亲水性能、塑性指数、有机物的种类含量等，很难用简单的数学关系式来表达。已有研究成果远没有系统到可以运用的阶段，目前主要还是依靠现场取样测定。这里仅限于讨论水中自由沉实状态下新淤黏性细颗粒之间黏结力问题。

张瑞瑾认为黏结力主要源于薄膜水仅能单向传压的特性，属于一种附加压力。关于这一点，他曾举了一个简单的类比现象加以说明。如图 3-2 所示，设想在两块玻璃板之间填充一层极薄的水。在这种情况下，如果沿着垂直玻璃板面的方向把它们分开，必须用远大于玻璃板自重的力 $F$。这是因为玻璃板间的水属于吸着水及薄膜水，只能传递分布于两块玻璃板面的压强 $p$，却不能传递作用于水层四周的压强 $p$ 的缘故，并认为拉开玻璃

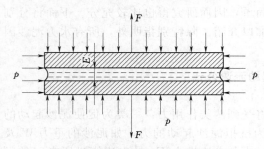

图 3-2　两块玻璃板间的黏结力

板的力 $F$（不考虑玻璃板的重量），应与下列因素有关。

（1）与两块玻璃板之间的距离，即水层厚度 $E$ 有关，水层愈薄，所需力愈大。

（2）与玻璃板的面积 $\Omega$ 成比例。

（3）与玻璃板外面的压强 $p$ 的大小有关。

（4）与水的纯洁度和化学成分有关。这是因为水的纯洁度和化学成分对黏结水的厚度和性质有极大的影响。

据此不难推断，在考虑黏结水不传递静水压力这个特性的条件下，水下黏性细颗粒所受的黏结力 $N$，应与下列因素有关。

（1）与沙粒之间的空隙的厚度有很大关系。如果其他的条件相同，沙粒之间的空

隙的厚度应与粒径 $d$ 成正比。当粒径大于一定数值时,空隙的厚度较大,其中有自由水填充,黏结力的作用即可忽略不计。粒径愈小,空隙愈薄,黏结力的作用将愈显著。因此,可以设想 $N \propto \left(\dfrac{d_1}{d}\right)^s$,式中 $s$ 为正指数,$d_1$ 可称为相对粒径,其中 $d_1$ 为任意选定的与泥沙粒径 $d$(变量)作对比的参考粒径。

(2)与沙粒在水平面上的投影有关,可取 $N \propto d^2$。

(3)与沙粒所受的铅直下压力有关。若令 $h$ 代表水深,$h_a$ 代表与大气压力相应的水柱高度(约为 10m),则 $N \propto \gamma(h_a + h)$。

综合以上因素,黏结力 $N$ 可近似表达如下:

$$N = a_4 \gamma d^2 \left(\frac{d_1}{d}\right)^s (h_a + h) \tag{3-4}$$

如图 3-1 中位于群体沙粒中的某一颗粒 $A$,在水流的作用下,采取滚动的形式起动。若以 $O$ 点为转动中心,则表达沙粒起动临界条件的动力平衡方程式为:

$$K_1 dF_D + K_2 dF_L = K_3 dW + K_4 dN \tag{3-5}$$

式中:$K_1 d$、$K_2 d$、$K_3 d$、$K_4 d$ 为 $F_L$、$F_D$、$W$、$N$ 的相应力臂。

将式(3-1)~式(3-3)代入上式,经过化简后可求得起动流速表达式:

$$u_{bc} = \left(\frac{2K_3 a_3}{K_1 C_D a_1 + K_2 C_L a_2}\right)^{\frac{1}{2}} \left(\frac{\rho_s - \rho}{\rho} g d + \frac{K_4}{K_3 a_3} \frac{N}{\rho d^2}\right)^{\frac{1}{2}} \tag{3-6}$$

将式(3-4)代入式(3-6)可得:

$$u_{bc} = \left(\frac{2K_3 a_3}{K_1 C_D a_1 + K_2 C_L a_2}\right)^{\frac{1}{2}} \left[\frac{\rho_s - \rho}{\rho} g d + \frac{K_4 a_4}{K_3 a_3} \left(\frac{d_1}{d}\right)^s g(h_a + h)\right]^{\frac{1}{2}} \tag{3-7}$$

式中:下标 $c$ 表示临界起动条件。

由于作用泥沙的近底流速 $u_b$ 在实际工作中不易确定,为运用方便起见,以用垂线平均流速 $U$ 来代替为宜,采用如下形式的指数流速分布公式:

$$u = u_m \left(\frac{y}{h}\right)^m \tag{3-8}$$

式中:$u_m$ 为 $y = h$ 处水流表面流速;$h$ 为水深;$u$ 为距河底为 $y$ 处的流速;$m$ 为指数。

将流速 $u$ 沿垂线积分,可求得垂线平均流速为:

$$U = \frac{u_m}{h} \int_0^h \left(\frac{y}{h}\right)^m \mathrm{d}y = \frac{u_m}{1+m} \tag{3-9}$$

进而:

$$u = (1+m)\left(\frac{y}{h}\right)^m U \tag{3-10}$$

取作用流速的特征高度 $y = ad$,用式(3-10)将式(3-7)中的作用临界流速转化为垂线平均临界流速,即起动流速,可得:

$$U_c = C_1 \left(\frac{h}{d}\right)^m \left[\frac{\rho_s - \rho}{\rho} g d + C_2 \left(\frac{d_1}{d}\right)^s g(h_a + h)\right]^{\frac{1}{2}} \tag{3-11}$$

其中:

$$C_1 = \frac{1}{(1+m)a^m}\left(\frac{2K_3 a_3}{K_1 C_D a_1 + K_2 C_L a_2}\right)^{\frac{1}{2}}$$

$$C_2 = \frac{K_4 a_4}{K_3 a_3}$$

在不考虑黏性底层影响条件下，$C_1$、$C_2$ 均为常数。

式（3-11）中至少包含有3个未知数：$C_1$、$C_2$、$s$ 须凭借实测资料确定。张瑞瑾通过整理实测资料，求得 $C_1 = 1.34$，$C_2 = 0.00000496$，$s = 0.72$。另外，取指数 $m$ 为 0.14，参考粒径 $d$ 为 1mm（计算时 $d$ 与 $d_1$ 单位一致）。由此得：

$$U_c = 1.34\left(\frac{h}{d}\right)^{0.14}\left[\frac{\rho_s - \rho}{\rho}gd + 0.00000496\left(\frac{d_1}{d}\right)^{0.72}g(h_a + h)\right]^{\frac{1}{2}} \qquad (3-12)$$

当长度及时间单位按 m、s 计时，式（3-12）可简化为：

$$U_c = \left(\frac{h}{d}\right)^{0.14}\left(17.6\frac{\rho_s - \rho}{\rho}d + 0.000000605\frac{10+h}{d^{0.72}}\right)^{\frac{1}{2}} \qquad (3-13)$$

图 3-3 为水深 $h = 0.15$m 时实测点据与公式的对比。由图可见：在水深 $h = 0.15$m 情况下，最低的起动流速发生在粒径为 0.17mm 处。当粒径 $d > 0.17$mm 时，粒径愈大，起动流速愈高；当粒径 $d < 0.17$mm 时，粒径愈小，起动流速愈高。这个现象的出现，显然是由于：对于前者，重力作用占主要地位，故粒径愈大，愈不易起动；对于后者，黏结力作用占主要地位，故粒径愈小，愈不易起动。

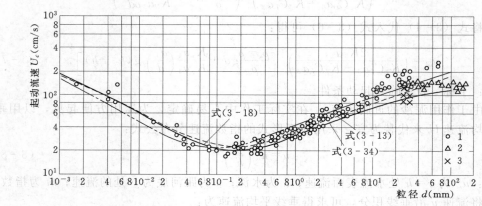

图 3-3　起动流速公式与实测资料的对照[6]（水深 $h = 0.15$m）
1—窦国仁整理的各家实测资料；2—从长江实测记录换算而得的资料；
3—从武汉水利电力学院轻质卵石试验记录换算而得的资料

### 3.2.1.2　唐存本公式

唐存本认为，存在于黏性细颗粒之间的黏结力，主要是由于沙粒表面与黏结水之间的分子引力造成的[8]。他据杰列金（Б. В. Лерягин）用交叉石英丝所作的黏结力实验论证了这一问题。该实验采用的竖向丝直径为 $25 \sim 40 \mu m$，横向丝直径为 $80 \sim 120 \mu m$。两丝相接触，当移动横丝时，竖向丝也产生相对位移，利用光学仪器测出竖向丝的相对位移，就可以计算两丝之间的黏结力 $N$。杰列金给出的黏结力关系式为：

$$N = \sqrt{d_1 d_2}\,\xi \qquad (3-14)$$

式中：$d_1$、$d_2$ 为两根石英丝的直径；$\xi$ 是黏结力参数，与颗粒表面性质、液体性质及沙粒之间接触的紧密程度有关，其量纲为 $[M/T^2]$。

对均匀沙来说，式（3-14）改写为：

$$N = d\xi \qquad\qquad (3-15)$$

在水中两颗沙粒紧密接触时，$\xi$ 应当是一个常数 $\xi_c$，相应的淤泥干密度应为稳定干密度 $\rho_c'$，其值约为 $1.6 \text{g/cm}^3$。对于达不到稳定干密度的淤泥，黏结力的表达式可改写为：

$$N = d\left(\frac{\rho'}{\rho_c}\right)^n \xi_c \qquad\qquad (3-16)$$

式中：$n$ 为待定指数。

式（3-16）表明黏结力 $N$ 是随着干密度 $\rho'$ 的增加而增加的。当 $\rho' = \rho_c'$ 时，$N$ 达到最大值。

将黏结力 $N = d\left(\frac{\rho'}{\rho_c}\right)^n \xi_c$ 代入式（3-6），其余作法完全与张瑞瑾一样，可得如下形式的起动流速公式：

$$U_c = C_1 \frac{1}{1+m}\left(\frac{h}{d}\right)^m \left[\frac{\rho_s - \rho}{\rho}gd + \left(\frac{\rho'}{\rho_c}\right)^n \frac{C}{\rho d}\right]^{\frac{1}{2}} \qquad\qquad (3-17)$$

其中：

$$C_1 = \frac{1}{a^m}\left(\frac{2K_3 a_3}{K_1 C_D a_1 + K_2 C_L a_2}\right)^{\frac{1}{2}}$$

$$C = \frac{K_4 \xi_c}{K_3 a_3}$$

根据黏结力可以忽略不计的较粗颗粒的起动流速资料，对于天然河道取 $m = 1/6$，求得 $C_1 = 1.79$。再根据重力可以忽略不计的具有稳定干密度的起动流速资料，求得 $C = 8.885 \times 10^{-5} \text{N/m}$。最后根据不同干密度的淤泥的起动流速资料，求得 $n = 10$，由此得：

$$U_c = 1.79 \frac{1}{1+m}\left(\frac{h}{d}\right)^m \left[\frac{\rho_s - \rho}{\rho}gd + \left(\frac{\rho'}{\rho_c}\right)^{10} \frac{C}{\rho d}\right]^{\frac{1}{2}} \qquad\qquad (3-18)$$

式中：指数 $m$ 取为变值，对于一般天然河道，如前所述，即 $m = 1/6$，对于平整河床（如实验室水槽及 $d < 0.01\text{mm}$ 的天然河道），$m$ 按式（3-19）计算：

$$m = \frac{1}{4.7}\left(\frac{d}{h}\right)^{0.06} \qquad\qquad (3-19)$$

### 3.2.1.3　窦国仁公式

窦国仁早期采用交叉石英丝试验，通过变更石英丝所受的静水压力，证实了压力水头对黏结力的影响，并据此导出起动流速公式[2]。以后又考虑到沙粒表面与黏结水之间存在的分子引力对黏结力应有影响，又对原来的公式作了一些改进，认为黏结力应由水对床面颗粒的下压力 $N_1$，及颗粒间的分子黏结力 $N_2$ 两部分组成，即：

$$N = N_1 + N_2 \qquad\qquad (3-20)$$

$N_1$ 的表达式为：

$$N_1 = \varphi \gamma h \omega_k \tag{3-21}$$

式中：$\varphi$ 为考虑起动条件下，与静力滑动相比，黏结力应有所减小的修正系数；$\omega_k$ 为颗粒间接触面积。

$\omega_k$ 的表达式为：

$$\omega_k = \frac{\pi}{2} d\delta \tag{3-22}$$

式中：$d$ 为泥沙粒径；$\delta$ 为与沙粒缝隙大小有关的特征厚度。

由此得：

$$N_1 = \varphi \gamma h \frac{\pi}{2} d\delta \tag{3-23}$$

在 $N_1$ 的表达式中没有引进大气压力，是因为大气压力变化不大，其影响在黏结力 $N_2$ 中会得到考虑。

$N_2$ 的表达式仍沿用杰列金的黏结力关系式，但形式有变化：

$$N_2 = \varphi \frac{\pi}{2} d\varepsilon \tag{3-24}$$

式中：$\varepsilon$ 为另一种形式黏结力参数，其量纲为 $[ML/T^2 L]$，即 $[M/T^2]$。

除上述作用力外，当河水与地下水相互补给，在河床内部出现渗流时，床面泥沙还承受渗透压力。地下水向河道补给时会减小床沙的稳定，河水外渗时会增加床沙的稳定，由于一般情况下渗透压力相对较小，通常不予考虑。

将黏结力 $N = N_1 + N_2 = \varphi \frac{\pi}{2}$（$\gamma h d\delta + d\varepsilon$）代入式（3-6），可得如下形式的起动流速公式：

$$u_{bc} = \left( \frac{2K_3 a_3}{K_1 C_D a_1 + K_2 C_L a_2} \right)^{\frac{1}{2}} \left[ \frac{\rho_s - \rho}{\rho} g d + \frac{K_4 \varphi \frac{\pi}{2}}{K_3 a_3} \left( \frac{gh\delta + \varepsilon_k}{d} \right) \right]^{\frac{1}{2}} \tag{3-25}$$

和一般处理方式不同，窦国仁将式（3-25）中的作用流速看成瞬时流速[2]。他根据瞬时流速 $u_b$ 近似地具有正态分布的特性，即：

$$f(u_b) = \frac{1}{\sqrt{2\pi}\sigma_{u_b}} e^{-\frac{(u_b - \overline{u})^2}{2\sigma_{u_b}^2}} \tag{3-26}$$

取出现概率为 2.28% 的少量动状态作为临界起动状态，求得瞬时作用流速与时均作用流速的关系式为：

$$u_b = \overline{u_b} + 2\sigma_{u_b} = \overline{u_b} + 2(0.37 \overline{u_b}) = 1.74 \overline{u_b} \tag{3-27}$$

即得：

$$\overline{u_{bc}} = \frac{1}{1.74} \left( \frac{2K_3 a_3}{K_1 C_D a_1 + K_2 C_L a_2} \right)^{\frac{1}{2}} \left[ \frac{\rho_s - \rho}{\rho} g d + \frac{K_4 \varphi \frac{\pi}{2}}{K_3 a_3} \left( \frac{gh\delta + \varepsilon_k}{d} \right) \right]^{\frac{1}{2}} \tag{3-28}$$

取 $C_D = 0.4$，$C_L = 0.1$，并将泥沙颗粒看成椭球体，取其三轴与同体积球体直径之比分别为 4/3、3/3、2/3。据此，取：

水流方向面积系数 $a_1 = \frac{2\pi}{9}$，铅直方向面积系数 $a_2 = \frac{\pi}{3}$，体积系数 $a_3 = \frac{\pi}{6}$，推力

力臂系数 $K_1 = \dfrac{1}{3}$，举力力臂系数 $K_2 = \dfrac{1}{2}$，重力及黏结力力臂系数 $K_3 = K_4 = \dfrac{1}{2}$，修正系数 $\varphi = \dfrac{1}{16}$。

将有关各值代入式（3-28）中得：

$$\overline{u_{k}} = 1.09\left(\frac{\rho_s - \rho}{\rho}gd + 0.19\frac{gh\delta + \varepsilon_k}{d}\right)^{\frac{1}{2}} \tag{3-29}$$

为书写简便，时均临界作用流速 $\overline{u_{k}}$ 的时均符号"—"在以后的论述中取消。

为将床面作用流速转化成垂线平均流速，窦国仁使用如下形式的对数流速分布公式：

$$\frac{u}{U_*} = 5.75\lg\left(30.2\frac{y\chi}{K_s}\right) \tag{3-30}$$

式中：$U_*$ 为摩阻流速；$K_s$ 为河床糙度，当河床组成为均匀沙时，$K_s = d$；当河床组成为非均匀沙时，爱因斯坦取 $K_s = d_{65}$；$\chi$ 为校正参变数，$\chi = f(K_s/\delta)$（图3-4）；$\delta$ 为光滑床面的黏性底层厚度，$\delta = 11.6\nu/U_*$；$\nu$ 为水的动态黏滞系数。

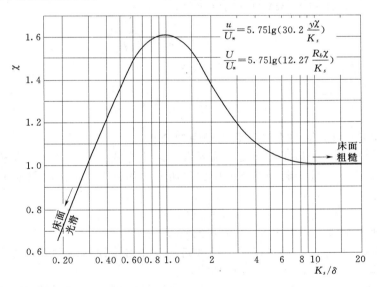

图3-4 $\chi—K_s/\delta$ 关系图

将流速 $u$ 沿垂线积分，可求得垂线平均流速为：

$$\frac{U}{U_*} = 5.75\lg\left(11\frac{h}{K_s}\chi\right) \tag{3-31}$$

和式（3-30）对比，可得：

$$u = \frac{\lg\left(30.2\dfrac{y}{K_s}\chi\right)}{\lg\left(11\dfrac{h}{K_s}\chi\right)} \tag{3-32}$$

窦国仁取作用点的特征高度 $y=K_s$，并设绕流位于粗糙区，$\chi=1$，求得：

$$u_b=\frac{1.48}{\lg 11\frac{h}{K_s}}U \tag{3-33}$$

代入式（3-29），得：

$$U_c=0.74\lg\left(11\frac{h}{K_s}\right)\left(\frac{\rho_s-\rho}{\rho}gd+0.19\frac{gh\delta+\varepsilon_k}{d}\right)^{\frac{1}{2}} \tag{3-34}$$

式中：$\delta$ 及 $\varepsilon_k$ 根据交叉石英丝试验成果定为 $\delta=0.213\times10^{-4}\text{cm}$，$\varepsilon_k=2.56\text{cm}^3/\text{s}^2$。计算时对于平整床面，当 $d\leqslant0.5\text{mm}$ 时，取 $K_s=0.5\text{mm}$；当 $d>0.5\text{mm}$，取 $K_s=d$。

### 3.2.2  均匀非黏性泥沙的起动流速公式

对于较粗颗粒泥沙的起动流速公式，黏结力 $N=0$，沙莫夫（Г. И. Щамов）[7] 根据试验资料获得：

$$U_c=1.14\sqrt{\frac{\rho_s-\rho}{\rho}gd}\left(\frac{h}{d}\right)^{\frac{1}{6}} \tag{3-35}$$

冈恰洛夫[7] 采用对数形式的流速分布公式，得：

$$U_c=1.07\sqrt{\frac{\rho_s-\rho}{\rho}gd}\lg\left(\frac{8.8h}{d_{95}}\right) \tag{3-36}$$

相应地，张瑞瑾公式（3-13）可简化为：

$$U_c=1.33\sqrt{\frac{\rho_s-\rho}{\rho}gd}\left(\frac{h}{d}\right)^{\frac{1}{7}} \tag{3-37}$$

### 3.2.3  均匀散粒体及黏性泥沙的起动拖曳力公式

前面已经指出，表达泥沙起动的临界水流条件的另一种形式为起动拖曳力。所谓起动拖曳力，即泥沙处于起动状态的床面剪切力，其值等于单位面积床面上的水体重量在水流方向的分力，即：

$$\tau_0=\gamma hJ=\rho U_*^2 \tag{3-38}$$

式中：$\gamma$ 为水的容重；$J$ 为比降；$\rho$ 为水的密度。

附带说明，$\tau_0$ 这个物理量以后会经常遇到，在讨论泥沙运动时，称之为拖曳力；在讨论水流运动时，则称之为床面剪切力。

在导出的表达起动作用流速的式（3-6）的基础上，暂时不计黏结力项（即 $N=0$），并采用对数流速分布公式：

$$\frac{u}{U_*}=5.75\lg\left(30.2\frac{y\chi}{K_s}\right) \tag{3-39}$$

$$u_{bc}^2=5.75\lg\left(30.2\frac{y\chi}{K_s}\right)^2 U_{*c}^2=C_1^2\left(\frac{\rho_s-\rho}{\rho}gd\right) \tag{3-40}$$

加以转换，为此取作用流速的特征高度 $y=\alpha K_s$，经过简单换算，即得：

$$\frac{U_{*c}^2}{\frac{\gamma_s-\gamma}{\gamma}gd}=\frac{\tau_{0c}}{(\gamma_s-\gamma)d}=\Theta_c \tag{3-41}$$

其中：

$$\Theta_c = \frac{1}{[5.75 \lg(30.2a\chi)]^2} \frac{2K_3 a_3}{K_1 C_D a_1 + K_2 C_L a_2}$$

式中：$U_{*c}$ 为起动摩阻流速；$\tau_{0c}$ 为起动拖曳力；$\Theta_c$ 为临界相对拖曳力，此处等于如上综合系数。

对于粗颗粒散体泥沙来说，由于校正参变数 $\chi = 1$，$C_D$、$C_L$ 在平均情况下取为定值，$\Theta_c$ 可视为定值。对于细颗粒泥沙来说，由于 $\chi$、$C_D$、$C_L$ 为不同形式的沙粒雷诺数 $Re_* = \dfrac{u_* d}{\nu}$ 的函数（取 $K_s = d$），故 $\Theta_c$ 亦为沙粒雷诺数 $Re_*$ 的函数，即：

$$\frac{\tau_{0c}}{(\gamma_s - \gamma)d} = \Theta_c = f\left(\frac{U_* d}{\nu}\right) \tag{3-42}$$

这就是著名的希尔兹（A. Shields）起动拖曳力公式[9]。这里临界相对拖曳力 $\Theta_c = \dfrac{\tau_{0c}}{(\gamma_s - \gamma)d}$ 亦称希尔兹数。希尔兹曾根据他自己的试验成果绘制了一条 $\Theta_c$ 与 $Re_*$ 的关系曲线，后人又在他的工作基础上进行了大量补充试验。图 3-5 为钱宁归纳以往成果所绘制的这种关系[7]。图中除希尔兹、凯西（H. J. Casey）、克雷默、美国水道试验站、吉尔伯特（G. K. Gilbert）和怀特（C. M. White）的资料之外，还补充了怀特、曼茨（P. A. Mantz）、蒂松（L. J. Tison）、亚林及卡拉汉（E. Karahan）的资料。着重在扩充小沙粒雷诺数的范围，并对大沙粒雷诺数的临界拖曳力进行检验。

图 3-5 所显示的规律如下。

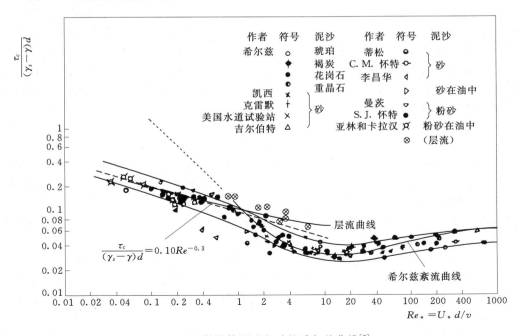

图 3-5 散粒体泥沙起动的希尔兹曲线[7]

（1）希尔兹起动曲线为马鞍形，点群比较分散。

（2）当 $Re_*$ 在 10 附近时，点群曲线达到最低，$\dfrac{\tau_{0c}}{(\gamma_s-\gamma)\,d}$ 达到最小，此时 $\Theta_c=$ 0.03，泥沙相对而言最容易起动。

（3）当 $Re_*>10$ 时，弯曲带缓缓上升，在 $Re_*>500$ 之后，$\Theta_c$ 接近常数，其上限值为 0.06，下限值为 0.04。其中 0.06 为希尔兹曲线原定值，以后试验表明，这一值是偏大的。试验点群与起动标准确定有关。

（4）当 $Re_*<10$ 时，弯曲带持续上升，在 $Re_*<1$ 之后，由于存在近壁层流层，近壁附近的流态和层流比较接近，此时的变化趋势可用下式表达：

$$\Theta_c=0.10Re_*^{-0.3} \tag{3-43}$$

（5）希尔兹曲线的实线部分包含在弯曲带中，但偏离弯曲带的中线。虚线部分的坡度为 $-1$，系希尔兹假定小沙粒雷诺数时 $\Theta_c$ 与沙粒雷诺数成反比得来，缺乏实验资料的印证，不足为据。

（6）大沙粒雷诺数的临界相对拖曳力随沙粒雷诺数的增大而增大，反映了沙粒的粒径加大使其水下自重加大，从而要求较大的起动拖曳力。小沙粒雷诺数的临界相对拖曳力随沙粒雷诺数的减小而增大，通常被解释为黏性底层相对厚度随粒径减小而增大所产生的效应。

在结束本节时，有几点须加以说明[6]。

（1）两种形式的起动条件——起动流速及起动拖曳力都是可以使用的。从泥沙起动直接承受的作用力而言，它来自近底水流的动水压力，而并不来自表达床面平均受力情况的拖曳力，但两者是可以互换的，两种起动条件在使用上各有优缺点。使用起动流速，在获取实测数据方面，较优于起动拖曳力，这是因为流速量测精度远大于比降量测精度的缘故。使用起动拖曳力，在起动条件的确定方面较优于起动流速，这是因为起动拖曳力不需转换，而起动流速需由近底流速转换成垂线平均流速的缘故；而天然河流中，水流流态比较复杂，若水流垂线流速分布与对数分布、指数分布相差悬殊时，使用起动拖曳力或起动流速，要仔细分析确定；此点，在应用诸公式时，不可忽视。

（2）所介绍的起动流速公式一般不包括黏性底层的影响，细颗粒起动条件的差异，通过引进黏结力来加以考虑。而所介绍的起动拖曳力的关系曲线或公式则恰好相反，将细颗粒起动条件的差异完全归因于黏性底层的影响，而不考虑黏结力的作用。较合理的作法应该是，对细颗粒上述两种影响均应加以考虑。在力学机理的认识上截然不同，而各自提出的表达式尚能与实际资料符合，则是因为公式中都包含了一些经验系数，可以通过优选来加以弥合。

（3）在对起动条件进行理论推导时，无论转动平衡，滑动平衡或举力与泥沙水下自重相等来考虑，其推导结果的框架都是相同的，在现阶段并不具有实质性的差异。因为无论按哪一种方式考虑，由于许多参数尚不能确定，最后都是归结为几个综合参数，通过实际资料反求。

（4）由于起动标准还不是很完善，特别是天然河流还存在如何准确地判断起动的问题，即使起动条件的表达式在结构上比较接近实际，实测点据的散乱也是不可避免的。实际工作中，可根据具体研究或解决的问题，选择适宜的起动判别标准。

（5）在起动流速公式中虽然都包含水深 $h$，但由于水槽试验中 $h$ 变幅较小，而天然河流又缺乏较精确的起动流速资料，因此诸公式中 $h$ 与 $U_c$ 的关系是未经充分验证的。图 3-4 中的点据，$h$ 为定值（$h=15\text{cm}$），各公式之间的比较精度自然也只以 $h=15\text{cm}$ 为限。此点，在应用诸公式时，不可忽视。

## 3.3　非均匀沙的起动条件

和均匀沙相比，非均匀沙起动判别标准更难确定。为使问题简化，不得不作一些假定。例如，不考虑床沙组成的变化，将推移质中的最大粒径或这一粒径与床沙中更大一级粒径的平均值作为起动粒径等。

非均匀沙与均匀沙起动问题的明显区别在于：均匀沙个别沙粒和整体床沙的起动条件几乎是一致的，而非均匀沙个别沙粒和整体床沙的起动条件在一些情况下可能是完全不一样的。

对非均匀沙床面泥沙颗粒，即群体中的泥沙颗粒，由于颗粒间影响给河道水沙系统带来两方面的改变，一是群体与单个颗粒相比受力及起动条件的改变；二是水流结构及输沙特性的变化。这里不妨称之为粒间影响的个体效应和整体效应。在水力条件一定时，对非黏性沙的某一颗粒起动来说属于经典力学问题，只要其所受的合力矩 $\sum M > 0$，泥沙颗粒即可起动。

在泥沙群体颗粒中，较粗颗粒受到暴露作用，易于起动；而另一些较细颗粒则受到隐蔽作用，难于起动。因此在考虑单个泥沙颗粒的受力时，除了上一节计算的那些力，还应考虑由于非均匀沙颗粒的组成及相对隐暴度产生的附加力。对此，不同学者从不同的角度提出了不同的附加力，使得非均匀沙颗粒的起动与同粒径均匀沙有所差异。秦荣昱[10]提出，当起动粒径 $d_0$ 小于床沙最大粒径 $D_{\max}$ 时，与单颗粒比较，$d_0$ 颗粒的起动要多承受一个床沙组成自然粗化作用所施加的阻力，这个阻力还包括颗粒间的接触反力及摩擦力，称之为附加阻力。另一种方法，就是在均匀沙起动流速、起动切力的基础上，加入隐暴参数 $\xi$：

$$U_{ci} = \xi U_c$$

$$\Theta_{ci} = \xi \Theta_c$$

$$\xi = f\left(\frac{d_i}{d_m}\right)$$

目前，在非均匀沙起动流速研究上，基本上沿袭上述方法。下面介绍有关这一问题的若干初步研究成果。

秦荣昱认为非均匀沙某种粒径抗拒起动的力除泥沙本身的水下自重外，还会受到一个与混合沙平均抗剪力 $\tau_0$ 成比例的附加阻力，由此导出的公式具有如下形式[10]：

$$U_c = 0.786 \sqrt{\frac{\rho_s - \rho}{\rho} g d \left(2.5 m \frac{d_m}{d} + 1\right)} \left(\frac{h}{d_{90}}\right)^{\frac{1}{6}} \tag{3-44}$$

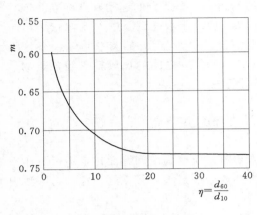

图 3-6　$m$ 与 $\eta$ 的关系

式中：$m$ 为非均匀沙的密实系数，与非均匀度 $\eta=\dfrac{d_{60}}{d_{10}}$ 有关，如图 3-6 所示；$d_m$ 为平均粒径。

按照这一公式，当 $d=d_m$ 时，$\left(2.5m \times \dfrac{d_m}{d}+1\right)=2.5m+1$，若取 $m=0.6$，所得起动流速与相同粒径的均匀沙起动流速接近相等。此时式（3-44）将转化成具有沙莫夫公式的形式，仅系数略大。从式（3-44）中还可看出，当 $d>d_m$ 时，$\left(2.5m\dfrac{d_m}{d}+1\right)<2.5m+1$；当 $d<d_m$ 时，$\left(2.5m\dfrac{d_m}{d}+1\right)>2.5m+1$。这意味着，与同粒径均匀沙相比，非均匀沙较粗颗粒容易起动，而较细颗粒则难以起动。而非均匀沙中等于平均粒径的颗粒则较同粒径的均匀沙稍难起动。

谢鉴衡、陈媛儿研究了非均匀床沙的近底水流结构，发现这种床沙的当量糙度既是粗颗粒粒径的函数，又与粗颗粒在床面的分布密度有关；而近底的流速分布更直接决定于这种粗颗粒在床面上的分布密度，不是任何一种现有的均匀流流速分布公式所能准确描述的。除此之外，正如本章第一节中所指出的，水流对床沙的推力和举力系数，也与颗粒的分布密度密切相关，而并非常数。因此，即使是就平均情况而言，要从理论上推求非均匀沙中不同粒径的起动流速的表达式也是很困难的。作为第一次近似，在采用一般的对数流速分布公式，并引进一些经验参数后，运用适线法，求得如下形式的非均匀床沙起动流速公式[11]：

$$U_c=\psi\sqrt{\dfrac{\rho_s-\rho}{\rho}gd}\dfrac{\lg\dfrac{11.1h}{\varphi d_m}}{\lg\dfrac{15.1d}{\varphi d_m}} \tag{3-45}$$

式中，$\varphi=2$，$\psi=\dfrac{1.12}{\varphi}\left(\dfrac{d}{d_m}\right)^{\frac{1}{3}}\left(\sqrt{\dfrac{d_{75}}{d_{25}}}\right)^{\frac{1}{7}}$，前者主要反映粗颗粒对当量糙度的影响，后者则除反映当量糙度影响之外，还反映床沙非均匀度的影响。由于当 $\dfrac{d}{d_m}$ 较大时，$\left(\dfrac{d}{d_m}\right)^{\frac{1}{3}}$ 与 $\lg\dfrac{15.1d}{\varphi d_m}$ 之比较小；而当 $\dfrac{d}{d_m}$ 值较小时，$\left(\dfrac{d}{d_m}\right)^{\frac{1}{3}}$ 与 $\lg\dfrac{15.1d}{\varphi d_m}$ 之比较大。因此，这一公式能反映非均匀沙的起动特点，即粗颗粒受暴露作用的影响，相对较易起动；而细颗粒则受隐蔽作用影响，相对较难起动。当 $d=d_m$，$d_{75}=d_{25}$，$\varphi=1$ 时，上式即可用于均匀沙，所得公式与窦国仁公式（3-34）在不考虑黏结力影响时的结构是完全一致的，只是系数为 0.94，要偏大一些。考虑到窦国仁公式在颗粒较粗时理论曲

线偏靠点群下侧（图 3 - 3），系数偏大应该是合理的。这一公式尚有待改进的地方是，$\varphi$ 值应取为变数，才比较切合实际。

以上所介绍的是非均匀沙的起动流速公式，下面再介绍非均匀沙的起动拖曳力公式。目前，非均匀沙起动切力处理方法上，通常是直接把均匀沙的起动公式加上一个影响参数 $\dfrac{d_i}{d_m}$，再进行起动切力修正，获得 $\dfrac{\Theta_{ci}}{\Theta_c} = f\left(\dfrac{d_i}{d_m}\right)$ 函数关系。

彭凯、陈远信[12]通过试验研究，引入非均匀沙"床面可动层"的概念，提出判定非均匀沙分级起动的标准；认为宽级配非均匀沙的起动是一个动力平衡过程。在考虑水流的脉动、床沙的隐暴作用及当量糙度系数的影响下，求得了非均匀沙的起动剪切力表达式：

$$\Theta_{ci} = 0.0522\left(\frac{\sigma}{\mu_3}\frac{d_m}{d}\right)^{0.408} \tag{3-46}$$

$$\mu_3 = \left[\sum\frac{1}{100}p_i\ (d_i - d_m)^3\right]^{\frac{1}{3}}$$

式中：$\Theta_{ci}$ 为无量纲床面剪切力；$\mu_3$ 为三阶中心矩；$p_i$ 为分组泥沙频率；$d_i$ 为分组中值粒径；$d$ 为起动粒径；$d_m$ 为加权平均粒径。

耶格阿扎罗夫认为式（3-41）也可用来计算非均匀沙中某一特定粒径 $d_i$ 的起动拖曳力 $\tau_{\alpha i}$[13]。只是由于是非均匀沙，等式右侧的 $\alpha$ 值，耶氏认为应用 $\alpha d_i/d_m$ 代替，$\alpha d_i$ 为作用流速的特征高度，$d_m$ 取作非均匀沙的当量糙度 $\kappa_s$。对于圆球，式（3-41）中 $K_2 C_L a_2$ 项被略去，$K_1$ 将转化为 1，$K_3$ 将转化为摩擦系数 $f$，$a_1 = 1/4$，$a_3 = 1/6$，耶格阿扎罗夫取校正参变数 $\chi = 1$，$\alpha = 0.63$，$C_D = 0.4$，$f = 1$，由此可得：

$$\Theta_{ci} = \frac{0.1}{\left(\lg 19\,\dfrac{d_i}{d_m}\right)^2} \tag{3-47}$$

用式（3-47）与均匀沙公式相比，还可将其转化为如下形式：

$$\frac{\Theta_{ci}}{\Theta_c} = \left(\frac{\lg 19}{\lg 19\,\dfrac{d_i}{d_m}}\right)^2 \tag{3-48}$$

按照这一公式，非均匀沙中等于平均粒径的颗粒的起动拖曳力与同粒径的均匀沙完全相等，这一点并不是很合理的。

林泰造等也导出了类似形式的公式[14]：

$$\frac{\Theta_{ci}}{\Theta_c} = \begin{cases} \dfrac{d_m}{d} & d_i/d_{mm} \leqslant 1 \\[3mm] \left(\dfrac{\lg 8}{\lg\dfrac{8d_i}{d_m}}\right) & d_i/d_m \geqslant 1 \end{cases} \tag{3-49}$$

实测资料显示林泰造的公式符合较好。

上面均是针对非均匀沙单颗颗粒起动进行研究的，事实上，以往研究表明，一旦非均匀沙河床粗化层形成以后，如果来流强度小于粗化层形成时的水流强度，粗化层不会改变，床面粗糙程度也不会变，床面输沙率仍然为零，河床形态保持稳定，也就没有泥沙起动。这时的起动已不是非均匀沙单颗起动，而是非均匀沙床面整体起动问题。然而，如若来流强度大于粗化层形成时的水流强度，粗化层就有被破坏的可能；而当粗化层破坏时，粗细泥沙颗粒都起动。那么粗化层的破坏是如何发生的，是水流强度稍一增大，粗化层就开始破坏，还是当水流强度增大到一定程度后粗化层才开始破坏？这是一个迫切需要搞清楚的问题。孙志林[15]认为只要水流强度大于粗化层形成时的水流强度，粗化层就会破坏，然后形成新的粗化层。孙志林层破坏现象进行了试验研究，但在他的试验中水流强度增幅很大，足以使得粗化层床面结构完全破坏，从而引起输沙率的骤然增大，最终形成新的粗化层。为确定粗化层破坏临界条件，王涛、刘兴年[16]进行了水流强度连续小幅增大的清水冲刷粗化层破坏试验研究，探讨了粗化层破坏与水流强度之间的临界关系。水流强度渐次小幅增大的清水冲刷粗化层破坏试验表明，水流强度的增大并不一定能使一定水流条件下形成的粗化层床面结构破坏，只有当水流强度增大到一定程度，床面粗化层才会破坏，对于试验用泥沙来说，当床面切应力大于 1.2 倍的初始粗化床面切应力，粗化层遭到破坏。

# 参 考 文 献

[1] Kramer H. Sand Mixtures and Sand Movement in Fluvial Models. Trans. ，ASCE，Vol. 100，1935，798 – 838.

[2] 窦国仁. 论泥沙起动流速. 水利学报，1960，(4)：44 – 60.

[3] 张小峰，谢葆玲. 泥沙起动概率与起动流速，水利学报，1995，(10)：53 – 59.

[4] 韩其为，何明民. 泥沙起动规律及起动流速. 北京：科学出版社，1999.

[5] 武汉水利电力学院（张瑞瑾主编）. 河流动力学. 北京：中国工业出版社，1961.

[6] 武汉水利电力学院（谢鉴衡主编）. 河流泥沙工程学（上册）. 北京：水利出版社，1981.

[7] 钱宁，万兆惠. 泥沙运动力学. 北京：科学出版社，1983.

[8] 唐存本. 泥沙起动规律. 水利学报，1963，(2)：1 – 12.

[9] Shields A. Anwendung der Aechlichkeitsmechanik and der Turbulenzforschung auf die Geschiebewegung Mitt. Treussische Versuchsanstalt für Wasserbau und Schiffbau. Berlin. 1936.

[10] 秦荣昱. 不均匀沙的起动规律. 泥沙研究. 复刊号. 1980，83 – 91.

[11] 谢鉴衡，陈媛儿. 非均匀沙起动规律初探. 武汉水利电力学院学报，1988，(3)：28 – 37.

[12] 彭凯，陈远信. 非均匀沙的起动问题. 成都科技大学学报. 1986，(2)：117 – 124.

[13] Egiazaroff I V. Calculation of Nonuniform Sediment Concentration. Journal of Hydraulics Division，Proc. ASCE，1965，No. Hy. 4.

[14] Hayashi T，S Ozaki and T Ichibashi. Study on Bed Load Transport if Sediment Mixture. Proc. 24th Japanese Conference on Hydraulics. 1980.

[15] 孙志林，孙志峰. 粗化过程中的推移质输沙率. 浙江大学学报（理学版），2000，27（4）：449 – 453.

[16] 王涛，刘兴年. 卵石河床清水冲刷粗化层破坏临界条件实验研究，四川大学学报（工程科学版），2008，40（4）：36 – 40.

# 第 4 章

# 床面形态与水流阻力

天然河流的边界一般是由松散泥沙颗粒组成的，具有可动性，称为松散边界条件。从室内试验和野外观测可以发现，当水流强度达到一定程度、河床表面推移质泥沙运动达到一定规模时，河床表面会表现起伏不平但又看似规则的波浪状形态，称为沙波[1,2]。沙波作为河床表面推移质泥沙运动的主要外在表现形式，直接关系到河床的变形，决定河床的阻力，进而影响到水流结构与泥沙运动。只有对河床沙波形态的形成机理和发展过程有了一定的了解，才有可能进一步探讨河床阻力、输沙率及河床演变等问题。

## 4.1 沙波形态和发展过程

沙波形态是一个三维的概念，最常见的是沙漠中的泥沙在风力作用下形成的波状起伏的形态。河流中河床表面的沙波形态与沙漠中的沙波形态颇为类似。河流中的床面沙波作为河床泥沙在水流作用下的产物，水流流态对沙波形态及其运动方式有着重要的影响。同时，随着水流强度的不断变化，沙波有其产生、发展和消亡的过程。

### 4.1.1 沙波的纵剖面形态和运动状态

通过玻璃水槽试验，可以得到河床表面沙波纵剖面形态如图 4 - 1 所示。图中向上隆起的最高点部分称为波峰，向下凹入的最低点部分称为波谷；相邻两波谷之间或相邻两波峰之间的距离，叫做波长 $\lambda$；波谷至波峰的铅直距离叫做波高 $h_s$[3]。

沙波的迎流面与背流面的形态是有差别的：迎流面比较平坦，在波谷最低点，坡度为 0，自此向上，坡度逐渐增加，在波谷和波峰之间的某个位置，坡度达到最大值，过此之后，坡度又逐渐减小，到达波峰处，坡度又趋近于 0；背流面坡面较为陡峻，坡度一般比泥沙水下休止角稍大一些，坡度变化规律表现为，在波峰处最大，此后逐渐减小，到波谷处为 0。

实际观测表明：沙波表面附近的水流流速是不均匀的，波谷处最小，波峰处最大；水流在沙波迎流面较为平顺，而越过波峰后，常发生分离现象，形成横轴环流，此时，波谷背流面的水流速度出现负值，而波谷以下迎水面上的水流速度仍为正值，正负流速之间的停滞点位于波谷附近，图 4-1 中的 $A_1$、$A_2$ 两点就是水流停滞点，在 $A_1$ 至 $A_2$ 区域内，沙波表面附近的流速为负值。沙波迎流面与背流面水流流态的不同是造成其形态差别的主要原因。

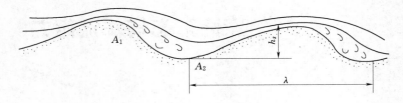

图 4-1　沙波的纵剖面示意图

沙波的运动也与其附近的水流流态密切相关。图 4-1 中 $A_1$、$A_2$ 两点也是泥沙运动的停滞点；自 $A_2$ 点向下游，在沙波的迎流坡上，随着水流流速沿程不断增大，河床泥沙所处的状态逐渐由静止开始沿水流向下游运动，其运动速度也沿程不断增大；泥沙越过波峰后，受背水坡上横轴环流挟持，发生旋滚，在背流面上的流速负值区域内，存在逆水流向上游的运动，最终在其自身重力作用影响下，在背流面上沉积，另外，对于部分颗粒较小的泥沙，越过波峰后，可能随水流跃过横轴环流影响区，继续向下游运动。

这样，我们可以得到一幅清晰的沙波运动图景：在沙波的迎流面，由于水流流速沿程递增，泥沙发生冲刷；在沙波的背流面，受横轴环流的影响，泥沙发生淤积。沙波迎流面冲刷、背流面淤积的综合结果，形成整个沙波向下游"爬行"的运动态势，称之为沙波运动。

### 4.1.2　沙波的发展过程

通过室内试验与野外观测，人们发现，随着水流强度的加强，沙波运动及其相应的床面形态可分为 5 个不同的发展阶段。

1. 沙纹

试设想水流流过平整的河床床面，在水流达到一定强度以后，部分沙粒开始运动，此后不久，少量沙粒聚集在床面的某些部位，形成小丘，徐徐向前移动加长，最后连接成为形状极其规则的沙纹。

沙纹的尺度较小，主要是近壁层流层的不稳定性所产生，是受河床床面附近的物理量所制约的最小规模的床面形态，与平均水深的关系不大，在深水区和浅水区都有可能形成。在平面上，有相互平行的，也有呈鳞状或舌状的（又称沙鳞）。随着水流强度的加大，沙纹在平面上逐渐从顺直过渡到弯曲、再过渡到对称的和不对称的沙鳞[4]。

2. 沙垄

随着流速的增加，沙纹发展成沙垄。沙垄的尺寸与水深有密切关系，在大小不一的河流里它所能达到的高度和长度也很不一样。在平面外形上，在水流强度逐渐加大的过程中，沙垄将自顺直发展到弯曲，成悬链和新月形。顺直的带状沙垄沿河宽的尺寸远较沿流向的尺寸为大。在弯曲河段的凸岸沙滩上，常分布有带状沙垄，朝下游方向伸向凹岸，脊线位置与把泥沙沿河床带向凸岸的底流相垂直，而与表层水流形成一较大的偏角。

### 3. 过渡、动平整

在沙垄发展达到一定高度以后，如果流速继续增大，沙垄转而趋于衰微，波长逐渐加大，波高逐渐减小，最后河床再一次恢复平整。如图 4-2 为长江汉口段不同水位下的沙波波高，在水位为 21.5m 处是一个转折点，在此水位以下，随着流量及水位的增加，沙垄逐渐加高；而超过这个水位以后，沙垄趋于衰微；到了水位达到 24.5m 时，河床恢复平整。

### 4. 沙浪

河床第二次恢复平整时，泥沙运动已达到相当大的强度。流速再次增大，接近或处于急流状态时，床面再一次产生起伏的沙浪。沙浪和沙垄最大的不同是：沙垄外形有明显的不对称，水流在经过波峰时会产生流线的分离，而沙浪则起伏对称，宛若海面上的波浪，流线基本上与河床平行，没有分离现象。

沙浪的运动方向有像沙纹及沙垄一样，和水流运动方向一致的，但也有和水流运动方向相反的；前者为顺行沙浪，后者称为逆行沙浪。逆行沙浪多发生于水浅流急之处，水流在经过沙浪的迎水面时，其中一部分泥沙就地落淤，而在经过波峰下坡时，背水面的泥沙受到冲刷。这样，每一颗泥沙

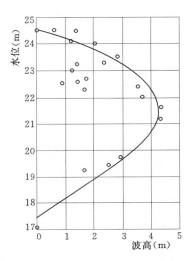

图 4-2 长江口段沙垄波高在
不同水位下的变化
(Simons and Richardsou, 1966)

尽管永远都是顺着水流的方向运动，而沙浪作为一个整体却是徐徐后退的。

### 5. 急滩与深潭

流速再增加时，床面的起伏使河流在外表上看起来像一条山区河流，急滩与深潭相间，急滩段水流属于急流，深潭段水流属于缓流，从急流过渡到缓流通过水跃，并且整个外形徐徐向上游移动。在急滩段河床发生强烈的冲刷，由此冲出的泥沙又在下一个深潭段形成强烈的堆积，在有水跃的地方，也会堆积形成小的沙丘。在天然平原河流中，流速很少会达到如此地步。

上述床面形态的 5 个发展阶段如图4-3所示。

综上所述，沙波的发展过程可

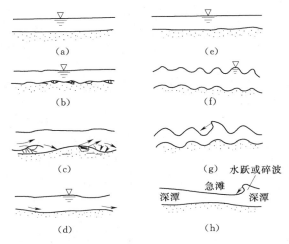

图 4-3 沙波不同发展阶段示意图(钱宁,2003)
(a)平整；(b)沙纹；(c)沙垄；(d)过渡，沙垄将消失；
(e)动平整；(f)沙浪；(g)碎浪；(h)急滩与深潭

分为两个明显的阶段，第一阶段出现沙纹及沙垄，第二阶段出现沙浪，这两个阶段之间存在一个过渡区，床面或者恢复平整，或者还遗留有即将被抹去的沙垄的残迹。在一般的河流中，比较常见的是沙纹和沙垄，沙浪、急滩和深潭则较为少见。在天然河流中，上述过程并不是一个接一个的依次发生，而往往是同时存在着好几种不同的床面形态，并各自经历着不同的发展过程。另一个值得探讨的问题是床面形态的可逆性问题。在水流强度加大的过程中，床面形态按照图中的程序发生相应的调整，但是当水流强度加大以后又逐渐转弱，沙波的相应的变化是否是从沙浪起，经过平整、沙垄、沙纹阶段，最后恢复平整，目前还没有足够的资料来说明这一问题。从有限的一些试验结果来看，如果在水流自强转弱的过程中各级水流都有足够的机会来塑造河床，则床面形态有可能按照逆序发展。但如果落水过猛，有一部分水流没有得到足够的机会来塑造河床，则图中的程序自然也将被打乱。

### 4.1.3　沙波的形成机理

如上所述，沙波是在水流作用下形成的，与水流强度的关系十分密切。但是，河床上为什么会出现沙波，沙波所具有的规则形态及周期性的运动规律是由什么因素决定的？尽管已有众多科学工作者就此曾进行了研究，但目前对于这个问题还并不十分清楚。

有的人认为，在水深较小的明渠流中，沙波的产生是与水面波相联系的，但是这种解释似乎并不十分完全，在水深较小的明渠流中，水面波可能对沙波有一定的影响，但是，在深水中以及在没有自由表面的管流中，也同样能产生沙波。

另外一些人认为，沙波的产生是河床组成的不均匀性与水流的不稳定性的综合结果。由于河床组成不均匀，又加上水流的脉动，即令原来比较平整的床面，也可能产生小的凹凸不平。这种小的凹凸不平一经产生，就会影响水流，使接近床面的水流流速发生变化，在河床凸起处流速增大，紧接凸起部分的下游，将产生横轴环流，环流以下，将出现较稳定的加速区。这种流速分布状态，显然与沙波表面的流速分布状态是大致相似的，将要求床面变为与之相适应的形式，即沙波的形式。

还有一些人设想，沙波系由两种不同流体作相对运动时，交界面上的不稳定性造成的[5]。事实上，水面的风成波，沙漠地带的风成沙丘，天空中的云浪，以及水库中异重流交界面的波浪等，与水下沙波比较起来，虽然各有特点，但也有不少共同点。从形式上看，它们是很相似的，运动过程也有不少相似之处，河床上单颗粒的沙粒自然是固体，但当床面上成层的沙粒以推移质的方式向前运动时，便具有与流体近似的性质。因此，在推移质运动具有一定规模的情况下，河床表面可以视为两种不同流体的交界面，这种交界面的不稳定性便可能促成沙波的产生。至于沙波的消灭，则认为是，流速过大时，河床上失去推移质层造成的。

上面解释均能说明一部分问题，但也有不足之处。比如说，认为交界面不稳定是沙波成因的说法，在床面泥沙的运动很微弱的时候，还将其看成是与水体不同的比重较大的流体，根据则不够充分了。认为河床组成的不均匀性和水流的不稳定性是沙波成因的说法，用来说明驻波或逆行波的形成，显然是不可能的。总之，关于沙波成因的问题远没有到彻底解决的程度，还有待进一步研究。

## 4.2　床面形态的判别

河床沙波的产生、发展和消亡过程及形成机理固然是人们普遍关心的问题，但决定这种过程的水力、泥沙条件，或者说河床形态的判别准则也是人们十分关心的问题。由于沙波形成的理论问题尚未得到彻底解决，许多专家和学者在试验数据的基础上，提出了一些重要的决定床面形态的无量纲参数。

（1）希尔兹数 $\tau_0/(\gamma_s-\gamma)d$，它反映水流促使床沙起动的力和床沙抗拒运动的力的比值。这个参数愈大，泥沙可动性愈强，因而可作为一个描述床沙由不动到动，由微动到大动的指标。

（2）沙粒雷诺数 $U_*d/\nu$，它直接反映床沙高度与黏性底层厚度的比值，也可间接衡量水流促使床沙运动的力与黏滞力的比值。

（3）弗汝德数 $Fr=U/\sqrt{gL}$，它对于与水流重力波直接关联的特种沙波具有决定性的意义；对于沙垄，由于其运动直接与水深和流速的沿程变化有关，弗汝德数对其形成与发展具有重大影响。

下面选择介绍几种由不同力学参数组成的依据实验室资料绘制而成的判别图。

1. 法国夏都实验室的床面形态判别图[6]

希尔兹在其早年提出 $\tau_0/(\gamma_s-\gamma)d$——$\dfrac{U_*d}{\nu}$ 关系曲线，就曾经在希尔兹曲线上方标明了各种床面形态。法国夏都实验室补充了一些新的试验资料，制成图 4-4。由图 4

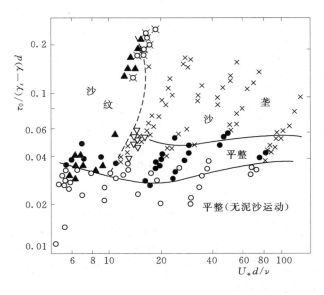

图 4-4　床面形态判别图（法国夏都水利实验室）

－4 可见，当沙粒雷诺数甚小，亦即沙粒较细时（如 $U_* d/\nu < 10$），床沙起动后立即出现沙纹。而当沙粒雷诺数较大，亦即沙粒较粗时，床沙起动后尚能维持平整床面，只有当希尔兹数进一步增大时才出现沙垄。该图所纳入的试验点据，希尔兹数及沙粒雷诺数均较小，出现动平整及逆波区域未能包括在内。

2. 刘心宽（H. K Liu）、艾伯森（M. L. Albertson）床面形态判别图[7]

刘心宽认为黏性底层的波动是形成沙纹的原因，采用 $F_1 = C_1 \times \frac{1}{4}\pi d^2 \times \frac{1}{2}\rho U_*^2$ 表示水流对泥沙的"冲刷力"，$F_2 = C_2 \times \frac{1}{4}\pi d^2 \times \frac{1}{2}\rho \bar{\omega}^2$ 表示泥沙对水流的阻力，令两者相等，考虑到 $C_1$、$C_2$ 都可看成沙粒雷诺数 $U_* d/\nu$ 的函数，从而导出泥沙起动的临界起动条件，亦即出现沙纹的临界条件为：

$$\frac{U_*}{\omega} = f\left(\frac{U_* d}{\nu}\right) \tag{4-1}$$

式（4-1）中，$f$ 为某一函数值，并通过试验求得了表达这一临界条件的刘心宽曲线。艾伯森及西蒙斯（D. B. Simons）等进一步将这一关系扩展到其他床面形态，得到图 4-5 所示曲线。

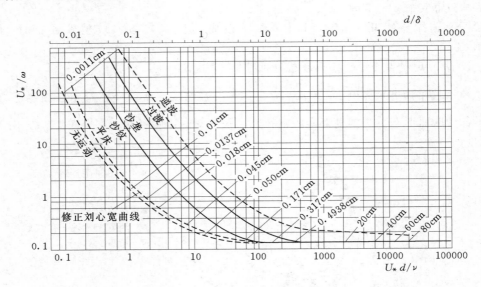

图 4-5　刘心宽、艾伯森床面形态判别图

3. 加德（R. J. Garde）、艾伯森河床形态判别图[8]

加德和艾伯森采用希尔兹数和弗汝德数绘制了河床形态判别图，图 4-6 中对于一定的希尔兹数来说，沙纹、沙垄、动平整、逆波是随弗汝德数的增大而依次出现的，这种发展趋势是合理的。但是当希尔兹数较大，即床沙具有较大的可动性时，进入逆波需要较大的弗氏数；而当希尔兹较小时，则相反。这种发展趋势，是否和图4-6所显示的趋势一致，还有待进一步探讨。

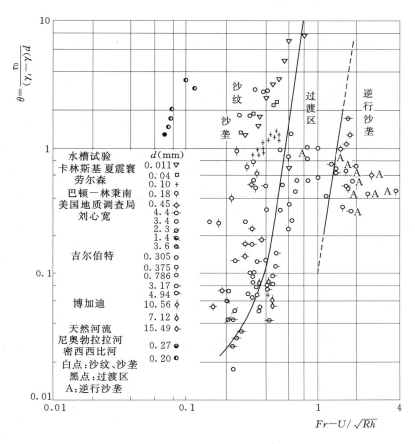

图 4-6 加德、艾伯森床面形态判别图

**4. 西蒙斯和里查森（E. V. Richarson）河床形态判别图[9]**

这是一种不用上述无量纲力学参数，而直接选用决定河床形态的重要水力、泥沙因素所绘制的相关图。图 4-7 纵横坐标为泥沙粒径及拜格诺所提出的水流功率 $\tau_0 U$，这类判别图的优点是，对决定不同河床形态的主要因素取值范围可以获得比较直观的了解。例如，对于 $d_{50} > 0.6$mm 的床沙不大可能出现沙纹。其缺点是，由于纵横轴均有量纲，因此所得成果难于推广应用。

除以上列举的几个有代表性的河床形态判别图外，还有其他形式的判别图。所有这些判别图存在的共同问题是：①它们只能大体上而不能精确地划分河床形态范围，相互间总有差别，有的差别还很大，其原因主要是沙波运动属于不稳定现象，再加上观测手段精度不高，判别标志不明确，所得试验数据本身就有波动；②用它们来确定实验室的河床形态，还比较接近实际，用它们来确定天然河流的河床形态往往差别甚大，这是因为实验室水槽水深小，比降大，天然河流则水深大，比降小，观测精度又具有较大的限制性，而这些判别图主要是依据实验室资料确定的缘故。

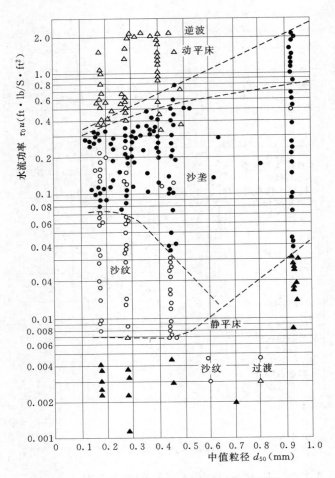

图 4 - 7　西蒙斯、理查森床面形态判别图

# 4.3 动 床 阻 力

　　水流边界会对水流运动形成阻力作用，从而使水流产生能量损失。对于人工顺直管道来说，其沿程边界断面几何形态、壁面糙率一定，阻力主要是由壁面摩擦作用形成的。而在天然河流中，由于泥沙不断的冲淤变化，边界形态复杂多变，因此，河流的边界阻力除了由壁面摩擦产生的阻力以外，又增加了由床面形态、岸线形态变化等引起的其他阻力。

## 4.3.1　动床阻力的划分及计算方法

　　Einstein 认为河流中水流作用在河床床面上的剪切力可以分为两部分：一部分为沙粒阻力；另一部分为沙波阻力，是由沙波绕流所产生的，又称为形态阻力。如同任何固体周界都会对水流产生的肤面摩擦一样，沙粒阻力正是河床上泥沙颗粒对水流的摩擦作用所产生的表面阻力。由于沙粒阻力直接作用在泥沙颗粒上，因此，其对推移质运动和沙波的形成有着直接的影响。同时，随着水流条件的不同，河床表面会形成各种不同的沙波，在沙纹和沙垄阶段，由于水流在沙波波峰的分离，使迎水坡面上的压力大于背水坡面上的压力，从而还会产生沙波阻力。

一般来说，在河流中只有当床面处于平整状态时，沙粒阻力才近似等于全部动床阻力。对河床沙粒阻力与沙波阻力的区分一般可以采用水力半径分割法[10]或能坡分割法[11]。

1. 水力半径分割法

水力半径分割法又称为 Einstein - Barbarossa 方法，其床面沙粒阻力与沙波阻力计算表达式为：

$$\tau_b = \tau_b' + \tau_b'' \tag{4-2}$$
$$\gamma R_b J = \gamma R_b' J + \gamma R_b'' J \tag{4-3}$$
$$R_b = R_b' + R_b'' \tag{4-4}$$

式中：$\tau_b'$、$\tau_b''$ 为沙粒阻力与沙波阻力；$R_b'$、$R_b''$ 为沙粒阻力与沙波阻力对应的水力半径。

对于沙粒阻力，由于其与固体周界对水流产生肤面摩擦作用机理相同，故可以根据寇利根（G. H. Keulegan）[12]平均流速对数公式求得沙粒阻力对应的水力半径：

$$\frac{U}{u_*'} = 5.75 \lg \left( 12.27\, \chi \frac{R_b'}{D_{65}} \right) \tag{4-5}$$
$$u_*' = \sqrt{g R_b' J}$$

式中：$\chi$ 为修正系数。

对于沙波阻力，可以是与沿床面输沙率有关的函数。根据野外实测资料，可以绘出一个经验性的沙波阻力与水流条件的图解函数关系，如图 4-8 所示，表达式为：

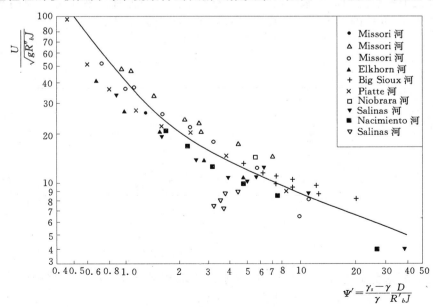

图 4-8　沙波阻力与水流条件关系图

$$\frac{U}{u''_*} = F(\phi') \tag{4-6}$$

其中：
$$u''_* = \sqrt{gR'_bJ}$$

$$\phi' = \frac{\rho_s - \rho_0}{\rho}\frac{D}{R'_bJ}$$

有了图 4-8 曲线后，在已知 $R$、$J$ 及床沙级配的条件下，结合运用式 (4-5)，就可以求得平均流速 $U$。具体计算步骤为：先假定一个 $R'_b$，计算 $\phi'$，在曲线上查得 $U/u''_*$；根据式 (4-5)，计算出平均流速 $U$；根据已确定的值 $U/u''_*$，计算出 $u''_*$ 及 $R''_b$；如果 $R''_b$ 满足式 (4-4)，则假定正确，否则重新假定 $R'_b$ 再试算，直至能满足为止。如果已知要素不同，例如已知 $Q$、$J$ 及床沙级配，则计算时还应增加一个连续公式 $Q=AU$，计算步骤也略有差异，但实质是一样的。

2. 能坡分割法

能坡分割法又称为 Engelund 方法。水流的水头损失分为沿程水头损失和局部水头损失。Engelund 认为沙波阻力所引起的水头损失可以看作是明渠水流局部突然扩大损失的一种，因此，可以将床面阻力引起的水头 $h_f$ 损失分解为由沙粒阻力引起的沿程水头损失 $h'_f$ 和沙波形态引起的局部水头损失 $h''_f$。当不计河岸阻力时，水流水头损失完全是由床面阻力引起的，此时，设沙波波长为 $L$，在一个波长范围内的水力坡降为：

$$J = \frac{h_f}{L} = \frac{h'_f + h''_f}{L} = J' + J'' \tag{4-7}$$

这样就转化为对水流能坡的划分。式中，$J'$ 是由沙粒阻力对应的能坡，$J''$ 是沙波阻力对应的能坡。

沙波形态引起的局部水头损失 $h''_f$ 可参考水力学中处理突然扩大引起的水头损失方法，图 4-9 中的二维概化沙波引起的局部水头损失 $h''_f$ 为：

$$h''_f = \alpha \frac{(U_1 - U_2)^2}{2g} \tag{4-8}$$

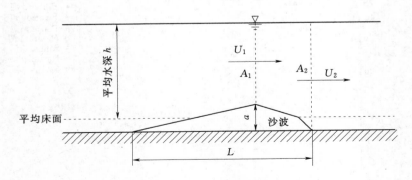

图 4-9　二维沙波概化图

设单位宽度流量为 $q$，波峰处的过水断面面积 $A_1 = h - a/2$，波谷处的过水断面面积 $A_2 = h + a/2$，则式 (4-8) 进一步可化为：

$$h''_f = \alpha \frac{(U_1 - U_2)^2}{2g} = \frac{\alpha}{2g}\left(\frac{q}{h - \frac{a}{2}} - \frac{q}{h + \frac{a}{2}}\right)^2 = \frac{\alpha}{2g}\left(\frac{q}{h}\right)^2\left(\frac{a}{h - \frac{a^2}{4}}\right)^2 \qquad (4-9)$$

设 $h \gg a$、$q/h = U$，则式（4-9）可简化为：

$$h''_f = \frac{\alpha U^2}{2g}\left(\frac{a}{h}\right)^2 = \frac{\alpha}{2} Fr^2 h \left(\frac{a}{h}\right)^2 \qquad (4-10)$$

沙波波长为 $L$，沙波范围内的能坡为：

$$J'' = \frac{h''_f}{L} = \frac{\alpha}{2} \times \frac{h}{L}\left(\frac{a}{h}\right)^2 Fr^2 \qquad (4-11)$$

式（4-7）两边同时乘以 $\dfrac{\gamma h}{(\gamma_s - \gamma) d_{50}}$，转换为无量纲形式，$d_{50}$ 是床面非均匀沙的代表粒径，则：

$$\frac{\gamma h J}{(\gamma_s - \gamma) d_{50}} = \frac{\gamma h J'}{(\gamma_s - \gamma) d_{50}} + \frac{\gamma h}{(\gamma_s - \gamma) d_{50}} \times \frac{\alpha}{2} \times \frac{h}{L}\left(\frac{a}{h}\right)^2 Fr^2 \qquad (4-12)$$

或

$$\Theta = \Theta' + \Theta'' \qquad (4-13)$$

其中：

$$\Theta = \frac{\gamma h J}{(\gamma_s - \gamma) d_{50}} \qquad (4-14)$$

$$\Theta' = \frac{\gamma h J'}{(\gamma_s - \gamma) d_{50}} \qquad (4-15)$$

$$\Theta'' = \frac{\gamma h}{(\gamma_s - \gamma) d_{50}} \times \frac{\alpha}{2} \times \frac{h}{L}\left(\frac{a}{h}\right)^2 Fr^2 \qquad (4-16)$$

Engelund and Hansen 于 1966 年[13]根据 Guy（1966）等的水槽试验资料点绘 $\Theta'$ 与 $\Theta$ 的关系，得到：

$$\Theta' = \begin{cases} 0.06 + 0.4\Theta^2 & \Theta' < 0.55 \\ \Theta & 0.55 < \Theta' < 1.0 \end{cases} \qquad (4-17)$$

Engelund and FredsΦe 于 1982 年[14]对式（4-17）进一步修订为：

$$\Theta' = 0.06 + 0.3\Theta^{3/2} \qquad \Theta' < 0.55 \qquad (4-18)$$

Brownlie 于 1983 年[15]将式（4-17）进一步扩展，得到：

$$\Theta' = \left(0.702\Theta^{-1.8} + 0.298\right)^{-1/1.8} \qquad \Theta' > 1.0 \qquad (4-19)$$

1992 年乐培九等[16]在验证长江阻力时，将 $\Theta'$ 与 $\Theta$ 的关系进一步概化为：

$$\Theta' = \begin{cases} 0.06 + 0.3\Theta^{1.5} & \Theta \leqslant 0.6 \\ 0.38\Theta^{1.25} & 0.6 < \Theta < 3 \\ 1.5 & \Theta > 3 \end{cases} \qquad (4-20)$$

## 4.3.2 动床综合阻力系数法

在对河流进行水力计算时，一般只要求计算一定坡降下通过某一断面的流量，或已知流量推求流速、水深，而不需要按阻力单元划分来计算沙粒、沙波阻力及其分别对应的水力半径、水力坡降等。因此，可以采用综合阻力系数的表达方式。综合阻力系数可以有不同的表达方式，包括谢才系数、曼宁系数、达西—韦斯巴赫阻力系数等。

在动床条件下，河床综合阻力系数随着床面形态和泥沙运动强度而有规律的变化。关于动床综合阻力系数的计算方法，有钱宁—麦乔威综合阻力系数计算公式、李昌华—刘建民综合阻力系数计算方法等。

1. 钱宁—麦乔威综合阻力系数计算公式[17]

钱宁、麦乔威等根据曼宁—斯特里克勒公式得到：

$$U = \frac{A}{K_s^{1/6}} R^{2/3} J^{1/2} \tag{4-21}$$

假定河道断面宽浅，河岸阻力可以忽略不计，取 $K_s = d_{65}$，式（4-21）可以变为：

$$U = \frac{A}{d_{65}^{1/6}} R^{2/3} J^{1/2} \tag{4-22}$$

式中：$A$ 与控制沙波发展消长的因素有关。

黄河花园口河段沙波测验资料表明，当床面沙波趋于消失时，河床只存在沙粒阻力，这时 $A$ 值接近于一个常数，这时曼宁系数只与床沙粒径有关，即：

$$n = \frac{d_{65}^{1/6}}{19} \tag{4-23}$$

2. 李昌华—刘建民综合阻力系数计算方法[18]

李昌华、刘建民研究认为，控制河床沙波发展变化过程的是相对流速 $U/U_c$。经过对长江、黄河、黄河故道、赣江及人民胜利渠试验资料进行整理，如图 4-10 所示，得到河床综合阻力系数 $d_{50}^y/n$ 与相对流速 $U/U_c$ 的经验关系式。

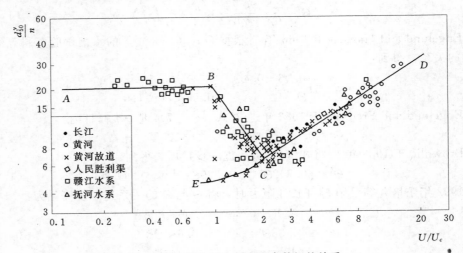

图 4-10   综合阻力与水流参数间的关系

对于卵石河流（$AB$ 段），当 $U/U_c \leqslant 1$ 时：

$$\frac{d_{50}^y}{n} = 20 \tag{4-24}$$

对于粗沙河流（$BC$ 段），当 $0.043\text{mm} \leqslant d_{50} \leqslant 2.1\text{mm}$，$1 \leqslant U/U_c \leqslant 3$ 时：

$$\frac{d_{50}^y}{n} = 20 \left( \frac{U}{U_c} \right)^{-1.5} \tag{4-25}$$

对于细沙河流（CE 段），当 $0.05\text{mm} \leqslant d_{50} \leqslant 0.31\text{mm}$，$0.8 \leqslant U/U_c \leqslant 1.7$ 时：

$$\frac{d_{50}^y}{n} = 5.63\left(\frac{U}{U_c}\right)^{0.23} \tag{4-26}$$

对于细沙河流（CD 段），当 $0.05\text{mm} \leqslant d_{50} \leqslant 0.31\text{mm}$，$1.7 \leqslant U/U_c \leqslant 15$ 时：

$$\frac{d_{50}^y}{n} = 3.9\left(\frac{U}{U_c}\right)^{2/3} \tag{4-27}$$

式中：$y$ 为指数；$U_c$ 为起动流速。

$U_c$ 采用冈恰洛夫起动流速公式计算：

$$U_c = 1.07\sqrt{\frac{\gamma_s - \gamma}{\gamma}gd_{50}} \times \lg\left(\frac{8.8h}{d_{95}}\right) \tag{4-28}$$

需要指出的是，前面介绍的动床阻力只是河流边界阻力的一部分。根据河流边界阻力的性质，可以分为沿程阻力和局部阻力，具体组成单元见表 4-1。在计算河流边界阻力时，应考虑各组成单元的综合影响。

表 4-1　　　　　　　　　　河 流 边 界 阻 力 组 成

| 边界阻力 | 沿程阻力 | 动床阻力 | 沙粒阻力 |
| --- | --- | --- | --- |
| | | | 沙波阻力 |
| | | 河岸、边滩阻力 | |
| | 局部阻力 | 河道平面形态突变或孤立的特大粗糙，如孤石、沙洲、浅滩等 | |

# 参 考 文 献

［1］ 武汉水利电力学院（张瑞瑾主编）. 河流动力学. 北京：中国工业出版社，1961.

［2］ 武汉水利电力学院（谢鉴衡主编）. 河流泥沙工程学（上册）. 北京：水利出版社，1981.

［3］ Yalin M S. Mechanics of Sediment Transport. Pergamon Press，1972，290.

［4］ Sundborg A. The River Klaralven – A Study of Fluvial Processes, Meddelanden Ftau Uppsala Univ. Geografiska Inst. , Ser. A, No. 115, 1956，127 – 316.

［5］ Liu H K（刘心宽）. Mechanics of Sediment Ripple Formation. J. Hyd. Div. , Proc. Amer. Soc. Civil Engrs. , Vol. 83, No. HY2，1957，23.

［6］ Chabert J and Chauvin J L. Formation des Dunes et des Rides dans les Modeles Fluviaux. Bull. du Centre de Recherches et d′ Essais de Chatou，No. 4，1963.

［7］ Albertson M L，Simons D B and Richardson E V. Discussion：Mechanics of Sediment Ripple Formation. by Liu H. K. , J. Hyd. Div. , Proc. Amer. Soc. Civil Engrs. , Vol. 84, No. Hy1，1958.

［8］ Garde R J and Ranga Raju K G. Regime Criteria for Allucial Streams. J. Hyd. Div. Proc. Amer. Soc. Civil Engrs.. Vol. 89. No. Hy6. 1963.

［9］ Simons D B and Richardson E V. A study of the Variables Affecting Flow Characteristics and Sediment Transport in Alluvial Channels. Proc. FLASC，USDA（Washington）. Misc. Publ, No. 970，1962.

［10］ Einstein H A. Method of Calculating the Hydraulic Radius in a Cross Section with Different

Roughness. Appen. Ⅱ of the paper "formula for the Transportation of Bed Load". Trans. Amer. Soc. Civil Engrs. Vol. 107. 1942.

[11] 姜国干. 水槽两壁对临界拖曳力之影响 [R]. 中央水利试验处研究报告（乙种 1 号），1948.

[12] Keulegan G H. Laws of Turbulent Flow in Open Channels. J . Res. , Nat. Bureau of Standards, Vol. 21, No. 6. 1938.

[13] Engelund F and Hansen E. Investigation of Flow in Alluvial Streams. Acta Polytechnics Scandinavica, Gi. 35, 1966.

[14] Engelund F and Fredsφe J. Transition From Dunes to Plane Bed in Alluvial Channels. Ser. Paper 4, Inst. Hydrodynamics and Hyd. Engin. , Tech. Univ. denmark, 1974, 46.

[15] Brownlie W R. Flow Depth in Sand – Bed Channels. Journal of the Hydraulic Division, 1983, 109 (7): 959 – 990.

[16] 乐培九，等. 长江中下游阻力估算公式的选择 [J]. 水道港口，1992，(2)：16 – 21.

[17] 钱宁，麦乔威，洪柔嘉，毕慈芬. 黄河下游的糙率 [J]. 泥沙研究，1959，4 (1)：1 – 15.

[18] 李昌华，刘建民. 冲积河流的阻力 [R]. 南京水利科学研究所研究报告汇编，1963.

[19] Petry S and Bosmajian G. Analysis of Flow Through Vegetation. J. Hyd. Div. , Proc. Amer. Soc. Civil Engrs. , Vol. 101, No. HY7, 1975, 871 – 884.

[20] Kouwen N and Unny T E. Flexible Roughness in Open Channels. J. Hyd. Div. , Proc. Amer. Soc. Civil Engrs. , Vol. 102, No. HY3, 1973, 713 – 728.

# 第 5 章

# 推 移 质 输 沙 率

在河流床面附近以滚动、滑动、跳跃和层移等方式运动的泥沙为推移质。在一定的水流及床沙组成条件下，单位时间通过过流断面的推移质质量，称为推移质输沙率，习用单位为 kg/s 或 t/s；工程上常用单宽推移质输沙率来表征推移质输移强度。

推移质中以滚动、滑动方式前进的泥沙常与床面接触，这部分推移质又可称为接触质；而以跳跃方式前进的泥沙则称为跃移质；在大比降河道中，水流拖曳力增大后，除表层泥沙不能保持静止，第二层（或次表层）也进入了运动状态，这就产生了层移质。虽然这样的划分似乎并没有多少实际意义，因为现有观测手段都不可能将它们区分开来，但是，这样的区分，有利于认识事物的本质。

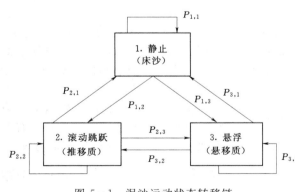

图 5-1 泥沙运动状态转移链

泥沙运动可分为三种状态，即静止、推移与悬浮。无论是研究泥沙运动机理、区分推移质与悬移质、还是河床冲淤变化，均与床沙有密切联系。因此研究泥沙颗粒处于这三种状态的概率以及转移到其他状态的临界条件，是泥沙运动理论中的重要问题之一。韩其为等[1]从理论上对沙质河床悬移质、推移质、床沙之间的交换及其临界条件、转移概率和状态概率，以及推悬比等作了研究，认为床面层泥沙运动的转移链如图 5-1 所示。其中每一种均可转移至另外两种状态或转移至自身，其转移概率矩阵为

$$A = \begin{vmatrix} P_{1,1} & P_{1,2} & P_{1,3} \\ P_{2,1} & P_{2,2} & P_{2,3} \\ P_{3,1} & P_{3,2} & P_{3,3} \end{vmatrix} \tag{5-1}$$

式中：$P$ 为转移概率；下标 1、2、3 表示静止、推移、悬浮，第一下标表示转移前的状态，第二下标表示转移后的状态。

# 5.1  均匀沙推移质输沙率公式

天然河流中的推移质几乎无一例外都是非均匀的。只是有些颗粒级配范围甚窄，例如冲积平原河流的沙质推移质，可近似地作为均匀沙处理。本节先介绍均匀沙推移质输沙率公式。早在 19 世纪末期，DuBoys[2] 就提出了推移质运动的拖曳力理论，自此以后，研究人员采用试验、半经验半理论、理论推导与实验相结合等多种方法进行均匀沙推移质输沙率研究。总结起来，主要有几种代表性的方法。

（1）以梅叶—彼德为代表，在大量实验工作基础上建立的均匀沙推移质输沙率公式。

（2）以拜格诺为代表，根据普通物理学的基本概念，通过力学分析建立起来的均匀沙推移质输沙率公式。

（3）以爱因斯坦为代表，采用概率统计与力学分析相结合的方法建立的均匀沙推移质输沙率公式。

（4）以前苏联和我国学者为代表，以流速为主要参变数建立的均匀沙推移质输沙率公式。

### 5.1.1  以流速为主要参变数的推移质输沙率公式[3, 4]

建立这一类推移质输沙率公式的基本思路是，认为影响推移质输沙率强度的主要水力因素是水流流速，流速愈大，则推移质输沙率愈大。

试设想推移质的平均运动速度为 $u_{bs}$，推移质颗粒滑动、滚动或跳跃前进的平均厚度为 $Kd$，则单宽推移质输沙率应为：

$$g_b = \rho_s u_{bs} S_{xb} Kd \tag{5-2}$$

式中：$K$ 为表征推移质运动相对厚度的系数，其值约为 $1 \sim 3$，应与水流强度有关；$S_{xb}$ 为推移质运动颗粒浓度，也就是床面层中运动着的泥沙体积占整个床面层体积的分数，或者是过水断面床面层中运动着的泥沙面积占整个床面层面积的百分数；$d$ 为颗粒粒径。

用式（5-2）确定推移质输沙率，须确定推移质运行速度 $u_{bs}$ 和推移质运动颗粒浓度 $S_{xb}$。床面泥沙受水流作用而运动，因为泥沙的密度大于水体的密度，并具有某种间歇性，因此泥沙的运动速度 $u_{bs}$，必然小于当地水流流速 $u_b$；沙莫夫认为 $u_{bs} - u_b - \dfrac{u_c}{1.2}$，列维认为 $u_{bs} - u_b - u_c$，其中 $u_b$ 为作用在沙粒上的底部流速，$u_c$ 为底部起动流速。推移质运动颗粒浓度 $S_{xb}$ 显然随水流流速的增加而增加，随起动流速的增大而减小。

这里介绍目前在我国仍然广泛使用的沙莫夫公式[5]的处理：

$$u_{bs} = \left( U - \frac{U_c}{1.2} \right) \left( \frac{d}{h} \right)^{\frac{1}{4}} \tag{5-3}$$

$$S_{xb} = K' \left( \frac{U}{U_c/1.2} \right)^3 \tag{5-4}$$

由此可得沙莫夫公式：（资料范围：$d = 0.2 \sim 0.73$mm，$13 \sim 65$mm；$h = 1.02 \sim$

3.94m，0.18～2.16m；$U=0.40～1.02$m/s，0.80～2.95m/s)

$$g_b=0.95\sqrt{d}(U-U_c')\left(\frac{U}{U_c'}\right)^3\left(\frac{d}{h}\right)^{\frac{1}{4}} \tag{5-5}$$

式中：$U_c'$ 为止动流速，沙莫夫取 $U_c'=3.83d^{\frac{1}{3}}h^{\frac{1}{6}}$。

对于平均粒径小于 0.2mm 的泥沙，不能运用上述公式计算推移质输沙率。

同类公式还有如下几个。

列维公式（资料范围：$d=0.25～23$mm，$h/d=5～500$，$U/U_c=1.0～3.5$）。

$$g_b=2d(U-U_c)\left(\frac{U}{\sqrt{gd}}\right)^3\left(\frac{d}{h}\right)^{\frac{1}{4}} \tag{5-6}$$

冈恰洛夫公式（资料范围：$d=0.08～10$mm，$h/d=10～500$，$U/U_c=1.0～18.3$）。

$$g_b=(3.0～5.3)(1+\xi)d\left(U-\frac{U_c}{1.4}\right)\left[\frac{U^3}{(U_c/1.4)^3}-1\right] \tag{5-7}$$

式中：$\xi$ 为与紊动有关的系数，可按下述方法确定。

当 $d>1.5$mm 时

$$\xi=1$$

当 $0.15<d<1.5$mm 时

$$\xi=\frac{1}{\beta}\left(\frac{\rho\mu}{\gamma_s-\gamma}\right)^{\frac{1}{3}}\left(\frac{2g}{1.75\gamma d}\right)^{\frac{1}{2}}$$

当 $d<0.15$mm 时

$$\xi=\frac{33.8}{[1.75\rho(\gamma_s-\gamma)d^3]^{\frac{1}{2}}}$$

此处 $\rho$ 为水的密度，$\mu$ 为动力黏滞性系数，$\beta$ 为常数，其值按下式确定：

$$\beta=0.081\lg\left[83\left(\frac{3.7d}{d_0}\right)^{1-0.037T}\right]$$

式中：$T$ 为温度，以℃计；$d_0=0.15$cm，$d$ 与 $d_0$ 采用相同单位。

以上三家推移质输沙率公式计算时均采用国际单位制 kg、m、s。

从以上各家公式可看出推移质输沙率 $g_b$ 与 $U^4$ 成比例。这表明，只要水流速度 $U$ 有细微的变化，就会大大影响推移质输沙率。天然河流上推移质往往集中在流速较大的主流线一带，而且几次大洪水的推移质输沙量往往占全年推移质输沙量中很大一部分，这正是推移质运动的这一特点所决定的。

## 5.1.2 以拖曳力为主要参变数，在大量试验资料基础上建立的推移质输沙率公式

这一类公式的出发点是，推移质输沙率主要决定于水流拖曳力，拖曳力愈大，则推移质输沙率愈大。

1. 梅叶—彼德公式[6]

梅叶—彼德曾在试验室内进行了大量推移质试验，试验资料的范围比较广：能坡 $J=0.04‰～2\%$，平均粒径 $d_m=0.4～30$mm，水深 $h=1～120$cm，流量 $Q=0.0002～4$m³/s，泥沙密度 $\rho_s=1.25～4.2$t/m³。梅叶—彼德公式除了资料范围较广的特点

之外，公式导出的过程也比较细致。梅叶—彼德首先根据初步试验资料，找到一个输沙率的经验公式，在那里只包括单宽推移质输沙率、单宽流量、比降及泥沙粒径 $d$ 等几个简单的因子。然后把这样的结果应用到比较复杂的情形中去，找出偏差以及产生偏差的原因。再进一步把引起偏差的因素孤立起来，研究其对输沙的作用。这样，一步步地考虑泥沙的容重和组成，以及床面起伏等因素对推移质输沙率的影响，最后求出一般性的推移质输沙率公式：

$$g_b = \frac{\left[ \left( \frac{n'}{n} \right)^{\frac{3}{2}} \gamma h J - 0.047(\gamma_s - \gamma)d \right]^{\frac{3}{2}}}{0.125 \rho^{\frac{1}{2}} \left( \frac{\rho_s - \rho}{\rho_s} \right) g} \tag{5-8}$$

式中：$n$ 为曼宁糙率系数；$n'$ 为河床平整情况下的沙粒曼宁糙率系数，$n' = d_{90}^{\frac{1}{6}}/26$，$d_{90}$ 为粒配曲线中 90% 较之为小的粒径。式中的基本单位为 t、m、s，其中 $\gamma$、$\gamma_s$ 的单位为 kN/m³。

式 (5-8) 中有一个值得注意的问题，就是在 $\tau = \gamma h J$ 之前，加了修正系数 $\left( \frac{n'}{n} \right)^{\frac{3}{2}}$。之所以要这样做是因为当拖曳力不变而床面出现沙波时，实测资料表明推移质输沙率要减小。这一现象的解释正是第 4 章动床阻力计算部分曾经提到的，不是全部拖曳力，而只是与沙粒阻力有关的一部分拖曳力对推移质输沙率起作用；另一部分与沙波阻力有关的拖曳力对推移质输沙率不起作用。

梅叶—彼德公式由于试验资料范围较广，并且包括了中值粒径达 28.65mm 的卵石试验数据，在应用到粗沙及卵石河床上去时，把握比其他公式更大一些。

2. 阿克斯—怀特（P. Ackers and W. R. White）公式[7]

阿克斯—怀特广泛收集整理了前人 1020 组水槽试验资料、260 组野外实测资料；以此为基础，引进了决定床沙质输沙率某些无量纲参数，采用量纲分析法则，写出无量纲参数间的函数关系，进行回归分析，得：

$$G_{gr} = 0.025 \left( \frac{F_{gr}}{0.17} - 1 \right)^{1.5} \tag{5-9}$$

其中：

$$F_{gr} = \frac{U}{\sqrt{\frac{\rho_s - \rho}{\rho} g d}} \frac{1}{\sqrt{32} \lg \frac{10h}{d}}$$

$$G_{gr} = \frac{\gamma S_{wb} h}{\gamma_s d} = \frac{g_b}{\rho_s d U}$$

式中：$S_{wb}$ 为单位床面面积上水柱内的推移质平均含沙量，以重量比计，即水柱中泥沙质量与浑水质量的比值。

由此可得：

$$g_b = 0.025 \rho_s d U \left( \frac{1}{0.17} \frac{U}{\sqrt{\frac{\rho_s - \rho}{\rho} g d}} \frac{1}{\sqrt{32} \lg \frac{10h}{d}} - 1 \right)^{1.5} \tag{5-10}$$

上述公式计算时均采用国际单位制 kg、m、s。

阿克斯—怀特公式是包括推移质和悬移质在内的全沙挟沙能力公式，上述公式是适用于 $d>2.5\text{mm}$ 的天然粗颗粒泥沙挟沙能力公式，也就是这里讲的推移质输沙率公式。至于用于细颗粒泥沙的公式则为全部床沙质输沙率公式，不能用于单独计算推移质输沙率。

### 5.1.3 根据能量平衡观点建立的推移质输沙率公式

水流为维持泥沙处于推移状态，必然要消耗一部分有效能量。这一点不但从理论上很好理解，也早为实测资料所证实。既然水流能耗与推移质运动有关，就可从能量平衡观点来研究推移质输沙率。拜格诺关于推移质输移的水流功率理论就是以此为出发点的[8]。

单位床面上的推移质输移功率可取为：

$$W_b = W'u_b\tan\alpha = \frac{\gamma_s - \gamma}{\gamma_s}gg_b\tan\alpha \qquad (5-11)$$

式中：$W'$ 为单位床面上的推移质浮重；$u_b$ 为推移质运行速度；$\tan\alpha$ 为摩擦系数。

单位床面上的水流功率，即单位时间内的势能损失，可取为 $\tau_0 U$，其中用于使泥沙发生推移运动的部分为：

$$E_b = \tau_0 U e_b \qquad (5-12)$$

式中：$e_b$ 为水流推移泥沙的效率系数。

取 $W_b = E_b$，即令推移质输移功率＝水流功率×效率系数，可求得：

$$g_b = \frac{\gamma_s - \gamma}{\gamma_s}\frac{\tau_0 U}{g\tan\alpha}e_b \qquad (5-13)$$

在拜格诺的早期工作中，认为在 $d<0.5\text{mm}$，$\tau_0/(\gamma_s - \gamma)d<1$ 情况下，$e_b/\tan\alpha$ 可取为 0.17；在其他情况下，$e_b$ 及 $\tan\alpha$ 可由经验曲线求得。在拜格诺的后期工作中，则对这两者的取值作了进一步的理论推导和分析。

根据弗朗西斯（J. R. D. Francis）在层流中的底沙推移试验资料，拜格诺认为推移质的跳跃运动并非由于水流紊动所致，而是固体颗粒与床面发生碰撞的结果。如图 5-2 所示，固体颗粒与床面碰撞后将发生动量变化，在沿水流方向出现动量减量。但在此之后，由于受水流作用，到下一次再与河底碰撞时，其沿水流方向的动量又恢复到原来的状态，使得在平均情况下跳跃得以维持。图 5-2 中 $m_s$ 为单颗或多颗固体颗粒的质量，$u_{s1}$、$u_{s0}$ 分别为固体颗粒碰撞前后沿水流方向的运动速度，$u_s'$ 为相应速度减量，$u_{s0}$ 为碰撞后固体颗粒的铅直方向速度。固体颗粒在一次跳跃过程中所受水流的平均作用力应为：

$$\overline{F_x} = \frac{1}{T}\int_0^T F_x\mathrm{d}t = \frac{m_s u_s'}{T} \qquad (5-14)$$

式中：$T$ 为一次跳跃的历时。

因 $\frac{\rho_s - \rho}{\rho_s}m_s g = W'$，由此得：

$$\frac{\overline{F_x}}{W'} = \frac{u_s'}{\frac{\rho_s - \rho}{\rho_s}Tg} \qquad (5-15)$$

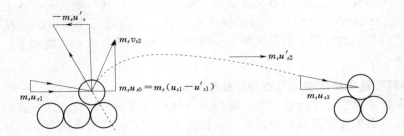

图 5-2　固体颗粒在床面跳跃过程中的动量变化

　　式（5-15）表达了推移质运动摩擦系数的物理实质。通过对跳跃全过程的多次曝光摄影，可以确定 $u'_s$ 及 $T$，从而可以确定 $\tan\alpha$。弗朗西斯用此法确定的平均 $\tan\alpha$ 值为 0.5，与泥沙的水下摩擦系数 $\tan\varphi=0.63$ 甚为接近。考虑到多次曝光摄影所确定的 $u_{s1}$ 值偏小，$u_{s0}$ 值偏大，因而 $u'_s=u_{s1}-u_{s0}$ 值偏小，拜格诺建议取 $\tan\alpha=\tan\varphi$ $=0.63$。

　　假定跳跃全过程中泥沙平均受力中心至河底距离为 $y_n=md$，采用对数流速分布公式，则作用点流速 $u_{yn}$ 与任一点流速 $u_y$ 的关系为：

$$u_{yn}=u_y-U_*\,5.75\lg\frac{y}{md} \tag{5-16}$$

　　因 $y=0.4h$ 处的流速 $u_y$ 可视为垂线平均流速 $U$，故

$$u_{yn}=U-U_*\,5.75\lg\frac{0.4h}{md} \tag{5-17}$$

　　设水流对泥沙的实际作用流速为 $u_r$，则 $u_r=u_{yn}-u_b$。假定单位床面上的推移质共有 $n$ 颗，并假定泥沙的纵向推移的阻力系数为 $C'$，垂向沉降的阻力系数为 $C$，则应有：

$$nC'\frac{\pi d^2}{4}\gamma\frac{u_r^2}{2g}=\overline{F_x}=W'\tan\alpha \tag{5-18}$$

$$nC\frac{\pi d^2}{4}\gamma\frac{\omega^2}{2g}=W' \tag{5-19}$$

由此可得：

$$u_r=\omega\left(\frac{C\tan\alpha}{C'}\right)^{\frac{1}{2}} \tag{5-20}$$

如取 $\tan\alpha=1$，并忽略加速对阻力系数的影响，取 $C'=C$，则应有 $u_r=\omega$。

　　因推移质输移功率应与有效水流功率相等，可得：

$$W'u_b\tan\alpha=\frac{\gamma_s-\gamma}{\gamma}gg_b\tan\alpha=\overline{F_x}(u_{yn}-u_r) \tag{5-21}$$

　　设河底剪力 $\tau_0$ 中仅有一部分用于推移泥沙，即取 $\overline{F_x}=a\tau_0$，并假定 $a$ $=\dfrac{U_*-U_{*c}}{U_*}$。

　　将 $\overline{F_x}$、$u_{yn}$ 及 $u_r$ 代入前式，求得单宽推移质输沙率公式为：

$$g_b = \frac{\rho_s}{\rho_s - \rho} \frac{\tau_0 U}{g \tan\alpha} \left( \frac{U_* - U_{*c}}{U_*} \right) \left[ 1 - \frac{5.75 U_* \lg \frac{0.4h}{md} + \omega}{U} \right] \qquad (5-22)$$

式中，$m$ 的函数关系根据推移质输沙率资料求得为 $m = 1.4 (U_*/U_{*c})^{0.5}$。计算时采用国际单位制 kg、m、s。

由式（5-22）可求得效率系数 $e_b$ 的表达式为：

$$e_b = \frac{g_b \frac{\rho_s - \rho}{\rho_s} g \tan\alpha}{\tau_0 U} = \frac{U_* - U_{*c}}{U_*} \left[ 1 - \frac{5.75 U_* \lg \frac{0.4h}{md} + \omega}{U} \right] \qquad (5-23)$$

窦国仁提出的底沙输沙率公式也是同一类型的。他认为水流能量在运动过程中一部分消耗于克服河床阻力，一部分通过脉动能量悬浮泥沙，另一部分则用以输移底沙。单位时间内在单位床面上用于输移底沙的水流能量取为 $K\tau_0(U - U'_c)$，式中 $K$ 为水流输移底沙的效率系数，与拜格诺公式中的 $e_b$ 类似；不同的是，引进了不动流速 $U'_c$，避免拜格诺公式中当 $U < U'_c$ 时也能算出推移质输沙率的缺陷。

考虑河床上某一范围，其中有 $n_1$ 颗沙粒，则此范围的面积为 $\frac{n_1}{m} \frac{1}{4} \pi d^2$，其中 $m$ 为沙粒平面密实系数，$d$ 为粒径。如果从讨论范围的床面上移走的泥沙颗粒数目用 $n_2$ 表示，跳离床面时的速度用 $v_s$ 表示，则可以写出：

$$K\tau_0(U - U'_c) \frac{n_1}{m} \frac{\pi d^2}{4} = n_2 \frac{\pi d^3}{6} (\gamma_s - \gamma) v_s \qquad (5-24)$$

在平衡情况下，单位时间内从床面冲起的泥沙数量，应等于同时降落的泥沙数量，即 $n_2 v_s = n_3 \omega$，式中 $n_3$ 为讨论范围内床面上运动的泥沙颗粒数目，$\omega$ 为沉速。

联解以上两式，即可求得 $n_3$ 值。已知 $n_3$ 值，并假设底沙运移速度与水流平均速度成比例，即等于 $K_1 U$，则底沙单宽输沙率应为：

$$g_b = \rho_s \left( \frac{n_3}{\frac{n_1}{m} \frac{\pi d^2}{4}} \frac{\pi d^3}{6} \right) K_1 U \qquad (5-25)$$

式中圆括号中的数值，可理解为床面上运动泥沙的密实厚度。

将联解所得 $n_3$ 值代入，化简后得底沙单宽输沙率为：

$$g_b = K_0 \frac{\rho_s}{\gamma_s - \gamma} \tau_0 (U - U'_c) \frac{U}{\omega} \qquad (5-26)$$

或：

$$g_b = \frac{K_0}{C_0^2} \frac{\rho_s}{\frac{\rho_s - \rho}{\rho}} (U - U'_c) \frac{U^2}{g\omega} \qquad (5-27)$$

式中：$C_0$ 为无量纲谢才系数，作者建议按 $C_0 = 2.5 \ln (11h/K_s)$ 或 $C_0 = h^{1/6}/\sqrt{gn}$ 计算；$K_0$ 为综合系数，根据吉尔伯特及冈恰洛夫水槽试验资料定为 0.1。这是针对全部底沙而言的。根据长江水文站实测资料，对于沙质推移质，$K_0 = 0.01$；对于悬移质中底沙 $K_0 = 0.09$。式（5-27）计算时采用国际单位制 kg、m、s。

## 5.1.4 根据统计法则建立的推移质输沙率公式

推移质运动，和床沙起动一样，也是一种随机现象。因而研究推移质运动规律若不考虑它的随机性质，就很难反映推移质运动过程的本质。根据统计法则探求推移质输沙率公式，成为从理论上研究推移质运动的一个重要流派。这一方面的探索，最早是由爱因斯坦（H. A. Einstein）开始的。以后不少学者陆续作过一些研究。近年，韩其为运用统计理论对推移质运动作了系统探讨。这里着重介绍爱因斯坦[9]在 1950 年建立的推移质输沙率公式。

爱因斯坦认为，推移质输沙率应该是指在一定水流条件下，当床面泥沙与推移质泥沙的交换达到平衡时的输沙率，这时在单位时间内自单位床面上冲刷外移的沙量正好与沉积下来的沙量相等。

先考虑单位时间内在单位面积床面上沉积下来的沙量。设单位时间内通过起始断面单位宽度的泥沙质量，即单宽推移质输沙率为 $g_b$。显然，这些沙粒，不论它们从上游什么地方开始最近这一次运动，都将在起始断面下游长度为 $l_{pj}$ 的范围内沉淀下来。这里，$l_{pj}$ 为这些沙粒在两次沉积点之间的运动距离的平均值。尽管在这个单位时间内，在这块面积上沉积下来的会有前一段时间通过断面的沙粒，而这一个单位时间内通过断面的沙粒也会有一些要到后一段时间才能沉积下来，但作为平均情况，可以认为单位面积上泥沙的沉积率就等于 $g_b/(1 \times l_{pj})$。

爱因斯坦通过试验发现，在泥沙运动强度不大时，任何沙粒在两次连续沉积之间的平均运动距离，约相当于粒径的 100 倍，即泥沙的运行距离可表示为 $L = \lambda d$，$\lambda$ 值约为 100。显然，在泥沙运动强度较大时，$L$ 应与水流条件有关。此时，床面更多部分当地水流的上举力会大于沙粒在水中的重量。泥沙颗粒在完成第一个行程 $\lambda d$ 之后，若恰好落到这一部分床面上，就不可能在那里沉积下来，而会继续第二个行程。

令 $p$ 为同一床面上一颗泥沙所承受的上举力大于沙粒在水中重量的概率，也就是单位时间内一颗泥沙能起动的时间百分数，则这个 $p$ 也可看成同一时间单位床面上全部泥沙颗粒中能够起动的泥沙颗粒的百分数。

假定单位时间内进入起始断面的有 $N$ 颗泥沙，在完成第一个行程的过程中，只有 $N(1-p)$ 颗沙粒在 $\lambda d$ 距离内落淤，剩下的 $Np$ 颗沙粒则继续运动前进。这些沙粒在完成第二个行程 $\lambda d$ 的过程中，又只有 $Np(1-p)$ 颗沙粒在这里落淤，再剩下 $Np^2$ 颗沙粒继续运动前进。如此继续下去，如图 5-3 所示。$N$ 颗泥沙运行的总距离应等于经历不同行程的泥沙各自运行距离的总和，即应有：

$$L_0 = \sum_n^{\infty} (1-p) p^{n-1} n \lambda d = N \frac{\lambda d}{1-p} \tag{5-28}$$

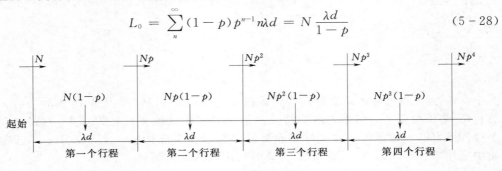

图 5-3　泥沙运行示意图

于是，泥沙的平均运动距离为：

$$l_{pj} = \frac{\lambda d}{1-p} \tag{5-29}$$

式（5-29）表明，泥沙的平均运动距离，除与粒径 $d$ 有关外，还与泥沙起动概率 $p$ 有关，也就是与水流强度有关。水流强度愈大，起动概率愈大，泥沙的平均运行距离也愈长。已知 $l_{pj}$ 值，可求得单位面积上的泥沙沉积率为 $g_b(1-p)/\lambda d$。

其次，再考察单位时间内从单位面积上冲起的沙量。在单位面积上的泥沙颗粒可以假定等于 $1/A_2 d^2$，使这些颗粒被举起的概率为 $p$，则同一时间，从单位面积床面上冲起的泥沙数将为 $p/A_2 d^2$。它们的质量为 $\rho_s A_3 d^3 p/A_2 d^2$ 或 $(A_3/A_2)\rho_s dp$，其中 $A_3$ 及 $A_2$ 均为与泥沙形状有关的系数。这么多的泥沙被水流举起完全脱离床面需要一定的时间，假定这个时间为 $t$，则单位时间内从单位面积床面上冲起的沙量将为 $(A_3/A_2)(\rho_s dp/t)$。这个时间 $t$ 是水流将泥沙举起完全脱离床面的时间，在输沙平衡情况下，应该等于相同数量的泥沙沉落到床面上需要的时间，后者可以设想与泥沙在静水中沉降一个粒径的距离所需的时间成正比，亦即：

$$t \propto \frac{d}{\omega} = A_1 \frac{d}{\sqrt{\dfrac{\rho_s - \rho}{\rho} g d}} \tag{5-30}$$

式中：$\omega$ 为泥沙沉速（近似按紊流区处理）；$A_1$ 为另一个比例常数。

这样，单位面积上的泥沙冲刷率为：

$$\frac{\dfrac{A_3 \rho_s}{A_2} pd}{A_1 \dfrac{d}{\sqrt{\dfrac{\rho_s - \rho}{\rho} g d}}} = \frac{A_3}{A_1 A_2} p \rho_s \sqrt{\frac{\rho_s - \rho}{\rho} g d} \tag{5-31}$$

在输沙平衡情况下，单位面积上的泥沙沉积率应等于冲刷率：

$$\frac{g_b(1-p)}{\lambda d} = \frac{A_3}{A_1 A_2} p \rho_s \sqrt{\frac{\rho_s - \rho}{\rho} g d} \tag{5-32}$$

由此可得：

$$\frac{p}{1-p} = \frac{A_1 A_2}{\lambda A_3} \frac{g_b}{\rho_s d \sqrt{\dfrac{\rho_s - \rho}{\rho} g d}} = A_* \Phi \tag{5-33}$$

其中：

$$A_* = \frac{A_1 A_2}{\lambda A_3}$$

$$\Phi = \frac{g_b}{\rho_s d \sqrt{\dfrac{\rho_s - \rho}{\rho} g d}}$$

$\Phi$ 被称为推移质输沙强度。$g_b$ 单位为 $kg/(m \cdot s)$。

$$p = \frac{A_* \Phi}{1 + A_* \Phi} \tag{5-34}$$

$$g_b = \frac{1}{A_*} \frac{p}{1-p} \rho_s d \sqrt{\frac{\rho_s - \rho}{\rho} g d} \tag{5-35}$$

这样输沙率的确定将归结为求概率 $p$ 与水流运动强度的关系。

沙粒在水下的重量 $W$ 及水流对沙粒的时均上举力 $\overline{F_L}$，可以分别写成：

$$W = (\gamma_s - \gamma) A_3 d^3 \tag{5-36}$$

$$\overline{F_L} = C_L A_2 d^2 \frac{\rho \overline{u_b}^2}{2} \tag{5-37}$$

爱因斯坦根据埃尔—赛尼的试验成果，发现对于均匀沙来说，若取距理论床面（即连接床面突出最高点的平面下 $0.2d$ 处）$0.35d$ 处的流速作为计算上举力的作用流速 $u_b$，则 $C_L = 0.178$。上举力的脉动遵循正态分布，其均方差为时均上举力的 $0.364$ 倍。采用对数形式的流速分布公式，因 $y = 0.35d$，又 $K_s = d$，故作用流速 $\overline{u_b}$ 应为：

$$\overline{u_b} = 5.75 U'_* \lg(10.6 \chi) \tag{5-38}$$

式中：$U'_*$ 为与沙粒阻力有关的摩阻流速。

由于流速存在脉动，相应的上举力也存在脉动，则：

$$F_L = \overline{F_L} \left( 1 + \frac{F'_L}{\overline{F_L}} \right) = \overline{F_L}(1 + \eta) = \overline{F_L}(1 + \eta_* \eta_0) \tag{5-39}$$

式中：$\eta$ 为随机函数，代表附加于时均上举力之上的上举力的脉动值，假定 $\eta$ 的均方差为 $\eta_0$，则相对脉动值 $\eta_* = \dfrac{\eta}{\eta_0}$。

综上可得：

$$F_L = \frac{0.178 A_2 5.75^2}{2} d^2 \gamma h J \ [\lg(10.6 \chi)]^2 (1 + \eta_* \eta_0) \tag{5-40}$$

概率 $p$ 代表 $\dfrac{W}{F_L} < 1$ 或 $\dfrac{F_L}{W} > 1$ 的机遇。将 $W$、$F_L$ 的表达式代入这一不等式中，得：

$$1 > \frac{W}{F_L} = \left( \frac{1}{1 + \eta_* \eta_0} \right) B \Psi \tag{5-41}$$

$$\Psi = \frac{(\gamma_s - \gamma) d}{\gamma h J} = \frac{1}{\Theta}$$

式中：$\Psi$ 称为水流强度函数。

$$B = \frac{2 A_3}{0.178 A_2 (5.75 \lg 10.6 \chi)^2} \tag{5-42}$$

爱因斯坦认为上举力的脉动是与纵向流速的脉动相关联的，不论瞬时纵向流速是正还是负，上举力总是正的。据此，认为式中的 $(1 + \eta)$ 应取绝对值 $|1 + \eta|$，则上面的不等式变为：

$$|1 + \eta_* \eta_0| > B \Psi \tag{5-43}$$

亦即：

$$\left| \frac{1}{\eta_0} + \eta_* \right| > B_* \Psi \tag{5-44}$$

式中，$B_* = \dfrac{B}{\eta_0}$，故沙粒被举离床面的极限状态为：

$$\eta_* = \pm B_* \Psi - \frac{1}{\eta_0} \tag{5-45}$$

在这个范围内，上举力小于沙粒在水下的重量，沙粒不会为水流所起动。

爱因斯坦根据埃尔—赛尼的试验成果，认为上举力的分布遵循正态分布，并采用误差函数形式的概率积分求得泥沙起动的概率为：

$$p = 1 - \frac{1}{\sqrt{\pi}} \int_{-B_* \Psi - \frac{1}{\eta_0}}^{B_* \Psi - \frac{1}{\eta_0}} e^{-t^2} dt \qquad (5-46)$$

图 5-4 为这一方程式的示意图。在绘有斜线的阴影区内，上举力大于沙粒在水中重量，沙粒将为水流所起动，阴影面积即等于泥沙起动的概率 $p$。

合并式（5-35）及式（5-46），即得爱因斯坦的推移质输沙率公式：

$$1 - \frac{1}{\sqrt{\pi}} \int_{-B_* \Psi - \frac{1}{\eta_0}}^{B_* \Psi - \frac{1}{\eta_0}} e^{-t^2} dt = \frac{A_* \Phi}{1 + A_* \Phi} \qquad (5-47)$$

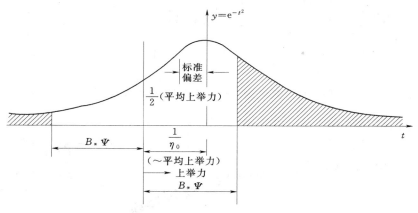

图 5-4 推移质运动 $\eta_*$ 分布示意图

式中的常数项 $1/\eta_0$，采用埃尔—赛尼试验成果，取为 2.0。$A_*$ 及 $B_*$ 根据均匀沙推移质试验成果确定，$A_* = 43.5$，$B_* = 0.143$。爱因斯坦的推移质输沙率公式与试验成果的比较如图 5-5 所示。这个公式表达了推移质输沙强度函数 $\Phi$ 与水流强度函数 $\Psi$ 的关系。水流强度愈大，$\Psi$ 值愈小，$\Phi$ 值愈大，推移质输沙强度愈大。

爱因斯坦的推移质输沙率公式，直到目前为止，仍不失为理论上比较完整的一个公式，受到广泛重视。关于爱因斯坦推移质输沙率公式与实际资料的符合情况，钱宁曾进行过检验，并与其他推移质输沙率公式作了对比[10]。为了使问题简化便于比较，仅考虑均匀沙在平整床面情况下的推移质输沙率。对比时将公式一律转化成 $\Phi$—$\Psi$ 的关系式，所得结果如图 5-6 所示。图中除爱因斯坦公式外，还有梅叶—彼德公式，拜格诺公式。由图可见，当 $\Psi \left( = \frac{1}{\Theta} \right) > 2$ 时，即低强度输沙时，各家公式比较接近，并和实际资料符合较好。在这一区域内，曲线坡度比较平缓，表示水流强度的较小变化即可引起推移质输沙率的较大变化。当 $\Psi < 2$ 时，即高强度输沙时，各家公式便分散开来，实际资料也比较分散。在这一区域内，曲线坡度较陡，且接近直线。由于高强度推移质输沙的实测资料较少，哪一家公式比较符合实际，目前尚难得出确切结论。

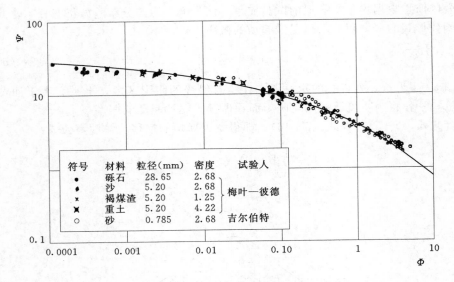

图 5-5  水流强度 $\Psi$ 与输沙强度 $\Phi$ 的关系曲线

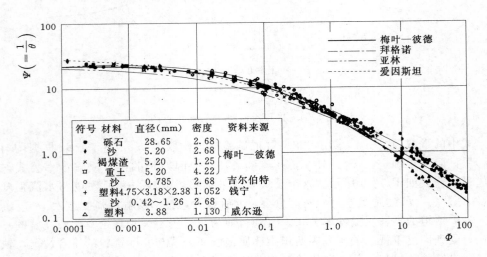

图 5-6  推移质输沙率公式的比较

## 5.2  非均匀沙推移质输沙率公式

非均匀沙推移质的输移远较均匀沙推移质的输移复杂。其主要特点为：①非均匀床沙中的粗颗粒一般突出在周围细颗粒之上，因暴露而承受的水流作用力相对较大，而细颗粒则因受到周围粗颗粒的荫蔽，承受的水流作用力较小，粗颗粒的大小和含量还直接影响到水流阻力的大小，从而也影响到流速的大小；②粒配分布范围较广的山区砂卵石非均匀床沙，粗颗粒在一般水流条件下并不参与运动，存在部分可动部分不可动现象，这种不动粗颗粒的存在，也将通过影响水流结构、阻力以至床面可动泥沙的概率而影响推移质输沙率。因此，在研究非均匀沙推移质输移时，应分为两种情况来考虑：一种是山区砂卵石河床的情况，另一种是平原沙质河床的情况。

目前，非均匀沙推移质输移率计算方法多是通过对均匀沙推移质输移率公式拓展得到。主要有两种不同的做法，一种是认为均匀沙推移质公式仍然可以应用，关键在于找到一个合适的代表粒径，将这个代表粒径代入均匀沙推移质公式，计算得到的即为非均匀沙推移质的总输沙率。另一种是先计算非均匀沙推移质的分组粒径的输沙率，求和得出总输沙率。

### 5.2.1 用代表粒径计算非均匀沙推移质总输沙率的方法

1. 代表粒径的确定

爱因斯坦根据一些小河的实测资料及水槽试验成果，在使用均匀推移质输沙率公式时应用床沙组成中的 $d_{35}$ 作为代表粒径，而梅叶—彼德则建议用床沙组成的平均粒径 $d_m$ 作为代表粒径。钱宁曾对这两种做法用水槽试验资料作过检验，结论是：对于低强度输沙，用 $d_m$ 较用 $d_{35}$ 为合理；对于高强度输沙，则两者并无不同。钱宁的解释为，在后一种情况下，梅叶—彼德公式中 $0.047(\gamma_s - \gamma)d$ 一项已小到可以略去不计，此时推移质输沙率将不直接与选用的代表粒径有关。

2. 推移质级配曲线的推求

Gessler[11] 从概率统计的观点出发，通过求河床粗化过程中冲刷物级配的办法，提出了计算冲刷它移动的推移质级配公式为：

$$P(d) = \frac{\int_{d_{\min}}^{d} (1-q) p_0(d) d(d)}{\int_{d_{\min}}^{d_{\max}} (1-q) p_0(d) d(d)} \tag{5-48}$$

式中：$P(d)$ 为推移质中粒径 $d$ 的沙重百分数；$p_0(d)$ 为原始床沙中粒径 $d$ 颗粒所对应的粒配百分数；$d_{\min}$ 为床沙中最小一组泥沙颗粒；$d_{\max}$ 为床沙中最大一组泥沙颗粒；$q$ 为床沙中粒径 $d$ 泥沙颗粒的不动概率，其值由下式确定。

$$q = \frac{1}{\sigma \sqrt{2\pi}} \int_{-\infty}^{\frac{\tau_c}{\tau_0}-1} \exp\left(-\frac{x^2}{2\sigma^2}\right) \mathrm{d}x \tag{5-49}$$

式中：$\tau_0$ 为水流作用在床面上的拖曳力的平均值；$\sigma = 0.57$，为拖曳力脉动值的标准差；$\tau_c$ 为按均匀沙计算的第 $i$ 粒径组泥沙颗粒的起动临界拖曳力。起动条件借用均匀沙的结果。

在计算出推移质粒配曲线之后，求其平均粒径作为代表粒径，应该比直接由床沙粒配曲线求代表粒径要更合适一些。但是这种方法是近似方法，合理的方法应该是先计算分粒径组推移质输沙率，再确定推移质输沙级配。

### 5.2.2 分组计算非均匀推移质输沙率的方法

爱因斯坦将其均匀沙推移质输沙率公式扩展用于分粒径组推移质输沙率计算，得出适用于床沙组成中各粒径组的推移质输沙率计算公式为：

$$1 - \frac{1}{\sqrt{\pi}} \int_{-B_* \Psi_* - \frac{1}{\eta_0}}^{B_* \Psi_* - \frac{1}{\eta_0}} \mathrm{e}^{-t^2} \mathrm{d}t = \frac{A_* \Phi_*}{1 + A_* \Phi_*} \tag{5-50}$$

式中，$\Phi_* = \dfrac{i_b}{i_0}\Phi$，此处 $i_b$ 为推移质中该粒径级泥沙所占百分比。$i_0$ 为床沙中该粒径级泥沙所占百分比。$i_b/i_0$ 的引进是在单位面积床面的沉积率和冲刷率中限于考虑这一粒径的结果。$\Psi_* = \dfrac{Y\xi}{\theta}\dfrac{\beta^2}{\beta_*^2}\Psi$，此处 $\beta_* = \lg\left(10.6\dfrac{X}{\Delta}\right)$，$X$ 为非均匀床沙中受到荫蔽作用的最大粒径，$\Delta = K_s/\chi$，当 $\Delta/\delta > 1.8$ 时，$X = 0.77\Delta$；当 $\Delta/\delta < 1.8$ 时，$X = 1.39\delta$；$\dfrac{\beta^2}{\beta_*^2}$ 的引进是在流速分布公式（3-29）中考虑非均匀沙的结果；$Y$ 为考虑床面黏性底层影响上举力系数的修正系数，是 $K_s/\delta$ 的函数（图 5-7）；$\xi$ 为考虑荫蔽作用影响上举力系数的修正系数，是 $d/X$ 及 $(\Psi_*)_{d_{90}}$ $S_0 = \dfrac{\varrho_s - \rho}{\rho}\dfrac{d_{90}}{hJ}Y\sqrt{\dfrac{d_{75}}{d_{25}}}$ 的函数（图 5-8）；$\theta$ 为考虑分散甚广的非均匀沙中细颗粒所受荫蔽作用影响上举力系数

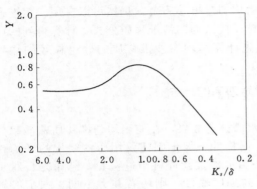

图 5-7　$Y$ 与 $K_s/\delta$ 关系

的修正系数，是沙粒雷诺数 $U_* d/\nu$ 的函数（图 5-9）。上述对上举力系数的修正系数，都非直接量测上举力得来，而是根据爱因斯坦的理论从推移质输沙率资料反求得来。在解公式（5-50）时，将床沙及推移质粒径分为 $n$ 组，求出各组的无量纲单宽推移质输沙率 $i_b\Phi$，则：$\displaystyle\sum_{i=1}^{n} i_b\Phi = \Phi$ 即为总的无量纲单宽推移质输沙率。

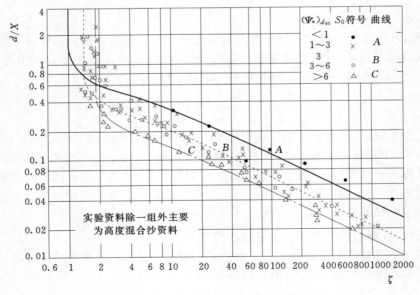

图 5-8　$\xi$ 与 $d/X$ 及 $(\Psi_*)_{d_{90}} S_0$ 的关系

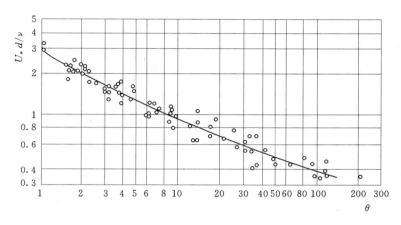

图 5-9　$\theta$ 与 $U_* d/\nu$ 的关系

### 5.2.3　沙卵石河床推移质输沙率计算方法

沙卵石河床组成具有粒径分布较宽、河床表层泥沙明显粗于下层泥沙等特点。沙卵石河床表层根据其结构特性，可分为两种：一种为抗冲保护层，系在大流量下发生清水冲刷时形成的，一般情况下是不可动的，对底层较细颗粒起保护作用。另一种是所谓铺盖层，是在各级流量作用下部分床沙处于可动、部分处于不可动状态下形成的，对底层也有一定的保护作用。

显然不同大小的流量形成的铺盖层的颗粒组成的粗细是不同的。下面主要介绍部分床沙处于可动、部分处于不可动情况下推移质输沙率计算方法。

1. 帕克等（Parker et al.）公式[12]

帕克通过整理天然沙卵石河床的实测资料，获得了由图 5-10 表示的推移质输沙率关系曲线。图中纵坐标为无量纲分组推移质输沙率，即：

$$W_i^* = \frac{\dfrac{(\gamma_s - \gamma) g_{bi}}{\gamma} \dfrac{\rho_s}{p_i \sqrt{g} (hJ)^{\frac{3}{2}}}}{} \qquad (5-51)$$

横坐标为相对于参考值 $\tau_{ri}^*$ 的无量纲剪切力，即：

$$\theta_i = \frac{\tau_i^*}{\tau_{ri}^*} = \frac{\gamma h J}{(\gamma_s - \gamma) d_i \tau_{ri}^*} \qquad (5-52)$$

式中：$g_{bi}$ 为 $i$ 粒径组单宽推移质输沙率；$p_i$ 为床沙第 $i$ 粒径组的百分

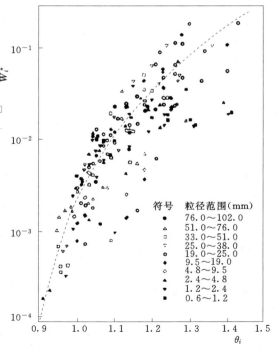

| 符号 | 粒径范围（mm） |
|---|---|
| ● | 76.0～102.0 |
| △ | 51.0～76.0 |
| ⊓ | 33.0～51.0 |
| □ | 25.0～38.0 |
| ○ | 19.0～25.0 |
| ◆ | 9.5～19.0 |
| ◇ | 4.8～9.5 |
| ▲ | 2.4～4.8 |
| ▼ | 1.2～2.4 |
| ■ | 0.6～1.2 |

图 5-10　$W_i^*$—$\theta_i$ 关系曲线（Parker et al.，1982）

数；$\tau_{ri}^*$ 系 $W_i^*$ 为某定值时相对剪切力 $\tau_i^*$ 的参考值，根据整理实测资料有：

$$\tau_{ri}^* = \tau_{rd_{50}}^* \frac{d_{50}}{d_i} = 0.0876 \frac{d_{50}}{d_i} \tag{5-53}$$

这里 $\tau_{rd_{50}}^*$ 为相对于下铺盖层粒配中值粒径的剪切力的参考值，帕克取 $\tau_{rd_{50}}^*$ $=0.0876$。

将式（5-53）代入 $\theta_i$ 的表达式中，可得：

$$\theta_i = \frac{\gamma h J}{(\gamma_s - \gamma) d_i} \frac{1}{0.0876 \frac{d_{50}}{d_i}} \propto \frac{\gamma h J}{(\gamma_s - \gamma) d_{50}} \tag{5-54}$$

即各粒径组的 $\theta_i$ 值仅与下铺盖层的中值粒径 $d_{50}$ 有关、而与各粒径组无关，亦即各粒径组均具有相同的可动性，$\theta_i = \theta_{d_{50}}$。这就使得有可能不计算分组推移质输沙率，而直接计算总推移质输沙率。与此相应，表达总推移质输沙率函数关系的参数将分别取为：

$$W^* = \frac{\dfrac{(\gamma_s - \gamma) g_{bi}}{\gamma} \dfrac{\rho_s}{\sqrt{g} (hJ)^{\frac{3}{2}}}}{} \tag{5-55}$$

$$\theta_{d_{50}} = \frac{\gamma h J}{(\gamma_s - \gamma) d_{50} \tau_{r50}^*} \tag{5-56}$$

图 5-10 中的函数关系可用如下经验公式来表达：

$$W^* = 0.0025 \exp[14.2(\theta_{d_{50}} - 1) - 9.28(\theta_{d_{50}} - 1)^2] \quad 0.95 < \theta_{d_{50}} < 1.65 \tag{5-57}$$

式（5-57）当 $\theta_{d_{50}}$ 略大于 1.65 后，$W^*$ 随 $\theta_{d_{50}}$ 的增大反而略有减小，这在物理上是不真实的。为此，帕克依式（5-58）的曲线走势采用如下经验公式弥补 $\theta_{d_{50}} >$ 1.65 时的情况。

$$W^* = 11.2 \left(1 - \frac{0.822}{\theta_{d_{50}}}\right)^{4.5} \quad \theta_{d_{50}} > 1.65 \tag{5-58}$$

这一公式的特点是，取下铺盖层的中值粒径为特征粒径，适用于计算卵石推移质输沙率。

2. 刘兴年、陈远信公式

刘兴年、陈远信[13]通过水槽实验和野外实测，获得非均匀沙部分可动和全部可动条件下的暴露度和粒径关系的资料。

引入暴露高度的概念如图 5-11 所示。暴露高度是指基线 0—0 到颗粒顶点的竖向距离，基线 0—0 为床面表层泥沙平均暴露高度面，即平均床面。这样位于平均床面上的颗粒的暴露高度为零，暴露高度为正时表示突起于平均床面之上，为负时表示低于平均床面。

刘兴年、陈远信通过对多组实测资料的结果分析，得出暴露高度与粒径的关系如下。

（1）当床沙全部可动时，暴露高度随粒径线性增长，即：

$$\overline{e_i} = A(d_i - d_A) \tag{5-59}$$

其中：

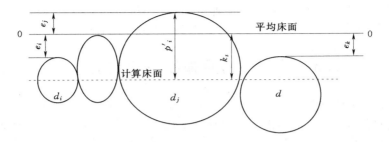

图 5-11　床沙暴露度示意图

$$d_A = \sum_{i=1}^{N} d_i \Delta P_i = d_m \qquad (5-60)$$

（2）当床沙部分可动时，小于床沙调整最大可动粒径 $d_c^*$ 的暴露高度仍满足式（5-60），因粒径大于 $d_c^*$ 的颗粒几乎不受水流作用而发生调整，故暴露高度与粒径的关系为：

$$\overline{e_i} = \begin{cases} A(d_i - d_A) & d_i < d_c^* \\ A(d_c^* - d_A) & d_i \geqslant d_c^* \end{cases} \qquad (5-61)$$

其中：　　$d_A = \sum_{i=1}^{M} d_i \Delta P_i + \sum_{i=M+1}^{N} d_c^* \Delta P_i, d_c^* = \dfrac{\gamma h J}{0.024(\gamma_s - \gamma)}$

式中：$\overline{e_i}$ 是粒径为 $d_i$ 的颗粒的暴露高度；$\Delta P_i$ 为 $i$ 粒径组所占床沙百分比；$N$、$M$ 为全部床沙的分级数和 $d_i < d_c^*$ 的分级数；$d_A$ 为非均匀沙的代表粒径，即暴露高度为零的颗粒的粒径；$d_c^*$ 为床沙调整的最大可动粒径；$A$ 为表征床面粗糙程度的参数，$A$ 值越大，则大小颗粒的暴露高度相差亦大，床面愈粗糙，反之 $A$ 值越小，大小颗粒的暴露高度相差越小，床面也就愈平滑。

和均匀沙相比较，暴露高度为正（负）的非均匀沙颗粒其粒径只有增大（减小）$|\overline{e_i}|$ 时其顶部才与平均床面齐平，因而非均匀沙的等效粒径可表达为：

$$d_i^* = \begin{cases} d_i + A(d_A - d_i) & d_i \leqslant d_c^* \\ d_i + A(d_A - d_c^*) & d_i > d_c^* \end{cases} \qquad (5-62)$$

将等效粒径 $d_i^*$ 代入均匀沙沙莫夫起动流速式（3-35）和沙莫夫推移质输沙率公式（5-5），有：

$$U_{c_i} = 1.14 \sqrt{\frac{\varrho_s - \varrho}{\varrho} g d_i^*} \left( \frac{h}{d_i^*} \right)^{\frac{1}{6}} \qquad (5-63)$$

$$g_{bi} = 0.95 P_{0i} \sqrt{d_i^*} \left( U - \frac{U_{ci}}{1.2} \right) \left( \frac{U}{U_{ci}/1.2} \right)^3 \left( \frac{d_i^*}{h} \right)^{\frac{1}{4}} \qquad (5-64)$$

上式就是考虑粗细颗粒间隐暴作用的非均匀沙分组起动流速公式和分组输沙率公式。

上述宽级配推移质输沙率公式与其他公式的不同之处，在于引入了粗化参数 $A$。不同的 $A$ 值，荫蔽参数不同，这正反映出不同河流卵石推移质输沙规律不尽相同的事实。

除上述公式外，还存在其他一些公式，如杜国翰公式[14]、秦荣昱公式[15]，这两个公式在考虑床沙可动百分比的同时，前者还引进了用推移质及床沙平均粒径比表示的掩蔽参数和用床沙 $d_{90}$ 与平均粒径比表示的绕流掀沙参数；后者还考虑了输移带的问题。

# 5.3　估算推移质输沙率的其他方法

由于对推移质输沙率的研究还很不成熟，用不同公式计算结果往往出入甚大。在解决实际生产问题时，为了使所求推移质输沙率比较可靠，往往不得不从各方面寻求旁证。毫无疑问，达到这一目的最有效办法是加强实际观测，有关这一方面的问题属于泥沙测验范畴，不在这里详述。下面介绍近年来发展起来的估算推移质输沙率的两种方法。

### 5.3.1　岩石矿物分析法

林承坤等在研究川江卵石来量时使用了岩石矿物分析方法[16]。这一方法的基本思路是，根据河段出口断面的床沙或推移质粒配及矿物成分，结合考虑上游干支流来沙的同类资料，首先估算出每一粒径织不同来源所占百分数；然后根据其中一条支流的已知推移质来量即可估算出口断面的输沙总量。

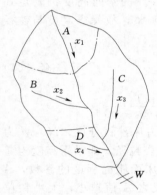

图 5-12　流域分区图

设某流域由 $A$，$B$，…，$R$，$S$ 等 $m$ 个小流域组成（图 5-12），流域内共有 1，2，…，$n$ 种岩性卵石。从 $A$ 流域流出的卵石岩性百分数分别为 $a_1$，$a_2$，…，$a_n$；$B$，…，$R$，$S$ 流域流出的卵石岩性百分数分别为 $b_1$，$b_2$，…，$b_n$；…；$r_1$，$r_2$，…，$r_n$；$s_1$，$s_2$，…，$s_n$；它们在下游 $W$ 点汇合后，岩性百分数为 $W_1$，$W_2$，…，$W_n$。又设卵石推移质从 $A$ 区域汇入 $W$ 处的百分数为 $x_1$；$B$ 区域为 $x_2$，…，$R$ 区域为 $x_{m-1}$，$S$ 区域为 $x_m$。假定各区域不同岩性的来沙均以不变的百分数汇入 $W$，对每一粒径组均可设下列关系式：

$$\left.\begin{array}{l} a_1x_1+b_1x_2+\cdots+s_1x_m=W_1 \\ a_2x_1+b_2x_2+\cdots+s_2x_m=W_2 \\ \quad\quad\quad\quad\vdots \\ a_nx_1+b_nx_2+\cdots+s_nx_m=W_n \end{array}\right\} \tag{5-65}$$

其中：$\quad\displaystyle\sum_{i=1}^{n}a_i=1$；$\displaystyle\sum_{i=1}^{n}b_i=1$；$\displaystyle\sum_{i=1}^{n}s_i=1$；$\displaystyle\sum_{i=1}^{n}W_i=1$；$\displaystyle\sum_{i=1}^{n}x_i=1$

按最小二乘法原理，求 $x_1$，$x_2$，…，$x_m$ 的值，使上列方程组综合误差最小，可导得另一新的方程组：

$$\left.\begin{array}{l} [aa]x_1+[ab]x_2+\cdots+[as]x_m=[aW] \\ [ba]x_1+[bb]x_2+\cdots+[bs]x_m=[bW] \\ \quad\quad\quad\quad\vdots \\ [sa]x_1+[sb]x_2+\cdots+[ss]x_m=[sW] \end{array}\right\} \tag{5-66}$$

其中：$\quad\quad\quad\quad[aa]=\displaystyle\sum_{i=1}^{n}a_ia_i$；$[ab]=\displaystyle\sum_{i=1}^{n}a_ib_i$

方程组（5-66）中共包括有 $m$ 个方程，$m$ 个未知数：$x_1$，$x_2$，$\cdots$，$x_m$，而 $a$，$b$，$\cdots$，$r$，$s$ 等均为已知值，可通过对各区域来沙的矿物分析求得，因而各未知数可通过解代数方程组求得。这样，只要通过某种途径求到了某一区域的该粒径级的年推移质输沙量，则该粒径级在汇流点 $W$ 的年总输沙量即可求得。在对每一个粒径级完成上述计算之后，汇流点 $W$ 的年总输沙量即可求出。

林承坤等用上述方法求得长江宜昌站年卵石推移质输沙量为 64 万 t，与 1973～1978 年在该站用卵石推移质取样器测得的年推移质输沙量 66 万 t 十分接近。

### 5.3.2 模型或水槽试验方法

这种方法最先在都江堰工程的改建研究中采用[17]。为了研究岷江的卵石推移质来量，在作模型试验时，先在定床模型中，用按一定比尺设计的模型沙作平衡输沙试验，将不同流量下求得的模型推移质输沙率，根据推移质输沙率比尺，换算成原型推移质输沙率，由此即可求得原型推移质输沙率与流量的关系曲线。在取得这一资料后，再作动床河工模型试验。根据定床模型试验求得的推移质输沙率与流量关系曲线在模型中施放推移质，通过动床模型中的河床变形是否与原型相似来检查所得推移质输沙率的可靠性。使用这种方法来确定推移质输沙率，工作量很大，一般仅在有必要作河工模型试验时才附带采用。这里我们仅介绍了这种方法的思路，其具体细节及所用模型比尺可参阅有关专著。

为节省工作量，彭润泽等建议用水槽试验来代替上述模型试验[18]。为此，可截取天然河流顺直段中可视为二维水流的推移质输移带作为模拟对象，在这样的模型中通过试验得到的推移质输沙率再换算成原型。

应该指出，对于卵石推移质，一般可用天然沙模拟。如模型按正态设计，则推移质输沙率比尺不会因采用不同的推移质输沙率公式而出现差异。得到的成果还是比较可靠的。

## 参 考 文 献

[1] 韩其为，何明民．泥沙运动统计理论．北京：科学出版社，1984.

[2] DuBoys P. Etudes du Regime du Rhone et v，Action Exercee par Les Laux Sur un Lit a Fond de Graviers Undefiniment Affouillable，Annales des Ponts et Chausses. ser. 5，Vol. 18，1879，141-195.

[3] 武汉水利电力学院（张瑞瑾主编）．河流动力学．北京：中国工业出版社，1961.

[4] 武汉水利电力学院（谢鉴衡主编）．河流泥沙工程学（上册）．北京：水利出版社，1981.

[5] 沙莫夫．计算底沙的极限流速和输沙率用公式．泥沙研究．1956，1（2）：56-69.

[6] Meyer-Peter E and R Muller. Formula for Bed Load Transport. Proc.，2nd Meeting，Intern. Assoc. Hyd. Res.，Vol. 6，1948.

[7] Ackers P and W R White. Bed material Transport：a Theory for Total Load and its Verification，Intern. Symp. On River Sedimentation. Beijing，1980，249-268.

[8] Bagnold R A. The Nature of Saltation and of Bed Load Transport in Water. Proc. Royal Society，Set. A. Vol. 332. 1973，473-504.

[9] Einstein H A. The Bed Load Function for sediment Transportation Open Channel Flows.

U. S. Dept. Agriculture，Soil Conservation Set. Tech. Bull. 1026，1950，71. 中译本：钱宁 "明渠水流的挟沙能力". 北京：水利出版社，1956.

[10] 钱宁. 推移质公式的比较. 水利学报. 1980，4：1－44.

[11] Gessler J. Stochastic Aspects of Incipient Grain Motion on River Beds. Stochastic Approaches to Water Resources. Vol. Ⅱ. 1976.

[12] Parker G，P C Klingeman and D G McLean. Bad Load and Size Distribution in Paved Gravel－Bed Streams. J. Hdraul. Div. ASCE. Vol. 108（Hy4）. 1982，544－571.

[13] 刘兴年，陈远信. 非均匀推移质输沙率. 成都科技大学学报. 1987，2：29－36.

[14] 杜国翰，彭润泽，吴德一. 都江堰工程改建及卵石推移质问题. 泥沙研究，复刊号. 1980，100－102.

[15] 秦荣昱. 不均匀沙的推移质输沙率. 水力发电，1981（8）.

[16] 林承坤，魏特，史立人. 长江葛洲坝卵石推移质来源分析及数量计算. 河流泥沙国际学术讨论会论文集. 北京：光华出版社，1980.

[17] 成都工学院，等. 岷江都江堰河段变态动床模型试验及推移质输沙率试验报告. 泥沙模型报告汇编 1. 1978.

[18] 彭润泽，白荣隆，等. 用水槽模拟试验求卵石河床推移质输沙率. 泥沙研究. 1984，3：27－38.

# 第 **6** 章

## 悬移质运动和水流挟沙力

## 6.1 悬移质运动基本方程

### 6.1.1 悬移质的运动状态

随水流浮游前进，其运移速度与水流速度基本相同的泥沙称为悬移质。与推移质相比，悬移质泥沙运动具有以下特点：① 运动区域方面，推移质以滚动、滑动或跃移的形式运动，靠近河床，运动区域相对较小，悬移质则是在整个水深中浮游前进的；② 运移速度方面，推移质一般是"走走停停"的，悬移质的运动速度则与水流速度接近。实测资料表明，江河中输送的泥沙，悬移质占主要部分。在冲积平原河流，悬移质的数量一般为推移质的几十倍或更多；在山区河流，推移质稍多一些，但总量一般仍远小于悬移质。

需要指出的是，虽然推移质与悬移质的运动特性有着明显不同，然而却不可以截然划分。在一般情况下，从河床至水面，泥沙的运动是连续的，悬移质与推移质之间以及它们与河床之间，泥沙不断地发生着交换。在同一水流条件下，推移质中较细的部分与悬移质中较粗的部分，构成彼此交错的状态，前者主要以推移方式运动，但也可能表现为暂时的悬浮；后者主要以悬浮方式运动，但也可能表现为暂时的滚动、滑动或跳跃前进。就同一泥沙组成来说，在较弱的水流条件下，可以表现为推移质，在较强的水流条件下也可以表现为悬移质。

悬移质的密度比清水的密度要大，受重力作用，会向河底下沉。那么，泥沙为什么能在水流中保持悬浮呢？在回答这个问题之前，首先来看一个演示试验：一个玻璃杯中装有清水，杯底铺了一层沙。当水杯长时间保持静止时，底层泥沙也将保持静止不动。当用玻璃棒搅动水体时，泥沙将起悬，最终充满整个水体；停止搅动时，水体中的泥沙开始下沉，浑水又会逐渐变为清水。从这个试验可以看到，悬移质在水体中保持运动的动力，主要是依靠水流的紊动掺混作用。当水流中失去紊动作用时，泥沙由于受到重力作用，会逐渐下沉。若玻璃棒以匀速进行较长时间的搅动，杯中水体的泥沙浓度（即含沙量）将保持在一个相对稳定的状态，此时，紊动作用与重力作用达到平衡。将该演示试验的结果推广到天然河道，可知，在天然河流中，悬移质一方面受重力作用而下沉，另一方面又受紊动的掺混作用而上浮，二者结合在一起，遂使悬移质得以在水流中浮游前进，实现其远距离的输移。

从水力学中知道，就时均情况来说，由于紊动作用，穿过任何一个水平截面向上的水体数量必须等于向下的水体数量，否则便不能维持流体的连续性。这样看来，向上的紊动作用与向下的紊动作用似乎应该是相抵的，那么泥沙怎么能够上浮呢？从实测资料得知：在挟沙水流中，愈接近床面含沙量愈大，距床面愈远则含沙量愈小，具有上稀下浓的特点。因此，就时均情况来说，由于紊动作用上浮的泥沙总量多于由于紊动作用下沉的泥沙总量，其总的效果便产生了使悬移质上浮的作用。水流紊动的这种作用，实质上是把悬移质从高含沙区输送到低含沙区，因而叫做"紊动扩散作用"。

综合以上分析，我们可以得出明确的结论：悬移质运动主要是重力作用与紊动扩散作用二者综合作用的结果。紊动扩散作用使泥沙上浮，重力使悬移质泥沙下沉，悬移质含沙量沿水深分布决定于紊动扩散作用与重力作用的对比关系。二者相比，当重力作用占主导地位时，则悬移质向河底下沉的倾向超过向水面上浮的倾向，水流中的含沙量将逐渐减少，河床随之淤积；反之，当紊动扩散作用占主导地位时，水流中含沙量将逐渐增加，河床随之冲刷。当二者作用相当，则含沙量将维持不变，河床出现不冲不淤的相对平衡状态。

## 6.1.2　悬移质运动基本方程

在简要地介绍了悬移质的运动状态及其物理过程后，下面将在此基础上介绍根据扩散理论建立起来的悬移质运动基本方程式。扩散理论是从泥沙的连续性条件出发，来推导悬移质运动方程的。如图 6-1 所示。

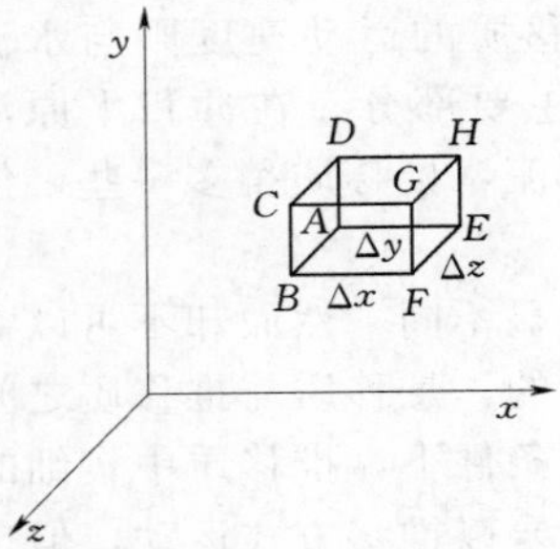

图 6-1　微小正六面体

在挟沙水流中取一微小六面体 $\Delta x \Delta y \Delta z$，以 $S$ 代表微小六面体的悬移质瞬时含沙量，单位为 $kg/m^3$；$u_s$、$v_s$、$w_s$ 分别代表沿 $x$、$y$、$z$ 三轴向瞬时悬移质运动速度的投影；在 $\Delta t$ 时间内，自六面体中垂直 $x$ 轴的上游面进入六面体的悬移质质量为：

$$u_s S \Delta y \Delta z \Delta t$$

同时，自六面体中垂直 $x$ 轴的下游面流出六面体的悬移质质量为：

$$\left(u_s S + \frac{\partial u_s S}{\partial x} \Delta x\right) \Delta y \Delta z \Delta t$$

以上两者之差为：

$$\frac{\partial u_s S}{\partial x} \Delta x \Delta y \Delta z \Delta t$$

同理，$\Delta t$ 时间内沿 $y$、$z$ 方向进出六面体的悬移质质量差分别为：

$$\frac{\partial v_s S}{\partial y} \Delta x \Delta y \Delta z \Delta t$$

$$\frac{\partial w_s S}{\partial z}\Delta x\Delta y\Delta z\Delta t$$

根据质量守恒定律，单位时间内流入与流出六面体的悬移质泥沙质量差应等于六面体内悬移质质量变化量 $\frac{\partial S}{\partial t}\Delta x\Delta y\Delta z\Delta t$。因此，可求得悬移质运动的瞬时三维方程为：

$$\frac{\partial S}{\partial t}+\frac{\partial u_s S}{\partial x}+\frac{\partial v_s S}{\partial y}+\frac{\partial w_s S}{\partial z}=0 \tag{6-1}$$

当含沙量不是很大，泥沙颗粒也比较细时，假设悬移质泥沙的纵向和侧向速度与水流速度相等，而垂线方向速度与水流速度相差沉速 $\omega$，即令：$u_s=u$，$v_s=v-\omega$，$w_s=w$，则上式可写为：

$$\frac{\partial S}{\partial t}+\frac{\partial uS}{\partial x}+\frac{\partial vS}{\partial y}+\frac{\partial wS}{\partial z}-\frac{\partial \omega S}{\partial y}=0 \tag{6-2}$$

仿照雷诺平均的处理方法，式（6-2）可写为：

$$\frac{\partial \overline{S}}{\partial t}+\frac{\partial \overline{uS}}{\partial x}+\frac{\partial \overline{vS}}{\partial y}+\frac{\partial \overline{wS}}{\partial z}-\frac{\partial \omega \overline{S}}{\partial y}=-\frac{\partial \overline{u'S'}}{\partial x}-\frac{\partial \overline{v'S'}}{\partial y}-\frac{\partial \overline{w'S'}}{\partial z} \tag{6-3}$$

根据 Fick 定律，假定泥沙的扩散输移率与泥沙的浓度梯度成正比，即：

$$\overline{u'S'}=-\varepsilon_{sx}\frac{\partial \overline{S}}{\partial x} \tag{6-4}$$

$$\overline{v'S'}=-\varepsilon_{sy}\frac{\partial \overline{S}}{\partial y} \tag{6-5}$$

$$\overline{w'S'}=-\varepsilon_{sz}\frac{\partial \overline{S}}{\partial z} \tag{6-6}$$

代入式（6-3）得到：

$$\frac{\partial \overline{S}}{\partial t}=-\frac{\partial \overline{uS}}{\partial x}-\frac{\partial \overline{vS}}{\partial y}-\frac{\partial \overline{wS}}{\partial z}+\frac{\partial(\omega \overline{S})}{\partial y}+\frac{\partial}{\partial x}\Big(\varepsilon_{sx}\frac{\partial \overline{S}}{\partial x}\Big)+\frac{\partial}{\partial y}\Big(\varepsilon_{sy}\frac{\partial \overline{S}}{\partial y}\Big)+\frac{\partial}{\partial z}\Big(\varepsilon_{sz}\frac{\partial \overline{S}}{\partial z}\Big) \tag{6-7}$$

式（6-7）即为悬移质运动时均三维方程。方程中各项的物理意义：方程式左边第一项为含沙量变化率；方程右侧前三项为对流项，表示由水流时均流速引起的悬移质对流输移，方程右侧第四项为由泥沙重力作用引起的含沙量变化，方程右侧后三项为扩散项，表示由紊动扩散作用引起的悬移质输移。

目前对悬移质运动时均三维方程还无法求其解析解，只能适当简化。对其进行简化的情况主要有以下几种。

（1）在二维恒定均匀流不冲不淤的平衡情况下，式（6-7）可简化为：

$$\frac{d}{dy}\Big(\omega \overline{S}+\varepsilon_{sy}\frac{d\overline{S}}{dy}\Big)=0 \tag{6-8}$$

积分后得：

$$\omega \overline{S}+\varepsilon_s\frac{d\overline{S}}{dy}=C \tag{6-9}$$

此处 $C$ 为常数，在不冲不淤的平衡情况下，由于在单位时间内，通过任一水平截面［图6-2（a）］因紊动扩散作用向上托起的沙量为 $-\varepsilon_s\frac{d\overline{S}}{dy}$，应与因重力作用向

下降落的沙量 $\omega\overline{S}$ 相等，故常数 $C$ 为零。于是得：

$$\omega\overline{S}+\varepsilon_s\frac{\mathrm{d}\overline{S}}{\mathrm{d}y}=0 \qquad\qquad (6-10)$$

式（6-10）即为二维恒定均匀流中，平衡情况下含沙量沿垂线分布的微分方程式。

为了使读者更深入地了解扩散现象的物理实质，下面对方程式（6-10）中的扩散项作进一步的阐释。在紊流中，以 $S$、$\overline{S}$、$S'$ 分别表示瞬时含沙量、时均含沙量和脉动含沙量；$v$、$\overline{v}$、$v'$ 分别表示该处流速垂线分量的瞬时值、时均值和脉动值，则单位时间内因紊动扩散作用通过水平截面上浮的泥沙量也可写成：

$$g_2=\overline{Sv}=\overline{(\overline{S}+S')v'}=\overline{\overline{S}v'}+\overline{S'v'}=\overline{S'v'}$$

可得：

$$\overline{S'v'}=-\varepsilon_s\frac{\mathrm{d}\overline{S}}{\mathrm{d}y}$$

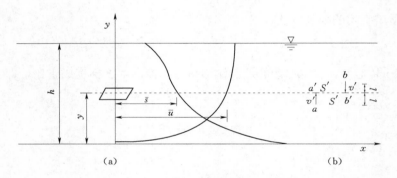

图 6-2　穿过水平截面的泥沙扩散模式

可以设想，含沙量之所以产生脉动是因为从邻近流层来的涡体所挟带的含沙量与本流层不同的缘故，如图 6-2 所示，由于在沿铅垂线方向存在上稀下浓的含沙量梯度，从 $b$ 点以向下脉动流速 $v'$ 行进 $l$ 距离来的涡体，在多数情况下将造成负的脉动含沙量 $S'$；从 $a$ 点以向上脉动流速 $v'$ 同样行进 $l$ 距离来的涡体，在多数情况下将造成正的脉动含沙量 $S'$；在时均情况下应有：

$$\overline{|S'|}=-l\frac{\mathrm{d}\overline{S}}{\mathrm{d}y}$$

由于纵向时均流速 $\overline{u}$ 在沿铅垂方向也存在梯度，在含沙量发生脉动的同时，纵向流速也将发生脉动，同样可写成：

$$\overline{|u'|}=l\frac{\mathrm{d}\overline{u}}{\mathrm{d}y}$$

以上两式之所以符号不同，是因为 $\dfrac{\mathrm{d}\overline{S}}{\mathrm{d}y}$ 为负值，而 $\dfrac{\mathrm{d}\overline{u}}{\mathrm{d}y}$ 为正值。

铅垂脉动流速既然是与纵向脉动流速同时出现，并为产生纵向脉动流速的直接原因，根据连续率可以设想两者成比例关系，即：

$$\overline{|v'|}=c_1\overline{|u'|}=c_1l\frac{\mathrm{d}\overline{u}}{\mathrm{d}y}$$

式中：$c_1$ 为比例常数。

作为近似的表达方式，取：

$$\overline{S'v'} = c_2\ \overline{|S'|}\ \overline{|v'|}$$

式中：$c_2$ 为另一比例常数。

将 $\overline{|S'|}$、$\overline{|v'|}$ 之值代入，即得：

$$\overline{S'v'} = -c_1c_2l^2\frac{\mathrm{d}\overline{u}}{\mathrm{d}y}\frac{\mathrm{d}\overline{S}}{\mathrm{d}y} = -l_s^2\frac{\mathrm{d}\overline{u}}{\mathrm{d}y}\frac{\mathrm{d}\overline{S}}{\mathrm{d}y} \tag{6-11}$$

式中 $l_s$ 等于 $(c_1c_2)^{1/2}l$，即与所谓"掺长"或"混合长度"成比例的特征长度。易得：

$$\varepsilon_s = l_s^2\frac{\mathrm{d}\overline{u}}{\mathrm{d}y} \tag{6-12}$$

由此可见，悬移质扩散系数 $\varepsilon_s$ 是纵向流速梯度 $\dfrac{\mathrm{d}\overline{u}}{\mathrm{d}y}$ 和紊动特征长度 $l_s$ 的函数，是与水流的紊动情况直接相关的。

（2）当水流为二维渐变流时，可取 $\dfrac{\partial\overline{S}}{\partial z}=0$，$\dfrac{\partial}{\partial z}\left(\varepsilon_{sz}\dfrac{\partial\overline{S}}{\partial z}\right)=0$，$v=0$；假定泥沙的纵向扩散远小于垂向扩散，即 $\dfrac{\partial}{\partial x}\left(\varepsilon_{sx}\dfrac{\partial\overline{S}}{\partial x}\right) \ll \dfrac{\partial}{\partial y}\left(\varepsilon_{sy}\dfrac{\partial\overline{S}}{\partial y}\right)$；且沉速不随水深而变，式（6-7）可近似简化为：

$$\frac{\partial\overline{S}}{\partial t} + \overline{u}\frac{\partial\overline{S}}{\partial x} - \frac{\partial}{\partial y}(\omega\overline{S}) = \frac{\partial}{\partial y}\left(\varepsilon_{sy}\frac{\partial\overline{S}}{\partial y}\right) \tag{6-13}$$

（3）更进一步简化，有两种情况研究较多。一种是 $\overline{u}\dfrac{\partial\overline{S}}{\partial x}=0$，式（6-7）可简化为：

$$\frac{\partial\overline{S}}{\partial t} = \frac{\partial}{\partial y}(\omega\overline{S}) + \frac{\partial}{\partial y}\left(\varepsilon_{sy}\frac{\partial\overline{S}}{\partial y}\right) \tag{6-14}$$

该方程式可用来描述静水沉淀池中泥沙的沉淀过程；另一种是 $\dfrac{\partial\overline{S}}{\partial t}=0$，式（6-7）可简化为：

$$\overline{u}\frac{\partial\overline{S}}{\partial x} = \frac{\partial}{\partial y}(\omega\overline{S}) + \frac{\partial}{\partial y}\left(\varepsilon_{sy}\frac{\partial\overline{S}}{\partial y}\right) \tag{6-15}$$

式（6-15）可用来近似描述恒定渐变流的泥沙运动过程。

# 6.2 含沙量沿垂线分布

### 6.2.1 罗斯公式

关于悬移质含沙量沿垂线分布的定量分析，一般只限于二维恒定均匀流不冲不淤的平衡情况。在 6.1 节中，我们已经得到二维恒定均匀流中平衡情况下含沙量沿垂线分布的基本微分方程式（6-10）。求解该式，需要知道悬移质扩散系数 $\varepsilon_s$ 和沉速 $\omega$ 的变化规律，对悬移质扩散系数 $\varepsilon_s$ 以及沉速 $\omega$ 进行不同的处理，将会得到不同的含沙量公式。本节重点介绍最具代表性和实用性的罗斯公式。

从方程式（6-10）出发，罗斯（H. Rouse）在建立二维恒定均匀流平衡情况下悬移质含沙量沿垂线的分布公式时，作了两个重要假设：① $\omega$ 沿水深为定值；② 悬移质扩散系数 $\varepsilon_s$ 等于动量交换系数 $\varepsilon_m$，并采用卡门-普兰特对数流速分布公式：

$$\frac{\overline{u}_{\max}-\overline{u}}{U_*}=\frac{1}{k}\ln\left(\frac{h}{y}\right) \tag{6-16}$$

来确定 $\varepsilon_m$。其中 $\overline{u}_{\max}$ 为垂线上最大时均流速，位置在水面，即 $y=h$ 处，$U_*$ 为摩阻流速，$k$ 为卡门常数。

在二维恒定均匀流中，有如下已知关系式：

$$\tau=\rho\varepsilon_m\mathrm{d}\,\overline{u}/\mathrm{d}y \tag{6-17}$$

$$\tau=\tau_0\left(1-\frac{y}{h}\right) \tag{6-18}$$

$\tau_0$ 为作用在床面上的水流切应力，$h$ 为水深，可求得：

$$\varepsilon_s=\varepsilon_m=\frac{\tau_0\left(1-\dfrac{y}{h}\right)}{\rho\,\dfrac{\mathrm{d}\overline{u}}{\mathrm{d}y}} \tag{6-19}$$

对式（6-16）取导数，得：

$$\frac{\mathrm{d}\overline{u}}{\mathrm{d}y}=\frac{U_*}{k}\frac{1}{y}$$

因此，

$$\varepsilon_s=\varepsilon_m=\frac{\tau/\rho}{\mathrm{d}\,\overline{u}/\mathrm{d}y}=\frac{\tau_0\left(1-y/h\right)}{\rho\mathrm{d}\,\overline{u}/\mathrm{d}y}=kU_*\left(1-\frac{y}{h}\right)y$$

代入式（6-10）得到：

$$\omega\overline{S}+kU_*\left(1-\frac{y}{h}\right)y\,\frac{\mathrm{d}\overline{S}}{\mathrm{d}y}=0 \tag{6-20}$$

或：

$$\frac{\mathrm{d}\overline{S}}{\overline{S}}=-\frac{\omega}{kU_*}\frac{\mathrm{d}y}{(1-y/h)y}=-\frac{\omega}{kU_*}\left(\frac{1}{1-y/h}+\frac{1}{y/h}\right)\frac{\mathrm{d}y}{h}$$

设参考点 $y=a$ 处的时均含沙量 $\overline{S}_a$ 已知（$a$ 为较小的数量），将上式在 $a$ 到 $y$ 的范围内积分，则得：

$$\ln\frac{\overline{S}}{\overline{S}_a}=\frac{\omega}{kU_*}\ln\left(\frac{h-y}{y}\frac{a}{h-a}\right)$$

或：

$$\frac{\overline{S}}{\overline{S}_a}=\left(\frac{h/y-1}{h/a-1}\right)^{\frac{\omega}{kU_*}} \tag{6-21}$$

式（6-21）即为二维恒定均匀流在不冲不淤的相对平衡情况下，时均含沙量沿垂线分布的计算式，由罗斯于 1937 年提出，因此又称为罗斯公式。

式（6-21）中的 $\omega/kU_*$ 称为"悬浮指标"，这个指标实质上代表了重力作用与紊动扩散作用的相互关系。重力作用通过 $\omega$ 来表达，紊动扩散作用通过 $kU_*$ 表达。悬浮指标 $\omega/kU_*$ 越大，表示重力作用相对越强，悬移质难以悬浮，含沙量沿水深分布不均匀；反之，表示紊动扩散作用相对越强，悬移质可以得到充分悬浮，含沙量沿水深分布越均匀。图6-3中以悬浮指标 $\omega/kU_*$ 为参变数，对于不同的悬浮指标值，得到不同的相对含沙量的分布曲线。由这一组曲线可以清楚地看出，$\omega/kU_*$ 的数值越大，相对含沙量沿垂线分布越不均匀；$\omega/kU_*$ 的数值越小，底层含沙量和表层含沙量差别越小，相对含沙量沿垂线分布越均匀。当 $\omega/kU_* \geqslant 5$ 时，以悬浮形式运动的泥沙数量甚微，可以将 $\omega/kU_* \approx 5$ 看成泥沙进入悬浮状态的临界值。

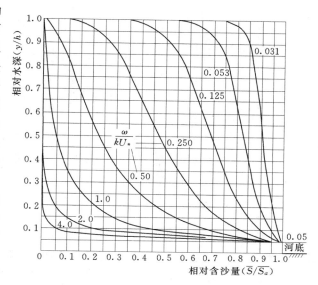

图6-3 按式（6-21）计算的相对含沙量
$\overline{S}/\overline{S}_a$ 沿垂线分布

## 6.2.2 公式的验证

罗斯公式提出来之后，众多学者对该式的可靠性进行了验证。验证工作包括两个方面：一方面是验证公式的结构是否正确；另一方面是检验由实测资料得到的指数值 $z$ 是否等于计算值 $\omega/kU_*$。

1. 公式结构的检验

图6-4是范诺尼（V. A. Vanoni）用实验室资料在半对数坐标纸上点绘的。可以看出，点群都落在直线附近，这说明罗斯公式的结构是正确的，图中直线的斜率就是式（6-21）中的指数 $z$，它由实测资料得到，故以 $z_1$ 表示。

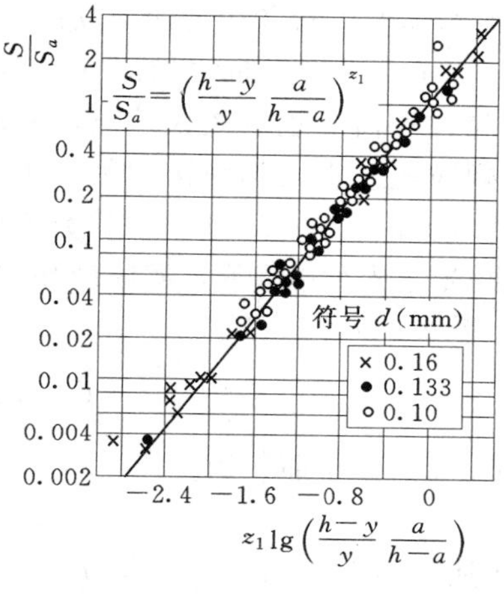

虽然罗斯公式的结构是正确的，但实测指数值 $z_1$ 与计算值 $z=\omega/kU_*$ 之间仍有一定的差别。一般来说，如果泥沙颗粒较细，含沙浓度较小，实测指数值 $z_1$ 与理论值 $z$ 还比较符合；如果泥沙颗粒较粗，含沙浓度较大时，实测指数值 $z_1$ 比理论值 $z$ 小。爱因斯坦与钱宁曾通过水槽试验资料绘制了如图6-5所示的 $z_1$ 与 $z$ 的关系曲线，由图可见，在泥沙粒径较细，紊动强度较大时，亦即当 $z$ 值较小时，实测值与理论值的出入不大；当 $z$ 较大时，实测值小于理论值，随着 $z$ 增加，两者差距愈大。

悬移质扩散理论中的实测指数值与计算指数值不尽相符，一般认为是由于推导过程中假定泥

图6-4 悬移质含沙量沿垂线
分布的室内实验结果

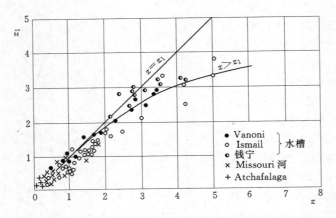

图 6-5　实际指数 $z_1$ 与计算值 $z$ 的关系（1）

沙交换系数 $\varepsilon_s$ 与动量交换系数 $\varepsilon_m$ 相等的缘故。实际上，泥沙交换系数与动量交换系数是有一定差别的。例如，当泥沙颗粒与漩涡的大小属于同一数量级时，对泥沙的扩散作用不大，但却可以引起动量的交换；此外，由于泥沙的惯性，它不可能与高频率的紊流脉动完全合拍，对于较粗的泥沙，这种不一致就更为明显。范诺尼根据实测的含沙量及流速垂线分布绘出了泥沙交换系数 $\varepsilon_s$ 和动量交换系数 $\varepsilon_m$ 沿垂线的分布，发现这两条曲线在外形上虽然十分相似，但数值并不完全相等，泥沙交换系数 $\varepsilon_s$ 一般略大于动量交换系数 $\varepsilon_m$，据此，范诺尼假定 $\varepsilon_s = \beta\varepsilon_m$（其中 $\beta$ 为大于 1 的比例常数，随泥沙粗细而异）。这样，悬浮指标的表达式可以改写成：

$$z = \frac{\omega}{\beta k U_*} \tag{6-22}$$

从而可以与实测值 $z_1$ 取得一致。

需要指出的是，对于 $\beta$ 值，目前还没有一致的看法，也有学者从试验中得到粗颗粒泥沙 $\beta < 1$ 的结果，在这里不作详细的讨论，有兴趣的读者可参考相关的文献。

谢鉴衡等通过大量天然河流实测资料点绘得到 $z_1$ 与 $z$ 的关系曲线如图 6-6 所示，可以看出，当 $z$ 甚小时（$z < 0.06$），实测值 $z_1$ 与计算值 $z$ 也有较大偏离，实测值 $z_1$ 较计算值 $z$ 偏大，且趋于常数。这可能与极细颗粒泥沙在天然河流中易产生絮凝，使沉速增大有关；从图中还可以看出，当 $z$ 相对较大时（$z > 0.4$），$z_1$ 的数值较钱宁曲线为小，产生这一差异，主要是定线时所依据的资料不同所致。实际应用时，在天然河流中可按谢鉴衡参考实测资料得到的经验关系式：

$$z_1 = 0.034 + \frac{e^{1.5z} - 1}{e^{1.5z} + 1} \tag{6-23}$$

来确定 $z_1$。对于形态规则的人工水槽，则采用如图 6-5 的钱宁曲线为宜。

2. 罗斯公式的改进

利用罗斯公式计算含沙量分布，除了存在如前所述的精度问题外，还有另一个问题，就是计算得到的水面含沙量恒等于零，床面的含沙量为 ∞。这显然是不符合实际的。出现水面含沙量为 0 以及水面附近计算含沙量偏小的原因在于推导中采用了对数

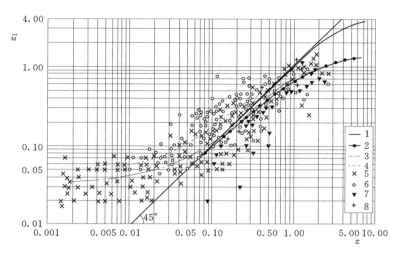

图 6-6 实际指数 $z_1$ 与计算值 $z$ 的关系（2）

流速分布公式。如前所述，流速分布公式决定流速梯度 $du/dy$，采用不同的流速分布公式将得到不同的含沙量分布。因水面处的切应力为零，而采用对数流速分布后水面处的流速梯度不为零，于是根据式（6-19），紊动扩散系数 $\varepsilon_s$ 必须为零，意味着水面处没有泥沙扩散，使得水面含沙量总是零，这与实际是不符的。为了克服罗斯公式的缺点，许多学者作了更进一步的研究：① 通过选用适当的流速分布公式，避免含沙量在水面总是为零的缺点；② 考虑泥沙颗粒与水团间的相互作用以及泥沙悬浮对水流的影响；③ 考虑泥沙颗粒沉速 $\omega$ 沿水深变化的关系。以上三方面研究取得的成果较多，在这里不做详细介绍，仅将有代表性的成果列于表 6-1。

表 6-1　　　　　　　　　　　几家具有代表性的修正公式

| | |
|---|---|
| 莱恩－卡林斯基（Lane E. W & Kalinske A. A）公式[1] | $\dfrac{S}{S_a} = e^{-6\frac{\omega}{kU_*}(\frac{y}{h}-\frac{a}{h})}$ |
| 张瑞瑾公式[2] | $\dfrac{S}{S_a} = e^{\frac{\omega}{kU_*}[f(\eta)-f(\eta_a)]}$，其中 $\eta=1-y/h$ |
| 扎古斯廷（Zagustin. K）公式[3] | $\dfrac{S}{S_a} = e^{-\frac{\omega}{kU_*}\int_{a/h}^{y/h}\frac{y/h}{\psi}}$，其中 $\psi=\dfrac{1}{3}\sqrt{1-\dfrac{y}{h}}\left[1-\left(1-\dfrac{y}{h}\right)^3\right]$ |
| 劳尔森（Laursen E. M）公式[4] | $\dfrac{S}{S_a} = \left(\dfrac{a}{y}\right)^{\frac{\omega}{kU_*}}$ |
| 亨特（Hunt）公式[5] | $\dfrac{S}{S_a} = \left[\dfrac{\sqrt{1-\dfrac{y}{h}}}{\sqrt{1-\dfrac{a}{h}}}\dfrac{B^*-\sqrt{1-\dfrac{a}{h}}}{B^*-\sqrt{1-\dfrac{y}{h}}}\right]^{\frac{\omega_0}{kU_*}}$ |
| 陈永宽公式[6] | $\dfrac{S}{S_a} = e^{-P(m^4-4m^3+m^2+6m)(\xi-\xi_a)}$，其中 $m$ 为指数流速分布的指数值，$P=\dfrac{\omega C}{U_*\sqrt{g}}$，$\xi=\left(\dfrac{y}{h}\right)$，当 $P<5$ 时，可略去高阶项 $m^4$ 和 $m^3$ |

| | |
|---|---|
| 汪富泉、丁晶公式[7] | $\dfrac{S}{S_a}=e^{-\frac{\overline{\omega}}{c_n\overline{U_*}}\left\{\arcsin\left[\frac{2y}{h}-1-\arcsin(\frac{2a}{h}-1)\right]\right\}}$，$c_n=0.375k$ |
| 倪晋仁公式[8] | $\displaystyle\int_{s_{va}}^{s_v}\dfrac{dS_v}{S_v(1-S_v)^a}=\int_a^h\dfrac{\sqrt{2\pi}\frac{\omega_0}{U_*}}{y(1-y/h)^n}dy$（含沙量 II 型分布统一公式） |
| 张小峰、陈志轩公式[9] | $\dfrac{S_v}{S_{va}}=\dfrac{(a/y)^z}{1-m_0 S_v+m_0 S_v\,(a/y)^z}$，其中 $m_0$ 为大于 1 的系数 |

公式（6-21）给出的是相对含沙量 $\overline{S/S_a}$，必须知道参考点 $y=a$ 处的时均含沙量 $\overline{S_a}$ 才能求得绝对含沙量的垂线分布。如果希望由水流条件及泥沙条件计算 $\overline{S_a}$，则 $a$ 一般尽可能靠近河底，称 $\overline{S_a}$ 为临底含沙量。然而 $a$ 究竟取多大是不易确定的，从概念上说，临底含沙量应该指床面层顶端附近，悬移质分布最低点处的含沙量。

另外，前面叙述的是均匀沙的情况，对于不均匀沙的处理一般可分为两种情况：①各级配泥沙间无相互干扰，则可把悬移质按大小划分为若干粒径级，每个粒径级的沙均按罗斯公式计算其含沙量分布，再将同一水深处的各含沙量相加，就可得到总的含沙量分布；②沙粒间有相互干扰的情况，由于这种情况的过程十分复杂，目前的研究尚不成熟。

# 6.3　水流挟沙力

## 6.3.1　床沙质与冲泻质

根据运动形式及性质的不同，可以把泥沙分为推移质和悬移质；而按照泥沙相对于河床组成的粗细及来源的不同，运动泥沙又可分为床沙质和冲泻质。

早在 1940 年，爱因斯坦等人通过分析大量床沙及运动中泥沙的级配曲线时发现，床沙中粗的颗粒多于细的颗粒，运动中的泥沙则是细的颗粒多于粗的颗粒。而且，运动泥沙较细的一部分颗粒在床沙中含量很少，甚至几乎没有，这些细颗粒在运动过程中与床沙几乎没有交换。进一步点绘不同粒径级泥沙输沙率与水力要素间的关系曲线（图 6-7）发现，运动泥沙中粗颗粒泥沙输沙率与流量之间有较明确的关系，而细颗粒的泥沙输沙率与流量的关系则并不明显。

出现这种现象是因为运动泥沙与床沙的组成有很大的差异。运动的泥沙包括推移质和悬移质两部分，推移质在床面附近运动，其组成与床沙相差不大，上述现象尚不明显；悬移质的组成与床沙则有明显的差异。由图 6-8 可见，悬移质中较粗的那一部分泥沙是床沙中大量存在的，有充分的机会和床沙进行交换，因此称为"床沙质"。悬移质中较细的那一大部分以及推移质中的极小部分是床沙中很少或几乎不存在的，它们源于上游的流域冲蚀，是被水流长途挟带输送到本河段的，因此称为"冲泻质"。如果上游进入本河段的床沙质数量较少，水流携带床沙质的能力有富余，就会从床沙中攫取泥沙得到补充，直到达到它所能携带的数量为止，在这个过程中，河床发生冲

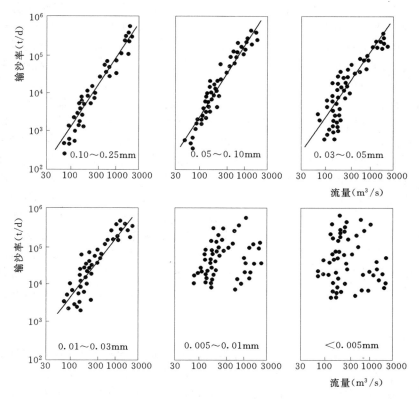

图 6-7 同一河流中不同粒径级泥沙的输沙率与流量间的关系

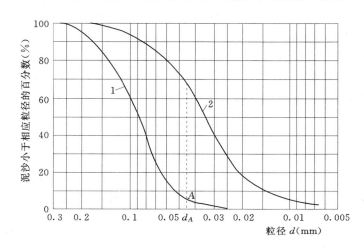

图 6-8 床沙与悬移质的组成对比

1—床沙；2—悬移质

刷；反之，若上游进入本河段的床沙质数量过多，则多余的部分就会落淤，河床发生淤积。由此可见，在不冲不淤的相对平衡状态下，床沙质数量可以由水流条件和床沙组成条件确定下来。冲泻质却与此不同，它不可能在本河段床沙中得到充分补给，一般处于次饱和状态，其数量基本取决于流域的供沙，所涉及的因素非常复杂，因此，冲泻质泥沙的数量不可能由本河段的水流和床沙组成条件来确定，这就使得冲泻质的输沙率与河流的流量间没有明确的关系，这就是图 6 - 7 中细颗粒泥沙输沙率与水流条件关系散乱的原因。

需要强调指出的是，"床沙质与冲泻质"以及"推移质与悬移质"是对运动中的泥沙两套不同的命名，不可把它们混淆起来。床沙质和冲泻质中同时包含有推移质和悬移质；自然，冲泻质因为较细，主要以悬移的形式运动，它在推移质中为数甚微，因而在研究推移质运动时通常不予考虑。从概念上讲，把悬移质与冲泻质等同起来，把床沙质与推移质等同起来，或者认为床沙质只以悬移形式运动，都是不正确的。

床沙质与冲泻质既有区别，又相联系，它们在一定条件下可以相互转化，两者间的划分不是绝对的，而是相对的。例如在同一河段，因为洪水期与枯水期河床剧烈冲淤，或者因为修建水库后，处于坝下冲刷段或处于水库淤积区，其床沙组成发生变化，床沙质与冲泻质的划分也将随之而异。较常采用的划分床沙质与冲泻质的方法有两种：①以床沙粒配曲线靠近下端的曲率最大处（图 6 - 8 中 A 点）作为划分床沙质与冲泻质的临界粒径；②如果在床沙级配曲线中缺乏上述明显分界点，则取床沙粒配曲线中与纵坐标 5% 相应的粒径作为临界粒径。

## 6.3.2　水流挟沙力及其计算公式

水流挟沙力系指在一定的水流及边界条件下，水流所能挟带并通过河段下泄的包括推移质和悬移质在内的全部泥沙。水流实际输送的和它所能挟带的泥沙数量常常是不相等的。前者大于后者，则水流处于超饱和状态，河流沿程发生淤积；反之，则水流处于次饱和状态，河流沿程冲刷。水流挟沙力反映的是河流不冲不淤、水流处于饱和状态的临界情况。在平原河流中，悬移质占输沙的主体，推移质一般可忽略不计，同时，水流挟带的悬移质中，只有床沙质的数量与水流及床沙组成条件有明确的关系。因此，往往将水流挟沙力仅限于水流挟带悬移质中床沙质的能力。本节讨论的水流挟沙力是仅就悬移质中的床沙质而言的。根据冲淤平衡情况下的悬移质含沙量垂线分布公式，水流挟沙力可写为：

$$S_* = \frac{g_s}{q} = \frac{\int_a^h \overline{u}\,\overline{S}\,\mathrm{d}y}{\int_0^h \overline{u}\,\mathrm{d}y} \qquad (6 - 24)$$

式中：$g_s$ 为单宽输沙率；$q$ 为单宽流量；$\overline{u}$、$\overline{S}$ 为距床面 $y$ 处的流速及悬移质含沙量。

$S_*$ 为一定水流与泥沙条件下，河流处于不冲不淤临界状态时，单位水体所能挟带的悬移质中床沙质数量的平均值，即水流挟沙力。

显然，只要确定临底含沙量 $\overline{S_a}$ 即可通过式（6 - 24）求得水流挟沙力。然而在实际中，河底含沙量 $\overline{S_a}$ 的确定十分困难，因此，许多科学工作者致力于建立经验或半经验公式来推求水流挟沙力。下面着重介绍张瑞瑾水流挟沙力公式的建立过程及其应用。

张瑞瑾通过对大量实测资料的分析，并结合水槽中阻力损失及水流脉动流速的实验研究成果，认为悬移质具有"制紊作用"。在此认识的指导下，建立了如下的能量平衡方程式：

$$E_0 - E_s = \Delta E \tag{6-25}$$

式中：$E_s$ 为单位流程中、单位时间中浑水水流的能量损失；$E_0$ 为单位流程中、单位时间内其他条件与浑水水流相似的清水水流的能量损失；$\Delta E$ 为 $E_0$ 与 $E_s$ 两者之差，称为"制紊功"。

在均匀流中，以 $A$ 代表过水断面面积，$S_v$ 代表以体积百分数计的床沙质含沙量，$U$ 代表断面平均流速，$J_s$ 及 $J$ 分别代表浑水水流及清水水流的比降，$\gamma_s$ 及 $\gamma$ 分别代表床沙质及水的容重，则有：

$$E_0 = \gamma A U J$$
$$E_s = \gamma(1-S_v)AUJ_s + \gamma_s S_v AUJ_s$$

将上述两式代入能量平衡方程式，得：

$$\gamma(1-S_v)AUJ_s + \gamma_s S_v AUJ_s = \gamma AUJ - \Delta E \tag{6-26}$$

$\Delta E$ 如何表达，在当前仍是一个困难问题。张瑞瑾通过因次分析法则来建立 $\Delta E$ 的表达式。考虑到 $\Delta E$ 主要与床沙质中的有效重率 $\gamma_s - \gamma$、过水断面面积 $A$、含沙量 $S_v$ 以及床沙质的沉速 $\omega$ 等有关，因此可令：

$$f_1(\Delta E, \gamma_s - \gamma, A, S_v, \omega) = 0$$

运用 $\pi$ 定律，可得：

$$f_2 \left[ \frac{\Delta E}{(\gamma_s - \gamma)A\omega}, S_v \right] = 0$$

或

$$\Delta E = (\gamma_s - \gamma)A\omega f_3(S_v)$$

上式中的 $f_3(S_v)$ 的具体形式不易确定。但是，按照制紊作用的观点，$S_v$ 越大，则 $\Delta E$ 也越大；当 $S_v = 0$ 时，$\Delta E = 0$。故 $f_3(S_v)$ 可以近似地用指数关系式表达，即：

$$f_4(S_v) = C_1 S_v^\alpha$$

此处 $C_1$ 为正值无因次系数，$\alpha$ 为正值指数。

将 $E_0$、$E_s$ 及 $\Delta E$ 的关系代入式（6-26）得：

$$\gamma AUJ - [\gamma(1-S_v)AUJ_s + \gamma_s AUJ_s] = C_1(\gamma_s - \gamma)A\omega S_v^\alpha$$

略去等号左侧得相对微小项 $(\gamma_s - \gamma)S_v UJ_s$，并加以整理，可得：

$$S_v^\alpha = \frac{\gamma}{C_1(\gamma_s - \gamma)\omega} \frac{U}{\omega}(J - J_s) \tag{6-27}$$

因

$$J = f\frac{1}{4R}\frac{U^2}{2g}, \quad J = f_s\frac{1}{4R}\frac{U^2}{2g}$$

此处 $f$ 及 $f_s$ 分别为清、浑水水流的阻力系数，故式（6-27）可改写为：

$$S_v^\alpha = \frac{\gamma}{8C_1(\gamma_s - \gamma)}(f - f_s)\frac{U^2}{gR\omega} \tag{6-28}$$

式中 $f - f_s$ 与含沙量 $S_v$ 有关，$S_v$ 越大，$f - f_s$ 也越大；当 $S_v = 0$ 时，$f - f_s = 0$。故可近似地以下式表达：

$$f - f_s = C_2 S_v^\beta$$

此处 $C_2$ 为正值无因次系数，$\beta$ 为正值指数。将 $f - f_s$ 的关系式代入式（6-28）

并加以整理，得：

$$S_v = \left(\frac{C_2}{8C_1}\right)^{\frac{1}{\alpha-\beta}}\left(\frac{U^3}{\frac{\gamma_s-\gamma}{\gamma}gR\omega}\right)^{\frac{1}{\alpha-\beta}}$$

令 $\left(\dfrac{C_2}{8C_1}\right)^{\frac{1}{\alpha-\beta}}=c$，$\dfrac{1}{\alpha-\beta}=m$，$\dfrac{\gamma_s-\gamma}{\gamma}=a$，则：

$$S_v = c\left(\frac{U^3}{agR\omega}\right)^m \tag{6-29}$$

上式改写为：

$$S = c\gamma_s\left(\frac{U^3}{agR\omega}\right)^m \tag{6-30}$$

令 $\dfrac{c\gamma_s}{a^m}=K$，并以 $S_*$ 代表不冲不淤临界情况下的含沙量，得：

$$S_* = K\left(\frac{U^3}{gR\omega}\right)^m \tag{6-31}$$

式（6-31）为按照悬移质具有制絮作用的观点推导出来的水流挟沙力公式。

张瑞瑾通过收集长江、黄河、官厅水库、三门峡水库、若干灌溉渠道和室内水槽的广泛实测资料对式（6-31）的正确性进行了验证（图 6-9）。这些实测资料的水流均处于或接近于饱和平衡状态。从实测资料可以看出，式（6-31）中的系数 $K$ 与指数 $m$ 不是常数，而是随无因次量 $U^3/gR\omega$ 而改变的；$K$ 与 $m$ 及 $U^3/gR\omega$ 的具体关系如图 6-10 所示。

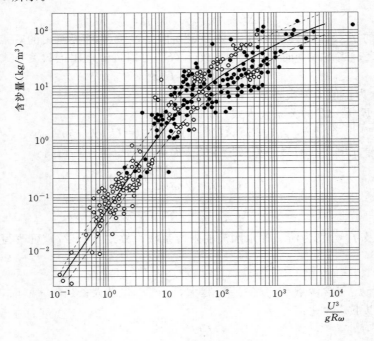

图 6-9　$S_*$ 与 $U^3/gR\omega$ 的关系

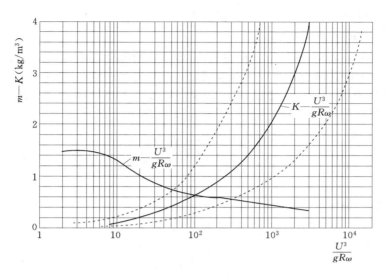

图 6-10    $K$、$m$ 与 $U^3/gR\omega$ 的关系

由式（6-31）可以看出，$U^3/gR\omega$ 可看成由无量纲因素 $U^2/gR$ 与 $\omega/U$ 之比组成，而 $U^2/gR$ 为水流弗汝德数，可代表水流紊动强度；$\omega/U$ 可代表相对重力作用。因此，$U^3/gR\omega$ 就可看作是代表紊动作用与重力作用的对比关系；其值越大，临界含沙量 $S_*$ 也越大。当来流含沙量大于 $S_*$ 时，河床将发生淤积，其结果使得断面平均流速 $U$ 增加，水深 $h$ 减小，水力半径 $R$ 减小，悬沙细化，因而沉速 $\omega$ 减小，其综合作用使得 $S_*$ 增加，逐渐趋向于 $S$，即朝不淤的方向发展。当来流含沙量小于 $S_*$ 时，河床将发生冲刷，其结果使得断面平均流速 $U$ 减小，水深 $h$ 增加，水力半径 $R$ 增加，悬沙粗化，因而沉速 $\omega$ 增加，其综合作用使得 $S_*$ 减小，逐渐趋向于 $S$，即朝不冲的方向发展。这一过程称为河床的自动调整作用。

根据实践经验，为了较好地运用水流挟沙力公式，以下几点值得注意。

（1）建立此公式时，所引用的实测资料的变幅为：含沙量在 $10^{-1}\sim10^2\,\mathrm{kg/m^3}$ 之间，$U^3/gR\omega$ 在 $10^{-1}\sim10^4$ 之间，因此，该式仅适用于中、低含沙量的挟沙力计算，对于高含沙水流情况，本公式是不能搬用的。

（2）在运用中，$m$ 及 $K$ 值的准确选定是重要的。如研究河段有可用的实测资料，$m$ 及 $K$ 值最好利用实测资料确定，反之，如无合用的实测资料，则可参考图 6-9 及图 6-10 慎重选定，在选定中最好能参考条件与研究对象比较接近的江河作为比照。

（3）在点绘 $S_*$ 与 $U^3/gR\omega$ 的关系图时，虽然是尽可能采用河道处于不冲不淤的平衡状态，亦即含沙量处于饱和状态的实测资料，但是在天然河流运动过程中平衡是相对的，不平衡是绝对的。大量遇到的情况是，挟沙水流从超饱和状态通过淤积的方式向饱和状态发展，或者从次饱和状态通过冲刷方式向饱和状态发展。在图 6-9 中，代表水流挟沙力的曲线（实线）的上下另绘两条曲线（虚线），分别代表淤积过程中和冲刷过程中的平均情况，当所分析的过程处于淤积状态，可酌量采用上虚线为标准；当所分析过程处于冲刷状态，则酌量采用下虚线。

### 6.3.3　高含沙水流的挟沙力公式

由于现有大多数水流挟沙力公式在高含沙水流情况下是不适用的，许多学者对高含沙水流挟沙力的计算方法进行了深入研究，并取得了一定的成果。

曹如轩[13]根据悬浮功与势能的关系，在考虑了含沙量对沉速和粒径的影响后，利用有关实测资料，得到高含沙水流挟沙力关系式为：

$$S_v = 0.00019\left[\frac{U^3}{R\omega g(\gamma_s-\gamma_m)/\gamma_m}\right]^{0.9} \tag{6-32}$$

式中：$S_v$ 为以体积百分比计的床沙质含量；$\omega$ 为床沙质部分的群体沉速；$\gamma_m$ 为浑水容重。

水流所能挟带的最大临界粒径为：

$$d_0 = \sqrt{\frac{18\nu UJ}{\frac{\gamma_s-\gamma}{\gamma}g\left(1-\frac{S_v}{2\sqrt{d_{50}}}\right)^3}} \tag{6-33}$$

水流中泥沙粒径小于 $d_0$ 的部分为冲泻质，大于 $d_0$ 的部分为床沙质。

由上式可知，只要注意到高含沙水流中含沙量对 $\gamma_m$ 和 $\omega$ 的影响，就可以看出高含沙素流与一般挟沙水流的挟沙力规律是一致的。由于高含沙水流中群体沉速 $\omega$ 和 $\frac{\gamma_s-\gamma_m}{\gamma_m}$ 均随含沙量增大而大幅度减小，所以高含沙水流的挟沙力比一般挟沙水流可增大很多。

张红武从水流能量消耗应为泥沙悬浮功和其他能量损耗之和的关系出发，考虑了泥沙存在对卡门常数及沉速等的影响，给出了半理论半经验的水流挟沙力公式[14]：

$$S_* = 2.5\left[\frac{(0.0022+S_v)U^3}{\kappa\dfrac{\gamma_s-\gamma_m}{\gamma_m}gh\omega}\ln\left(\frac{h}{6d_{50}}\right)\right]^{0.62} \tag{6-34}$$

式中单位用 kg、s、m；浑水沉速 $\omega$ 及卡曼常数 $\kappa$ 分别采用以下公式：

$$\omega = \omega_0\left[\left(1-\frac{S_v}{1.25\sqrt{d_{50}}}\right)^{3.5}(1-1.25S_v)\right] \tag{6-35}$$

$$\kappa = \kappa_0\left[1-4.2\sqrt{S_v}(0.365-S_v)\right] \tag{6-36}$$

式中：$\kappa_0$ 为清水卡门常数，采用 0.4。

式（6-34）经包括了黄河、长江、渭河、辽河及美国 Muddy River 等河流实测资料的验证，实测资料的含沙量变化为 $0.15\sim1000\text{kg/m}^3$，计算值与实测值符合较好，所以该公式不仅适用于一般挟沙水流挟沙力计算，也适用于高含沙水流挟沙力的计算。

参　考　文　献

[1]　Lane E W and Kalinske A A. Engineering Calculation of Suspended Sediment [J], Trans. A-mer. Geophys. Union，1941，603-607.

[2]　张瑞瑾，谢鉴衡，等．河流泥沙动力学［M］．北京：水利电力出版社，1989．

[3]　Zagustin A, Zagustin K. Analytical Solution for Turbulent Flow in Pipe［J］. La Houille Blanche, 1969（2）：113 - 118.

[4]　Laursen E M. The total sediment load of streams［J］. Journal of the Hydraulics Division, ASCE 1958（1）.

[5]　Hunt J N. The Turbulent Transport of Suspended Sediment in Open Channels［J］, Proceedings of Royal Society of Londan, Series A,（224），1954.

[6]　陈永宽．悬移质含沙量沿垂线分布［J］．泥沙研究，1984,（1）：31 - 40．

[7]　汪富泉，丁晶．论悬移质含沙量沿垂线的分布［J］．水利学报，1998，44 - 49．

[8]　倪晋仁，王光谦，张红武．固液两相流基本理论及其最新应用［M］．北京：科学出版社，1991．

[9]　张小峰，陈志轩．关于悬移质含沙量沿垂线分布的几个问题［J］．水利学报，1990,（10）：41 - 48．

[10]　黄河水利科学研究所．黄河水流挟沙能力问题的初步研究［J］．泥沙研究，1958，3（2）．

[11]　沙玉清．泥沙运动的基本规律［J］．泥沙研究，1956，1（2）．

[12]　范家骅．渠道悬移质含沙量的经验关系式［J］．泥沙研究，1957，2（1）．

[13]　曹如轩．高含沙水流挟沙力的初步研究［J］．水利水电技术，1979,（5）．

[14]　张红武，张清．黄河水流挟沙力的计算公式［J］．人民黄河，1992，7 - 9．

# 第7章

## 流域侵蚀与水土保持

流域侵蚀是指在内外力共同作用下，流域内地表土层剥离、输移的过程，从而导致流域自然环境的改变如地形起伏变化、水土资源质与量的改变等。流域侵蚀是流域内水系发展和流域地貌演变的基本动力，并且是泥沙输移与沉积的物质来源，在它们的共同作用下，流域整体海拔逐渐降低，最终形成准平原，而且水系也逐渐达到均衡状态，形成稳定的流域地貌系统和水系结构。流域侵蚀根据侵蚀动力分为水力侵蚀、风力侵蚀、重力侵蚀和人为侵蚀四种类型。作为流域侵蚀的一个重要方面，本章重点讨论以水力侵蚀为主的土壤侵蚀问题及其防治。

## 7.1 土 壤 侵 蚀

### 7.1.1 土壤侵蚀过程

土壤侵蚀有狭义和广义之分。狭义的土壤侵蚀是指地面土壤在外营力作用下破坏、分离、搬运和沉积的过程。广义的土壤侵蚀是指地表土壤及其母质在内外营力共同作用下破坏、分离、搬运和沉积的过程。其中内营力包括地震、火山爆发等现代构造运动及重力作用，外营力包括水力、风力、冻融、冰川等外力作用及人类活动等。

水力侵蚀主要是降雨、径流具有的能量和侵蚀力对土壤作用的过程，若侵蚀力大于土壤的抗侵蚀力，侵蚀会发生；反之不会发生侵蚀。其中侵蚀类型主要包括雨滴溅蚀和径流的冲蚀。前者的动力主要来自空中下落雨滴所具有的能量，而后者取决于径流水动力、径流剪切力等侵蚀参数，两者对土壤侵蚀的作用机制显著不同。

雨滴溅蚀作用是指降雨雨滴动能作用于地表土壤而做功，导致土粒分散、溅起，以及通过增强地表薄层径流紊动导致地表径流输沙能力增大的现象。雨滴溅蚀主要表现在三个方面：破坏土壤结构，分散土体或土粒，造成土壤表孔隙减少或者堵塞，形成"板结"引起土壤渗透性下降，利于地表径流形成和流动；直接打击地表，导致土粒飞溅并沿坡面向下迁移；雨滴打击增强了地表薄层径流的紊动强度，导致降雨侵蚀和地表径流输沙能力增大。根据土壤湿润情况，雨滴溅蚀可分为三个阶段：雨滴与干土溅蚀、土—水混合物溅蚀、土—坡面径流侵蚀。

坡面水流形成初期，由于地形起伏的影响，没有固定的路径，在缓坡地上，薄层水流的速度较小，能量不大，冲刷力微弱，只能较均匀地带走土壤表层中细小的呈悬浮状态的物质和一些松散物质，即形成层状侵蚀。当地表径流汇集的面积不断增大，同时又继续接纳沿途降雨，到一定距离后，坡面水流的冲刷能力便大大增加，产生较强的坡面冲刷，在地表上逐渐形成细小而密集的沟，随之径流相对集中，侵蚀力变强，称为细沟侵蚀。

### 7.1.2　水力侵蚀过程影响因子

对水力侵蚀来讲，土壤侵蚀主要由以下几个因素的综合作用而产生：降雨侵蚀力、土壤可蚀及可冲性、坡面陡度及长度、地面覆盖度和土壤保持措施等。

1. 降雨因子

降水特征与土壤侵蚀的关系最为密切，其中降雨又是最重要的因子。许多研究者根据野外及试验资料提出各种降雨特征（雨滴动能、降雨量、降雨强度、降雨历时、降雨类型以及它们的组合）作为降雨侵蚀力指标。如 Wischmeier and Smith 等（1978）分析美国 35 个土壤保持试验站 8250 个小区的降雨侵蚀实测资料后，发现暴雨动能与最大 30min 降雨强度的乘积 $EI_{30}$ 是判断土壤流失的最好指标。

2. 地质地貌因子

地质条件是影响土壤侵蚀的重要因素之一，其中又以新构造运动、地质构造和岩性影响较为显著。所谓新构造运动，是指喜马拉雅运动中主要褶皱期第三纪中期以后的运动，特别是指第四纪与现代的地壳运动而言。新构造运动引起地面的抬高或沉降，从而导致侵蚀基准的变化，凡是抬升区所在流域都侵蚀，下沉区则为泥沙堆积区。在地质构造中，则以岩层接触关系、岩层产状和节理对土壤侵蚀的影响较为重要。一般说来，坚脆岩层，节理发育较密；在复杂构造区，岩层强烈变形，节理也特别发育。节理发育的程度影响着降水下渗、基岩风化及为侵蚀提供松散物质的能力。就岩性而言，它对风化过程、风化产物、土壤类型及其抗蚀、抗冲性都有重要影响，对于沟蚀的发生发展以及崩塌、滑坡、泻溜等侵蚀活动亦有密切关系。

地貌与侵蚀的关系十分密切，其作用表现有两个方面：一是地貌类型区域变化影响侵蚀特点的宏观差异；二是地貌形态特征（坡度、坡长、坡向及坡形等）制约着侵蚀过程的强弱变化。

坡度和坡长是地面形态的主要要素。许多研究者通过统计分析，认为土壤侵蚀量与坡度呈幂函数关系，但坡度指数变化幅度较大（大多数在 0.5～2.5 之间，黄土高原在 1.0～1.8 之间）。据研究表明：坡度在 18° 以下土壤冲刷量与坡度呈直线相关，坡度在 18°～25° 间土壤冲刷量与坡度呈指数关系，坡度在 25° 以上，土壤冲刷量随坡度反而减少。一般认为，土壤侵蚀量并不是随着坡度的增大而无限的增大，它总是存在着一个由大变小的临界坡度。多数研究者认为临界坡度在 25°～28° 之间，但也有认为在 35°～40° 的报道，只是这一结论是根据坡面水流作用推导的。坡长与土壤侵蚀量的关系比较复杂，在不同土壤、不同地面坡度和不同降雨量的情况下，所得试验结果不同。

### 3. 土壤特性及组成

影响土壤抗侵蚀特性的因素众多，常把土壤的抗侵蚀性分为抗蚀和抗冲两部分，前者指土壤抵抗水的分散和悬移的能力，决定于土壤的分散率、侵蚀率、分散系数、团聚度等，主要与土壤中的黏粒、有机质含量、胶体性质有关；后者则指土壤抵抗地面径流机械破坏和推移的能力，取决于土质的松紧、厚度、土块在静水中的崩解和冲蚀情况，主要与土体的紧实度以及植物根系的数量和固结情况有关。但土壤的这两种特性难以截然分开，相互之间具有一定的联系。

土壤的抗蚀性问题，土壤学家多年研究认为土壤抗蚀性和土壤物理性质关系密切，提出了两种指标。一是从机械组成考虑，其次是从团聚度和团聚体稳定性分析。土壤的抗冲性指标，基于不同的试验设计提出了不同的研究指标，主要包括：采用单位水量的冲刷值 $M(kg/L)$ 作为其抗冲性指标；在一定坡度、一定雨强下，冲刷 1g 土所需的时间来表征土壤抗冲性能的强弱；用冲走 1g 土所需的力（kg）作为抗冲性指标；以单位径流深的冲刷侵蚀力 $KW[kg/(m^2 \cdot mm)]$ 作为土壤抗冲性指标等。

影响土壤抗冲性强弱主要取决于两个方面：一是植物根系的分布、盘绕固结作用；二是有机无机复合体对胶结土粒的影响。近几年在土壤抗冲性研究方面进展较快的是关于植物根系与土壤抗冲性关系的研究。如通过对油松林根系的试验研究，发现土壤抗冲性的强化值与不大于 1mm 须根密度关系显著相关。若采用保留和去掉茎叶两种处理方法，模拟黄土高原几种常见的天然草本植物根系提高表层土壤抗冲刷能力，表明草本植物地上部分茎叶对减少土壤冲刷起一定作用，地下部分根系在降低土壤冲刷量方面起决定性作用。

### 4. 植被因子

植被抑制侵蚀机理，首先是植物枝叶的截留作用，然后是枯枝落叶层的防冲作用和减少地表径流量的功能，最后是植物根系的固土作用和改良土壤理化性质以提高土壤的抗蚀抗冲能力。此外，植被可改良环境质量，提供野生动物栖息，有利于减少侵蚀。

植被的截留能力受植被类型、郁闭度、降雨量和降雨强度等因素影响。一般情况是郁闭度愈大、降雨量和降雨强度较小，树木的截留能力愈强。植被截留的防蚀意义，在于减少地面的实际受雨量，从而减少侵蚀。枯枝落叶层具有截留降水、减少雨滴打击力和减缓径流过程及强度的作用。

关于植物根系的固土作用，林木根系与土壤间的静摩擦阻力是决定根系提高土壤抗剪强度增量的主要因素，草本的根系主要是防止表面冲刷，灌木和乔木提高深度（大于 50cm）土体的抗蚀力，尤其是在坡度较大（一般是大于 30°）的斜坡上的作用显著。草本植物对于防止土体表层滑落的作用较小，有时还由于根系提高了水向土中入渗，增加土的重量，降低土的抗剪强度反而促进斜坡表土移动。

### 5. 土壤侵蚀的人文环境因素

人文环境对土壤侵蚀产生的影响主要有两个方面：一是人为破坏活动频繁使土壤侵蚀加剧；另一方面是由于地区经济力量薄弱，没有力量进行环境治理。近年来，提出了一种定量分析人类活动影响的数学模型，其形式为：

$$Y = Mf(P, W) \tag{7-1}$$

式中：$Y$ 为输沙量；$M$ 为人类活动影响程度；$P$ 为径流量；$W$ 为降水量。

由上式可以求得某时段内人为活动的影响程度。国外一些学者以小流域为单元，进行人为破坏试验，观测它的侵蚀变化，以评价人为破坏的作用。

## 7.2　流域水力侵蚀产沙预测模型

土壤侵蚀模型是预报水土流失、指导水土保持措施配置、优化水土资源利用的有效工具。土壤侵蚀定量研究始于 1914 年美国密苏里大学 Miller 教授建立的径流侵蚀试验小区。1965 年 Wischmeir，Smith 等学者研制出了通用土壤流失方程（USLE，Universal Soil Loss Equation）。

通用土壤流失方程（USLE）的结构形式为：

$$A = RKSLCP \tag{7-2}$$

式中：$A$ 为单位面积年平均土壤流失量，其单位取决于 $K$ 和 $R$ 的单位，$t/(hm^2 \cdot a)$；$R$ 为降雨侵蚀力因子，$MJ \cdot mm/(hm^2 \cdot h \cdot a)$；$K$ 是土壤可蚀性因子，指在标准小区上测得了某种给定土壤单位降雨侵蚀力的土壤流失速率，$t \cdot hm^2 \cdot h/(hm^2 \cdot MJ \cdot mm)$；$S$ 为坡度因子；$L$ 为坡长因子；$C$ 为作物管理因子；$P$ 为水土保持措施因子。

通用土壤流失方程（USLE）属于经验模型，从 20 世纪 80 年代初期开始，在通用土壤流失方程的基础上建立了许多新的模型，同时众多基于土壤侵蚀过程的物理模型相继问世，适应了各种情况下的土壤侵蚀预测和评价。这一时期具有代表性的模型有 RUSLE、WEPP、AGNPS、LISEM、CREAMS、SWAT、ANSWERS、LISEM 等。当前国内应用较多的是 WEPP、AGNPS、LISEM、SWAT 模型。

### 7.2.1　WEPP 模型

1986 年美国农业部农业研究局、林业局、土壤保持局及内政部的土地管理局签署了为期 10 年的开发新一代土壤侵蚀模型的项目——水蚀预报项目（WEPP—Water Erosion Prediction Project）。1987 年完成了用户需求报告（Foster 和 Lane，1987）[1]，规定了 WEPP 的基本框架。

WEPP 模型是用以替代 USLE 的新一代侵蚀预报模型，它可以预报和模拟不同时间尺度（日、月、季、每年及多年）、不同土地利用类型（农地、草地、林地、建筑工地及城区等）的径流量和土壤侵蚀量，同时还具备模拟和预测土壤水分的入渗、蒸发、农作物生长等功能。该模型不考虑风蚀和崩塌等重力侵蚀，其应用范围从 $1m^2$ 到大约 $1km^2$ 的末端小流域。

WEPP 模型有 3 个版本，即坡面版、流域版和网格版，其中以坡面版最为完善，也是 WEPP 模型中最简单、最基本的模型版本，其示意图如图 7-1 所示。

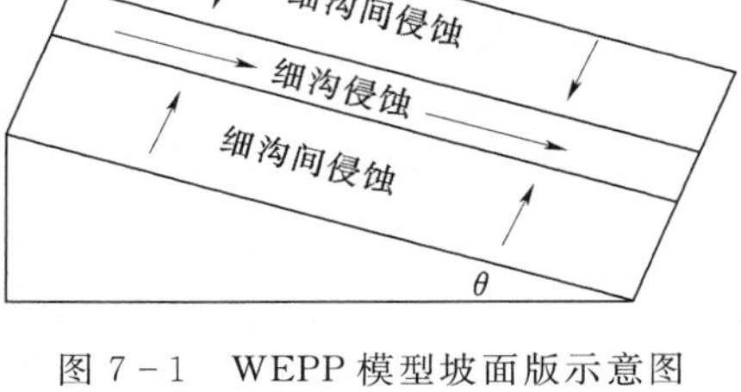

WEPP 模型可以分为气候发生器、冬季处理、灌溉、水文过程、土壤、植物生长、残留物分解、地表径流、侵蚀 9 个组成部分，各个

图 7-1　WEPP 模型坡面版示意图

模块说明如下。

1. 气候发生器——天气随机生成模块

WEPP 模型有 BPCDG（Breakpoint Climate Data Generator）和 CLIGEN（Climate Generator）2 个气候生成器，所需的观测资料和建立的文件格式各不相同。BPCDG 是一个独立的程序，可以把气象站观测到的降雨量及其他一些气象数据生成 WEPP 所需的气候数据。CLIGEN 程序是在多年气象资料统计参数的基础上生成 WEPP 模型所需要的气候数据。无论是 BPCDG 程序还是 CLIGEN 程序，最终生成的气候文件均包含日降雨、日最高和最低气温、日太阳辐射量和日露点温度，其中对日降雨的描述在两个气候生成器中有所区别。

2. 冬季过程

WEPP 模型的冬季过程包括土壤冻融、降雨和融雪。土壤与外界环境之间的热量流动受每日温度、太阳辐射、残留物覆盖、植被以及雪的影响，太阳辐射、气温和风则共同作用于融雪过程。

3. 灌溉

WEPP 模型的灌溉模块模拟灌溉类型、灌溉量、径流量和侵蚀量等，可模拟喷灌和明渠灌溉两种灌溉方式。喷灌模拟可看作是一场标准雨强降雨，而明渠灌溉则可模拟壤中流、明流和异重流的完整过程。

4. 水文过程

WEPP 模型中的水文过程包括入渗、产流、地表蒸发、植物蒸腾、土壤水饱和浸透、植被和残茬截持水量、土壤亚表层暗管排水等。

5. 土壤

WEPP 模型拥有美国土壤 GIS 数据库，利用该数据库的资料可以计算美国不同地区土壤抗蚀性、水分运动特性指标、土壤生产力指标，上述指标主要用于侵蚀、水文、植物生长等过程的模拟。本模块主要分析土地耕作对不同土壤特性以及模型参数的影响，也可模拟降雨过程以及对土壤参数的影响等。在模块中，仍然采用每日跟踪的方法反映土壤及其地面特征的动态变化，所涉及的变量包括地面的自然糙度、人为糙度（耕作田垄高度）、土壤容重和饱和导水性能、土壤可蚀性和临界水流剪切力等。此外，土坡模块还考虑了耕作、风化、团聚体和降雨等对土壤及地面特征的影响，通过模拟分析计算，可向水文模块提供许多用以估算地表径流量、径流速度和渗透量等的必要资料。

6. 植物生长

植物生长模块主要依靠气候和土壤模块输入的数据，模拟植物生长过程，输出指标主要有植物覆盖度、产量和残留量等。

7. 残留物分解

残留物分解模型主要通过气候、植物生长、土壤水文等模型提供的信息，模拟残留分解过程以及土壤和下垫面性质的影响。

8. 地表径流模块

该模块主要计算地表径流过程的水力学机制，其中包括土壤糙率、残茬覆盖和植被对流速、水流切应力以及径流挟沙力的影响。

9. 侵蚀模块

WEPP 将土壤侵蚀过程分为剥离、输移和沉积三个阶段，认为土壤剥离（即侵蚀）分为细沟间侵蚀和细沟侵蚀两种情况。细沟间侵蚀是在雨滴击溅和薄层水流作用下发生的，坡面上经常发生这种侵蚀，细沟侵蚀是由径流冲刷而引起的土壤剥离现象。

WEPP 模型使用处于稳定状态下的泥沙连续方程，该方程可计算坡向纵断面和流域泥沙冲刷及沉积的净值。模型把土壤的冲刷过程看作是雨强与流速的共同作用过程，把泥沙的输移过程看作是坡面与地表糙率共同作用的过程。WEPP 以泥沙输移方程来估算沟道中的泥沙输移量，并根据径流中泥沙含量、径流输沙能力和泥沙的沉降速度来推算水流中泥沙沉积量。

WEPP 模型中的稳态泥沙连续方程为（坡面版）：

$$\frac{\mathrm{d}G}{\mathrm{d}x} = D_r + D_i \tag{7-3}$$

式中：$x$ 为某点沿下坡方向的距离，m；$G$ 为输沙量，kg/(s·m)；$D_r$ 为细沟侵蚀速率，kg/(s·m$^2$)；$D_i$ 为细沟间泥沙输移到细沟的速度，kg/(s·m$^2$)。

当水流剪切力大于临界土壤剪切力，并且输沙量小于泥沙输移能力时，细沟内以搬运过程为主：

$$D_r = D_c \left(1 - \frac{G}{T_c}\right) \tag{7-4}$$

$$D_c = K_r (\tau_f - \tau_c)$$

式中：$D_c$ 为细沟水流的剥离能力，kg/(s·m$^2$)；$T_c$ 为细沟间泥沙输移能力，kg/(s·m)；$K_r$ 为细沟可蚀性参数，s/m；$\tau_f$ 为水流剪切压力，Pa；$\tau_c$ 为临界剪切压力，Pa。

当输沙量大于泥沙输移能力时，以沉积过程为主：

$$D_r = \frac{\beta V_f}{q} (T_c - G) \tag{7-5}$$

式中：$V_f$ 为有效沉积速度，m/s；$q$ 为单宽水流流量，m$^2$/s；$\beta$ 为雨滴扰动系数。

### 7.2.2 AGNPS 模型

农业非点源污染模型（AGNPS[2]，Agricultural Non-point Source Pollution Modeling System）是面向事件的分布式参数模型，用来计算单一情况下地表侵蚀。该模型仍属经验统计模型，适用于对面积为 $1\sim50000\text{hm}^2$ 的小流域生态系统农业非点源污染的发生进行评价和流域内土壤侵蚀及氮、磷元素的流失进行预测。该模型是一种分室（cell）模型，应用时将流域均等地划分为若干分室（cell），流域径流、污染物、泥沙沿分室汇集于集水口，如图 7-2 所示。模型可对整个流域或流域内任何一个分室的状况进行描述、模拟和评价，反映流域特征的输入输出状况均在分室水平上表达。

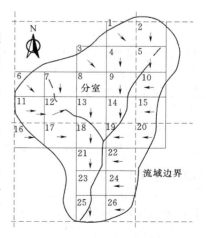

图 7-2 小流域分室示意图

模型由水文、侵蚀、沉积和化学物质迁移三大模块组成，其中营养物质考虑引起水体污染的主要因子氮和磷。模型对化肥的施用、降雨和径流以及渗透进行了模拟，且其模拟范围已扩大到土壤和地下水中氮平衡的连续模拟。

**1. 水文模块**

水文模块采用美国 SCS—CN 曲线法[3]计算地表径流量、峰值流量及网格单元的径流分配，其中径流量计算采用式（7-6）：

$$Q_d = (P - I_a)^2/(P - I_a + S) \tag{7-6}$$
$$S = (1000/CN) - 10$$

式中：$P$ 为降雨量，mm；$S$ 为流域饱和储水量，mm，由 CN（Curve Number）确定；$I_a$ 为初损量，mm，一般取 $0.2S$。

峰值流量的计算采用式（7-7）：

$$Q_p = 3.79A^{0.7}C_s^{0.16}(R_o/25.4)^{0.903A^{0.017}}L_w^{-0.19} \tag{7-7}$$
$$L_w = L^2/A$$

式中：$Q_p$ 为洪峰流量，$m^3/s$；$A$ 为流域面积，$km^2$；$C_s$ 为渠道底坡比降，m/km；$R_o$ 为径流量，mm；$L_w$ 为流域长度比；$L$ 为流域长度，km。

**2. 土壤侵蚀模块**

土壤侵蚀模块使用修正的通用土壤流失方程（RUSLE[4] The revised universal soil loss equation）来计算流域土壤侵蚀量。其形式如下：

$$SL = (EI) \cdot K \cdot L \cdot S \cdot C \cdot P \cdot (SSF) \tag{7-8}$$

式中：$SL$ 为土壤流失量；$EI$ 为暴雨产生的整个动能和最大 30min 雨强；$K$ 为土壤可蚀性因子；$L$ 为坡长因子；$S$ 为坡度因子；$C$ 为作物管理因子；$P$ 为水土保持治理措施因子；$SSF$ 为在同一单元内可调整的坡型因子。

**3. 化学物质的迁移**

沉积物吸附的营养物质由下式计算：

$$Nut_{Sed} = (Nut_f)Q_s(x)E_R \tag{7-9}$$
$$E_R = 7.4Q_s(x)^{-0.2}T_f$$

式中：$Nut_{Sed}$ 为沉积物输运的 N 或 P；$Nut_f$ 为土壤中 N、P 含量；$E_R$ 为富集比；$Q_s(x)$ 为沉积物产量；$T_f$ 为土壤质地的校正系数。

溶解态营养物质的估算考虑了降雨、施肥和淋溶对营养物质的影响。径流中溶解态的营养物质由下式估算：

$$Nut_{Sol} = (C_{nut})Nut_{ext}Q \tag{7-10}$$

式中：$Nut_{Sol}$ 为径流中 N、P 的浓度；$C_{nut}$ 为径流过程土壤表面 N、P 的平均浓度；$Nut_{ext}$ 为 N、P 进入径流的提取系数；$Q$ 为径流总量。

## 7.2.3　LISEM 模型

1991 年在荷兰农业部和地方政府的资助下，在荷兰南部黄土区三个小流域开展了土壤侵蚀研究项目，对土壤流失和径流进行定量评价，用以指导水土保持宏观决策和规划的制定。该项目由 Utrecht 大学、Amsterdam 综合大学和 Winand Staring 水土研究中心合作研发完成，该研究开发了一种全新的基于物理过程的水文和土壤侵蚀模型——LISEM（Limburg Soil Erosion Model）。

LISEM 程序代码完全由 GIS 命令构成，是第一个与 GIS 完全集成并直接利用遥感数据的土壤侵蚀预报模型。模型充分考虑了土壤侵蚀产沙的各个环节，其基本过程包括降雨、截留、填洼、入渗、土壤水分垂直运动、表层水流、沟道水流、土壤分散及泥沙输移等，同时还考虑了紧实土、道路和表面结皮的影响。

LISEM 模型将流域在空间离散化为一系列大小相等的栅格单元，对降雨侵蚀过程等时间间隔分割，按照时间步长分时段模拟侵蚀过程。对每个栅格，在降雨和植被截留计算后，减去入渗和表面存储得到网状径流。然后使用流体力学原理计算击溅和径流侵蚀和沉积，并且用运动波方程模拟径流和泥沙汇集到出水口的过程。

1. 降雨过程

用量筒观测取得数据，用标有雨量筒编号的地图来确定各雨量筒可以代表的空间单元，表现降雨过程中雨量和雨强的时空变化。将来还可以应用雷达测雨技术模拟暴雨中心在流域的移动。

2. 截留过程

将林冠看作一种简单存储，通过计算最大存储力模拟作物和植被截留，最大截留量用 Von Hoyningen - Huene 方程计算：

$$S_{\max}=0.935+0.498L_a-0.00575(L_a)^2 \tag{7-11}$$

式中：$S_{\max}$ 为最大截留量，mm；$L_a$ 为叶面积指数。

使用 Aston 提出的算法模拟降雨事件中的累积截留量：

$$S=C_pS_{\max}\left[1-e^{k\frac{P_{cum}}{S_{\max}}}\right] \tag{7-12}$$

式中：$S$ 为累积截留，mm；$P_{cum}$ 为累积降雨，mm；$k$ 为植被密度纠正因子（等于 $0.046L_a$）；$C_p$ 为植被覆盖比例。

3. 微地形填洼

LISEM 模型中引入随机糙度的概念来量测地表微地形起伏，新版本中选用 Kamphorst 等建立的方程计算微地形存储：

$$R_{\max}=0.243R_r+0.010R_r^2-0.01244R_r^s \tag{7-13}$$

式中：$R_{\max}$ 为最大微地形存储，cm；$R_r$ 为随机糙度，cm；$s$ 为表面坡度，%。

4. 入渗过程

渗透与水分运移用 Richards 方程模拟，这一方程由达西方程和连续方程集成而来：

$$\frac{\partial\theta}{\partial t}=\frac{\partial}{\partial z}k(h)\left[\frac{\partial h}{\partial z}+1\right] \tag{7-14}$$

式中：$k$ 为土壤导水率，m/s；$h$ 为基质势，m；$\theta$ 为土壤含水量，m³/m³；$z$ 为重力势（基准面以上的调度）；$t$ 为时间。

5. 地表径流和沟道流

根据表面入渗特征变化，计算不同土地利用方式下的土壤入渗量。然后计算每个栅格单元平均水深，产生平均水力半径，用以计算流速。各栅格单元流量用下式计算：

$$A=\alpha Q^\beta \tag{7-15}$$

$$\alpha = (n/\sqrt{s} \times p)^{2/3}$$

式中：$A$ 为横截面面积，$\text{m}^2$；$Q$ 为流量，$\text{m}^3/\text{s}$；$n$ 为曼宁系数；$s$ 为坡度的正弦（比例）；$p$ 为湿周，$\text{m}$；$\beta$ 取 0.6。

对于分布式地表径流和沟道流，使用 D8 算法[5]提取径流路径（D8 算法是在栅格 DEM 上提取流域信息，判别栅格间流向的一种实用方法），采用与曼宁公式相结合的运动波四点差分法进行模拟。其运动波方程如下：

$$\frac{\mathrm{d}A}{\mathrm{d}t} + \frac{\mathrm{d}Q}{\mathrm{d}x} = q - i \tag{7-16}$$

式中：$A$ 为横截面面积，$\text{m}^2$；$Q$ 为流量，$\text{m}^3/\text{s}$；$q - i$ 为外部进出的净流量。

6. 击溅分离

击溅分离用土壤团粒稳定性、降雨动能和表面水层深度的函数模拟。

$$D_s = (2.82/A_s E^{-1.48h}) + 2.96)PA \tag{7-17}$$

式中：$D_s$ 为击溅分离量，$\text{g/s}$；$A_s$ 为土壤团粒稳定性；$E$ 为降雨动能，$\text{J/m}^2$；$h$ 为表面水层深度，$\text{mm}$；$P$ 为时间步长内植物林冠下降雨量，$\text{mm}$；$A$ 为击溅发生表面，$\text{m}^2$。

7. 径流分离和沉积

径流分离和沉积量用 EUROSEM[5]中的算法来模拟，其计算方程为：

$$D = \varepsilon B \omega (T - c_s) \tag{7-18}$$

式中：$D$ 为径流分离和沉积量；$\varepsilon$ 为无量纲影响因子；$B$ 为径流宽，$\text{m}$；$\omega$ 为泥沙沉降速度，$\text{m/s}$；$T$ 为径流输移压力，$\text{kg/m}^3$；$c_s$ 为径流含沙量，$\text{kg/m}^3$。

地表径流输移力为单位剪切力的函数：

$$T = \alpha \rho_s c (\tau - \tau_c)^d \tag{7-19}$$

式中：$\rho_s$ 为泥沙密度，$2650\text{kg/m}^3$；$\tau$ 为剪切力；$\tau_c$ 为临界剪切力，通常物质大约是 $0.4\text{cm/s}$；$c$ 和 $d$ 为依赖于土壤中值粒径 $d_{50}$ 的经验系数。

8. 道路、轮痕和沟道

土壤水沿轮痕的移动用特定的土壤物理性质表模拟计算，这些性质由于土壤紧实度的不同而明显不同。用曼宁糙度系数 $n$、沟底比降、沟形、沟宽、沟床黏结力等计算沟道中的水沙，计算方式同地表径流。

## 7.2.4　SWAT 模型

SWAT 水土评价模型（Soil and Water Assessment Tool）[6-8]由美国农业研究中心（USDA-ARS）开发历经 30 多年的具有很强的物理机制的适用于复杂大流域的水文模型。能够利用 RS、GIS 提供的空间信息，诸如土地覆盖、土壤类型、天气以及作物生长等因子模拟多种不同的水文物理化学过程，如水量、水质以及农用化学物质的输移与转化过程。该模型可采用多种方法将流域离散化（一般基于栅格 DEM），能响应降水、蒸发等气候因素和下垫面因素的空间变化及人类活动对流域水文循环的影响。该模型以日为时间运行，可以进行连续多年的模拟计算，包括水文、气象、泥沙、土壤温度、作物生长、养分、农药/杀虫剂和农业管理等 8 个相关模块，可以模拟地表径流、入渗、侧流、地下水流、回流、融雪径流、土壤温度、土壤湿度、蒸散发、产沙、输沙、作物生长、养分、水质、农药/杀虫剂等多种过程及多种农业管理措施对这些过程的影响。

# 7.3 水力侵蚀区水土保持

## 7.3.1 水土保持的含义

水土保持即防治水土流失，保护、改良与合理利用水土资源，维护和提高土地生产力，以利于充分发挥水土资源的生态效益、经济效益和社会效益，建立良好的生态环境。水土保持的对象不只是土地资源，还包括水资源。保持的内涵不只是保护，而且包括改良与合理利用。不能把水土保持理解为土壤保持、土壤保护，更不能将其等同于土壤侵蚀控制，水土保持是自然资源保育的主体。水土保持扼要的含义是："保育和有效利用与人类生活密切关联的水土资源，以增进人类生活。"美国Dr. Rotert. M. Salter 曾说："水土保持是合理的土地利用，保护土地使其不发生任何形态的土壤恶化现象，重建或恢复冲蚀的土壤；改进草原、林地和野生动物地，保护土壤水分，供作物利用；适当的农业灌溉、排水及防洪，增进产量与收益。现代水土保持农作方法，不但要达到上述目标，还要在整个国家社会大众利益下，获得有效丰富和永续的生产。"换言之，是要以明智合理的土地利用方式，使我们和我们的后代永远享用水土资源。

水土保持是一项系统工程，为了使水土保持各项措施按照自然规律和社会经济规律进行，避免盲目性，达到合理、有效整治水土资源的目的，必须在水土保持区划的基础上，进行水土保持规划。1991 年 6 月 29 日公布的《中华人民共和国水土保持法》第七条指出："国务院和县级以上地方人民政府的行政主管部门，应当在调查评价水土资源的基础上，会同有关部门编制水土保持规划。水土保持规划须经同级人民政府批准。县级以上地方人民政府批准的水土保持规划，须报上一级人民政府水行政主管部门备案。水土保持规划的修改，须经原批准机关批准。县级以上人民政府应当将水土保持确定的任务，纳入国民经济和社会发展规划，安排专项资金，并组织实施。"第二十一条指出："县级以上人民政府应当根据水土保持规划，组织有关行政主管和单位有计划地对水土流失进行治理。"

## 7.3.2 水力侵蚀区水土保持范围及类型

水力侵蚀的主要影响因素是土壤或土体的特性、地面坡度、植被情况、降水特征及水流冲刷力的大小等，其中降水是最重要的动力因素。因此，防治水力侵蚀的主要措施就是：减少人为破坏活动，禁止滥垦、滥伐、滥牧；改进耕作栽培技术；增加地面覆盖；通过水土保持措施减缓地面坡度，缩短坡长；提高土壤入渗能力和抗侵蚀能力。

为此，水力侵蚀区域的水土保持范围主要包括：合理利用土地；防治水土流失；充分利用有限的自然资源；控制地表径流；为农地保蓄水分；节水灌溉与适当排水；改善生态环境和提高农业生产等。水土保持按项目类型又主要分为农地水土保持、林地水土保持、草地水土保持、道路水土保持、工矿区水土保持、库区水土保持、城市水土保持、生态环境建设等。

### 7.3.3　水土保持区划简介

水土保持区划是综合农业区划的重要组成部分，是建设现代化农业的一项重要基础工作。水土保持区划是在一个较大的范围内（例如一个省、地区或较大的流域），根据自然条件、社会经济状况、水土流失特点的相似性以及水土保持措施的差异性划分为若干个不同的水土流失类型区。水土保持区划的目的是在同一个类型区，也可进一步划分若干个亚区，确定治理主攻方向，因地制宜地建立水土保持综合防治体系，为搞好水土保持规划，充分合理地利用水土资源，取得最佳的经济、生态和社会效益奠定基础。

1. 水土保持区划的原则和依据

水土保持区划的原则是：要反映出区域性的特征和区域性的差异；要求在同一区内地形、地貌、土壤侵蚀类型和防治基本相同，而两区之间则有较大差别。

水土保持区划的依据有以下几点。

（1）以自然条件的一致性为基础，即有相同的自然条件、地貌单元和土地利用情况，以充分反映自然条件和水土资源利用的一致性等特点进行分区。

（2）以土壤侵蚀类型、程度、特点、危害和发生发展规律的一致性进行分区。

（3）以治理土壤侵蚀的主攻方向和需要采取的主要防治原则、措施、途径的一致性进行分区。

（4）以生产发展方向、农业结构调整和土地利用等社会经济情况的一致性，按照建立生态经济区的特点，科学进行分区。

（5）在自然界线为主的条件下，以适当照顾行政区域的完整性、农业区划的相关性以及地域的连续性进行分区。

2. 水土保持区划的分级指标和区界

水土保持区划的分级方法主要包括两种。

（1）按范围大小和行政区域分级，有省级区划、地区级区划和县级区划等。在省以上有全国水土保持区划和黄河流域水土保持区划等。下一级区划是在上一级区划的指导下进行的，但比上一级区划更详细。例如，某县在省级区划中为丘陵区，全县只属于一个类型区（丘陵区），但是在县级区划中，还可以再根据具体特征细分为丘陵区、川河区、土石山区等。

（2）在省级以上更大范围内进行区划，为了便于研究和指导工作，可以分为一级、二级、三级区划，其中下一级区划是上一级区划的组成部分。例如，黄河流域黄土高原的水土保持区划有三级，第一级划分为严重流失、轻微流失和局部流失等三大类型区。其下又分为9个二级区，即：严重流失区下分高原区和丘陵区2个二级区；轻微流失区下分平原区和阶地区2个二级区；局部流失区下分林区、土石山区、高地草原区、干旱草原区、风沙区等5个二级区。丘陵区由于面积很大，分布很广，各地还有不同特点，下面又分为5个三级区（即丘陵区的第一、二、三、四、五等5个副区）。

根据各地水土保持区划的工作经验，水土保持区划的分级指标主要有以下几项。

（1）土壤侵蚀类型（水力侵蚀、风力侵蚀等）、程度和主要气候特征是划分一级区的主要指标。

（2）地貌类型（高山、高原、丘陵、平原等）是划分二级区的主要指标。

（3）降水特征、植被类型是划分三级区的主要指标。

（4）土壤侵蚀的地域差异和土地利用方向是划分四级区的主要指标。

水土保持区划的界限应以自然条件为主，尽量利用分水线、等高线、等雨深线、天然植被分界线等作为分区界线，并尽可能保持地貌类型的完整性。必要时，可适当照顾行政区界和流域界线。

3. 水土保持区划各分区命名方法

水土保持区划是在土壤侵蚀的基础上进行的，所以，水土保持分区和土壤侵蚀分区基本是一致的。

土壤侵蚀分区一般采用复合名称，即按地理位置、地形、地貌、土壤、植被、侵蚀类型进行命名。

水土保持区划分区，一般是在土壤侵蚀分区命名的基础上，加上预防区、防治区、治理区等形式命名。

4. 水土保持区划的基本步骤

进行水土保持区划，必须坚持室内研究与野外调查相结合，面上普查与重点详查相结合，常采取以下步骤。

（1）先在室内向有关单位收集资料。主要是区划范围内有关的自然条件、社会经济情况、水土流失情况等方面资料，包括文字资料和图件（特别需要有地形图、地貌图，有卫片、航片更好），经过分析，提出分区初步意见。

（2）根据分区初步意见，进行野外现场调查。一般分两步。

1）重点详查，在初步划分的各个不同类型区内，分别选定有代表性的小流域，详细调查有关自然条件、社会经济情况和水土流失情况，进一步收集有关数据资料，特别是作为分区标志的主要指标（如地面坡度、土壤侵蚀模数、人口密度等）。

2）面上普查，在初步划分的各个不同类型区内，进行有关自然条件、社会经济情况和水土流失情况的一般调查，其任务有二：①验证和补充重点详查的成果资料；②弄清各个类型区的界限和范围，对初步分区的界限和范围提出具体的修正意见。

（3）根据野外调查成果，在室内进行整理、分析、汇总，编制区划报告（初稿），包括文字和图件，邀请农、林、牧、水利、水保、自然地理、经济地理、土壤、气象等方面专家和科技人员，进行评审，提出补充修改意见。经反复修改，然后定稿。

编写水土保持区划报告，主要有两方面内容：①区划范围内的基本情况，包括自然条件、社会经济情况和水土流失情况；②各个类型区的特点、生产发展方向与主要治理措施。在编写区划报告时，应注意以下两个问题。

1）区划报告中，必须按类型区分别详细说明，以反映出每个类型区的不同特点、生产发展方向和治理要求。

2）对整个区划范围内的描述，只需简明、概括地写，以避免与分区阐述的内容重复。

# 参 考 文 献

[1]　Foster G R and Lane L J. User Requirements，USDA—Water Erosion Prediction Project（WEEP）. NSERL Report No. 1. West Lafayette, Ind. ：National Soil Erosion Research Laboratory，1987.

[2]　Young R A. AGNPS：A non - point source pollution model for evaluating agricultural watersheds. Soil and water conservation. 1989，44（2）：168 - 173.

[3]　Surendra Kumar Mishra and Vijay P. Singh. Soil Conservation Service Curve Number（SCS—CN）Methodology ［M］. 2003，Kluwer Academic Publishers，Dordrecht，The Netherlands.

[4]　Renard K G，Foster G R，et al. Predicting soil erosion by water. A guide to conservation planning with the revised universal soil loss equation（RUSLE）. USDA. Agric. Handb. No. 703. Washington，D C. U. S. Gov. Print. Office，1997.

[5]　O'Callaghan J F，Mark D M. The extraction of drainage networks from digital elevation data. Computer vision，Graphics and image processing，1984，28：323 - 344.

[6]　Arnold J G，Williams J R，Srinivasan R，King K W，and Griggs R H. SWAT（Soil and Water Assessment Tool）User's Manual. Temple，Texas：USDA，Agricultural Research Service，Grassland，Soil and Water Research Laboratory，1994.

[7]　Arnold J G，Srinivasan R，Muttiah R S and Williams J R. Large area hydrologic modeling and assessment. I. Model development. Journal of the American Water Resources Association，1998，34（1），1093 - 474X.

[8]　Neitsch S L，Arnold J G，Kiniry J R，Srinivasan R，and Williams J R. Soil and Water Assessment Tool User's Manual. Version 2000. GSWRL Report 02 - 02；BRC Report 02 - 06；TR - 192. College Station，Texas：Texas Water Resources Institute. 2002.

# 第 **8** 章

## 河床演变基本原理

河床演变是指自然情况下及修建整治建筑物后河床发生的冲淤变化过程。天然河流总是处在不断发展变化过程之中。在河道上修建水利工程、治河工程或其他工程后，受建筑物的干扰，河床变化将更为显著。人类在开发利用河流的过程中，要有成效地兴利除弊，必须采取整治措施，而天然河流的河床形态复杂，演变规律差异很大，因此实施的整治手段往往是不同的。要有效地整治河流，必须充分认识河床演变的基本原理及各类河床特殊的演变规律。

河床演变的含义有广义和狭义两个方面。广义上是指河流形成和发展的整个历史过程；狭义方面则仅限于近代冲积河床的演变发展。前者主要属于河流地貌学的研究范畴，后者则属于河床演变学的研究范畴。应该指出，由于近期的河床演变建立在历史的和河谷各个部分的变化基础之上，因此两者有着内在的联系，不能加以截然分开。在这一章里着重讨论平原冲积河流的问题，但所阐明的基本原理对具有一定冲积层的山区河流也是适用的。

## 8.1　平原冲积河流的一般特性

### 8.1.1　河床形态

平原冲积河流的河谷断面形态如图 8-1 所示。图中显示洪、中、枯三级水位，与此相应的河槽称为洪水河槽、中水河槽、枯水河槽，在无堤防约束条件下，洪水河槽将远较图中所示宽广。由于洪水过流时间比较短暂，通常所说的河槽即指中水河槽。中水河槽比较宽浅，枯水期常有边滩、心滩出露，断面宽深比高达 100 以上。

平原河流在平面上具有顺直、弯曲、分汊、散乱等四种外形。其横断面可概括为抛物线形、不对称三角形、马鞍形和多汊形等四类，如图 8-2 所示。其与山区河流不同之处在于，平原河流的河床形态是在特定条件下水流与河床相互作用的结果，因而具有较强的规律性，将在第 9 章将作详细讨论。这里只就河床形态中涉及的两个基本概念略加介绍。

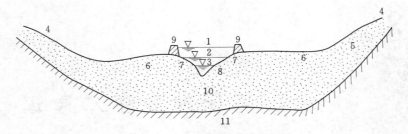

图 8-1　平原河流的河谷形态

1、2、3—洪水、中水、枯水位，相应水位下的河槽为洪水河槽、中水河槽、
枯水河槽；4—谷坡；5—谷坡脚；6—河漫滩；7—滩唇；
8—边滩；9—堤防；10—冲积层；11—原生基岩

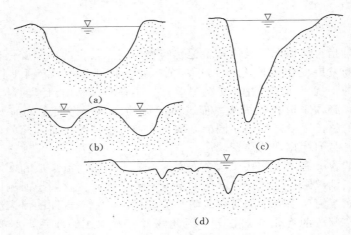

图 8-2　平原河流不同河段的横断面图

(a) 顺直过渡段；(b) 分汊段；(c) 弯曲段；(d) 游荡段

## 1. 河漫滩

河漫滩是位于中水河槽两侧，在洪水时能被淹没的高滩（图 8-1），河漫滩既有由侵蚀作用造成的，如石质河漫滩，多见于山区河流，滩面较窄，且向中水河槽一侧倾斜；更多的是由堆积作用造成的，如冲积河漫滩，多见于平原河流，滩面较宽，左右河漫滩分别向两侧倾斜，这是洪水漫滩落淤的结果。洪水漫滩后，由于过水断面增大，流速降低，泥沙首先沿主槽（中水河槽）岸边落淤，随着水流向下游及河漫滩侧向漫流，淤积的泥沙数量便逐渐减少，粒径也逐渐变细，经过漫长的时间演进，沿主槽两岸泥沙淤成较高的自然堤，河漫滩边缘地带则形成一些湖泊洼地，使河漫滩具有明显的横比降。自然堤在蚀退的河岸一侧易被冲毁消失，而在淤进的河岸一侧则能长期保存下来，例如在弯道凸岸一侧就会随凹岸蚀退，凸岸淤进，不断形成一系列弧形自然堤，在这些弧形自然堤之间存在洼地，总称鬈岗地形，如图 8-3 所示。除此之外，河漫滩上还散布着一些古河道，如弯道经裁弯取直后老河道上下游均被淤死而留下的牛轭湖，又如汊道在交替消长中淤废的古汊道等。

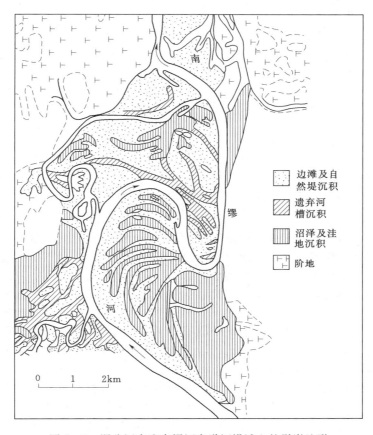

图 8-3　湄公河支流南缪河弯道河漫滩上的鬃岗地形

2. 成型堆积体

　　冲积河流的河底分布着各种形式的大尺度沙丘（尺度远大于沙波）。这些大沙丘统称为成型堆积体。成型堆积体的尺度，包括宽度、深度和长度，和河流的尺度（河宽和水深），是同数量级的。

　　图 8-4 给出了成型堆积体大体上的分布情况。不同类型的成型堆积体与不同的河型相联系，这在后面的讲述中可以看出。应该强调的是，天然河流上成型堆积体的结构形式和分布情况往往千差万别，但共性仍然是鲜明的；成型堆积体经常处于发展变化之中，是平原河流河床演变中最活跃的因素。

## 8.1.2　河道水流的一般特性

1. 河道水流的基本性质

　　(1) 河道水流的二相流特性。水力学中的明渠流是清水的流动，属于单相流（或一相流）；而天然河道的明渠流是挟带着泥沙的水流运动，本质上属于二相流。

　　(2) 河道水流的三维性。河道水流的过水断面一般是不规则的，因此河道水流为三维流动。河道水流的三维性与过水断面的宽深比关联，宽深比愈小，三维性愈强

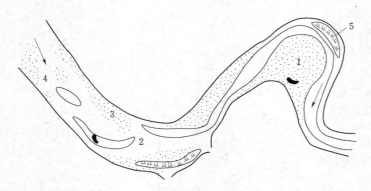

图 8-4　河道中泥沙成型堆积体
1—边滩；2—浅滩；3—沙嘴；4—江心滩；5—江心洲

烈。在顺直的、滩槽比较明显的广阔滩面上，水流的宽深比较大，可能呈现出一定程度的二维性；而在深谷高峡、宽深比很小的山区河段中，水流的三维性极强。

（3）河道水流的不恒定性。河道水流的不恒定性主要表现在两个方面：①来水来沙情况随时空的变化；②由于河床经常处于演变之中，因此河道水流的边界也随时空变化。

平原冲积河流的河床由大量的疏松沉积物即泥沙构成，这些疏松沉积物在不同水流条件的作用下，或冲刷，或继续沉积，或基本平衡；山区河流的河床尽管由基岩组成，但在水流经年累月的侵蚀作用下，也发生着相应而缓慢的变化。

（4）河道水流的非均匀性。涉及运动的各物理量沿流程不变的水流为均匀流。达到均匀流的条件是水流为恒定流、水流边界是与流向平行的棱柱体。河道的来水来沙和边界是不满足这些条件的，因此河道水流一般为非均匀流。

2. 河道水流的水流结构

（1）河道水流的流型。在水力学中将流体运动区别为紊流和层流两大类型，在紊流中又分为光滑区、粗糙区（或阻力平方区），以及介于层流和紊流、光滑区和粗糙区之间的两个过渡区。河道水流的雷诺数一般都比较大，其流型一般居于阻力平方区。

以一条规模很小的河流为例：其水力半径 $R$ 的数量级为 $10^2\,cm$，流速 $U$ 的数量级为 $10^2\,cm/s$，运动黏性滞系数 $\nu$ 的数量级为 $10^{-2}\,cm^2/s$，估算得到它的雷诺数 $Re$（$Re=UR/\nu$）将达到 $10^6$，即它的雷诺数已经完全进入阻力平方区。

（2）河道水流的主流与副流。主流是水流沿着河槽总方向的流动。它一般是在重力作用下，由河床纵比降的总趋势决定的。在流动过程中，主流的方向一般与河槽的轴线平行。

副流与主流不同，不是由河床纵比降的总趋势决定的，而是由于纵比降以外的其他因素所促成的。副流实际是在水流内部产生的一种大规模的水流旋转运动。它可以因重力作用而引起，也可在其他的力（内力或外力）作用下产生。主流一般以纵向为主，环流则不然，具有不同的轴向，因此输沙的方向，也不限于纵向。河流中的横向输沙主要是靠有关的环流造成的，而不是靠主流或纵向水流造成的。因此，一个河段的冲淤动态，除了受主流的影响之外，还受环流的重要影响。如果只看到纵向水流的作用，而忽视环流的作用，若要全面了解河段冲淤动态，在很多情况下是不可能的。

副流与水流中的紊动漩涡是有所不同的。紊动漩涡一般尺度较小，并且常常是没有规则的。而副流一般规模都较大，而且它们的位置和影响范围都是比较固定的。

（3）环流的类型。河道中的环流种类很多，因产生原因的不同，环流可以分为因离心力产生的弯道环流、因柯里奥里（G. Coriorid）力而产生的环流、因水流与固体周界分离而产生的环流等。这里只介绍因离心力产生的弯道环流。

水流处于弯道段时，由于离心力的作用，水流表面的平衡状态被打破。表层水流的流速大于底部水流的流速，因而表层水流所受到的离心力远大于底部水流受到的离心力，表面水流将因为离心力的作用而流向凹岸，由于水流的连续性原理，底部水流虽然也受到离心力的作用，但受到的离心力小于表层水流，所以只能从凹岸流向凸岸。这样从水流的横断面上看，就形成了表层水流从凸岸流向凹岸、底部水流从凹岸流向凸岸的"旋流"，即环流。弯道环流是河道水流中最典型的因离心力而产生的环流[1]。

必须指出的是，因离心力而产生的环流也广泛存在于顺直河段、分汊河段，不能认为只有弯道才能因离心力产生环流。最本质的认识是，凡是水流弯曲的部位都存在环流。边滩的存在促使水流弯曲，故顺直型河段也存在环流。下一节也将谈到，在汊道的分流区和汇流区同样存在环流。所以，不能以河段的弯曲与否，而应以水流的弯曲与否来判断是否产生环流。为了区别其他类型的环流，在弯道内产生的环流常称为弯道环流。

（4）河道水流的流速分布。由于几乎所有的天然河道水流都具有三维性、不恒定性、不均匀性，其流速分布显然不能直接应用水力学所掌握的二维恒定均匀流流速分布公式来描述。实际上，在现阶段还难以提出符合实际的三维流速分布公式，人们通常用经验的方法研究河道水流的流速分布。

天然河道的情况也是千差万别，有的平原冲积河流非常宽浅，水深沿河宽的变化虽然也比较大，但与其横向的几何尺度相比，这种变化就比较小了，这种情况下，河道水流更多地表现出接近二维，尤其是水流流速分布方面。在这种情况下，可以近似使用二维均匀流的流速分布公式来描述河道水流的流速分布。

## 8.1.3  平原冲积河流的河型分类

平原冲积河流的河床演变，在最一般的情况下，或者说在宏观上处于输沙平衡的状态下，主要体现在河槽中成型堆积体的发展和变化上。成型堆积体的变化不仅表现在淤积长大和冲刷变小，而且还会发生平面位移，成型堆积体的变化使河槽的平面外形也会发生变化，河岸在有些地方会蚀退，而在另一些地方则会淤长。

平原河流的河床演变与河型关系甚大。不同的河型具有不同的演变规律及形成条件。因此合理划分河型对认识和治理一条具体河流有十分重要的意义。由于概括对象和认识上的不同，存在各种不同的河型分类。例如国外比较普遍的划分方法是将冲积河流划分为顺直河流、弯曲河流和辫状河流，本书介绍国内普遍接受的河型分类方法。

　　将冲积河流按其平面形式及演变过程划分为四种基本类型[2]：①顺直型或边滩平移型；②弯曲型或蜿蜒型；③分汊型或交替消长型；④散乱型或游荡型。每一种类型有两个命名，前一个命名是就平面形态而言的，系按静态特征划分；后一个命名是就演变规律而言的，系按动态特征划分。它们是彼此对应的。

　　顺直型或边滩平移型河段的主要特点为，中水河槽顺直，边滩呈犬牙交错状分布，并在洪水期向下游平移。

　　弯曲型或蜿蜒型河段的主要特点为：中水河槽具有弯曲外形，深槽紧靠凹岸，边滩依附凸岸，凹岸蚀退，凸岸淤长，河身在无约束条件下向下游蜿蜒蛇行，在有约束条件下平面形态基本保持不变，前者通称自由弯道，后者通称约束弯道。

　　分汊型或交替消长型河段的主要特点为：中水河槽分汊，一般为双汊，也有多汊的。各汊道周期性地交替消长。

　　散乱型或游荡型河段的主要特点为：沙滩密布，汊道纵横，而且变化十分迅速。

　　这几种基本河型中，不同河型的成型堆积体在河道里的分布并不相同。顺直型和弯曲型河段河道主要是边滩这种成型淤积体。其中顺直型河段的边滩呈犬牙交错状在河道两侧分布，而弯曲型河段的边滩则依附于凸岸；分汊型河段和游荡型河段河道中具有江心洲、滩，其中分汊型河段江心洲稳定、成型，而游荡型河段的江心滩密布，不稳定，极易迁徙。

　　为了照顾习惯，在以后谈到上述四种河型时，将依次称为：顺直型、蜿蜒型、分汊型及游荡型。

　　这一分类与常见分类法不同之处是，将游荡型和分汊型区别开来，作为一种独立的河型。这样做的主要原因是，游荡型和分汊型在动态特征上差异甚大，两者的平面外形虽均具分汊特点，但主流变化的幅度和强度则相差甚远。

## 8.2　河床演变分类

　　冲积河流的河床演变现象是极其复杂的。不同河流的演变各具特色，彼此差异甚大，要对形形色色的河床演变现象有一个深入的了解，首先必须对河床演变的现象进行分类。

　　为了分析研究的方便，可以根据某些特征包括河床演变的时间、空间、形式以及方向等特征加以分类。

### 8.2.1　长期变形和短期变形

　　按河床演变的时间特征，可以分为长期变形和短期变形两类。如由河底沙波运动引起的河床变形历时不过数小时以至数天；由水下成型堆积体引起的河床变形则可长达数月乃至数年；而发展成蛇曲状的弯曲河流，经裁直之后再度向弯曲发展，历时可能长达数十年、数百年之久；至于修建巨型水库造成的坝上游淤积和坝下游冲刷，其变形可能延续数百年以上。值得注意的是，有些短时间尺度的变形，如果放在长时间尺度下来衡量，其平均情况可以认为是不变的。上述沙波运动是如此，成型堆积体也是如此，甚至弯曲河流的演变也可认为基本上是如此。但有些变形则不然，如修建大型水库后坝上下游发生的淤积和冲刷，最终虽也可导致恢复输沙平衡，但原来斜坡式的河流纵剖面将一去不复返地改变成阶梯式的河流纵剖面了。

### 8.2.2 单向变形和复归性变形

单向变形是指河道在相当长时期内只是单一地朝某一方向发展的演变现象。也就是说，在这个时期内，河道只为冲刷发展，或只为淤积发展，不存在冲淤交替发展的现象。例如，黄河下游多年来河床一直不断淤积抬高成为"悬河"，就是朝着淤积发展的单向变形现象。在河道上修建了水库以后，水库上游将不断地发生淤积，直至经过一定时期水库淤积到平衡状态为止，与此同时，在水库的下游河床将不断发生冲刷，直至经过一定时期河床冲刷到平衡状态为止。当然，这种单向变形是指平均情况而言。由于来水来沙的因时变化，即使在持续淤积的状态下，也会出现冲刷，持续冲刷的状态下也会出现淤积，严格的单向变形是不存在的。

河床有规律地冲淤交替现象则称为复归性变形。也就是说，在一定时期内，河道处于冲刷发展状态；此后一定时期内，河道则处于淤积发展状态，如此周期性地往复发展下去。例如，浅滩在一个水文年内的冲淤变化过程是：一般情况下枯水期浅滩冲刷，河床下降，洪水期浅滩淤积，河床抬高，这就是典型的复归性变形现象。弯道的演变发展也是一种典型复归性变形现象：当弯道发展到过度弯曲以后，在水流的作用下，将发生裁弯取直，取直后的新河道不断冲刷发展，而老的弯道则将逐渐趋于死亡，此后，由于水流与河床的相互作用，直河道不断发展成为新的弯道，当新弯道发展到过度弯曲以后，又将发生裁弯取直，如此周期性地往复发展下去。

### 8.2.3 整体变形及局部变形

从河床演变的空间特征出发，又可分为整体变形和局部变形两类。如黄河下游的河床淤积抬升涉及长逾 800km 的河床，自然属于大范围变形，再比如长江三峡工程修建以后下游河道发生的长距离冲刷也属于整体变形。局部河段的崩岸展宽通常涉及的范围不过数百米、数千米，河道整治建筑物例如丁坝坝头的局部冲刷范围则更小，应属于局部变形。

### 8.2.4 纵向变形与横向变形

以河床演变形式为特征，可将河床沿纵深方向发生的变化称为纵向变形，如坝上游的沿程淤积和坝下游的沿程冲刷；而将河床在与流向垂直的两侧方向发生的变化称为横向变形，如弯道的凹岸冲刷与凸岸淤积。

### 8.2.5 自然变形和人为干扰变形

人们为了防治洪水灾害，不断地改造治理河流，时至今日，应该说，完全不受人类活动干扰的自然演变已经不存在了，自然演变和人为演变总是交织在一起的。

近代冲积河流的河床演变受人为干扰十分严重。除水利枢纽的兴建会使河床演变发生根本性变化外，其他如河工建筑物、桥渡、过河管道以及从河床大规模取土等，也会使河床演变发生巨大变化。

上述河床演变分类，是为了从不同侧面描述同一事物，便于把握其物理机制，而实际河流的河床演变现象则往往是错综复杂、难以分离的。例如水库变动回水区的浅滩演变，既是水库长时期、长距离、沿纵深方向的单向演变的组成部分，而本身又具有短时期、短距离、沿纵深方向的复归性演变的某些特点。

# 8.3   影响河床演变的主要因素

### 8.3.1   影响河床演变的主要因素

如前所述，不同河流的演变各具特色，彼此差异甚大，要认识河道演变的规律，必须首先掌握影响河道演变的主要因素。

影响河床演变的主要因素可概括为进口条件、出口条件及河床周界条件三个方面。

（1）进口条件。进口条件包括河段上游的来水量及其变化过程，河段上游的来沙量、来沙组成及其变化过程，以及上游河段与本河段进口的衔接方式。

（2）出口条件。出口条件主要是出口处的侵蚀基点条件。它可以是能控制出口水面高程的各种水面，如河面、湖面、海面等，也可以是能限制河流向纵深方向发展的抗冲岩层的相应水面，应该说明，所谓侵蚀基点并不是说，在此点之上的床面不可能侵蚀到低于此点；而只是说，在此点之上的水面线和床面线都要受到此点高程的制约。侵蚀基点的情况不同，河流纵剖面的形态、位置及其变化过程会出现明显的差异。

（3）河床周界条件。河床周界条件泛指河流所在地区的地理、地质条件，包括河谷比降、河谷宽度、组成河底、河岸的土层系较难冲刷的岩层、卵石层、黏土层，抑或较易冲刷的沙层以及河道几何形态等。既不能把河床周界条件单纯地理解为河床的组成，也不能把河道几何形态局限于平面形态或者是纵剖面形态。

即使进、出口具有完全相同的来水来沙条件及侵蚀基点条件，不同的河床周界条件仍会带来不同的河床演变特点。

### 8.3.2   影响河床演变主要因素之间的关系

（1）三个因素有主有从，不能同等看待。从河流的形成来说，来水来沙条件是最主要的，另外两个因素是从属的。这一方面是因为，来水来沙集中反映了河流作为输水输沙通道而存在的必要前提；另一方面还因为，后两个条件往往感受到第一个条件的影响，甚至有时是第一个条件派生出来的，例如在多沙河流上出口侵蚀基点的变化往往会明显感受到泥沙淤积的影响；而河谷比降的大小显然与来沙量的大小有关；河底河岸土层的差异也是直接由泥沙的淤积过程决定的。

但是，另两个中的任一个也可成为主导因素。如水库的修建，水库坝前水位的抬高（出口处侵蚀基点条件的变化）是影响库区泥沙淤积最主要的因素。

（2）三个因素相互联系，缺一不可。影响河床演变的这三个因素实际上反映的是河段的三个边界。对一个河段，来水来沙条件代表的是其进口边界，侵蚀基点条件代表的是其出口边界，河床周界条件反映的是进口和出口之间河段的边界条件。三个合在一起才构成完整的边界条件，缺一不可。三个因素又不是相互独立的，而是相互联系和相互影响。如上游来水来沙发生变化时，河段会发生相应的冲淤变化，引起河床周界调整。

（3）三个因素的因时变化。随着人类活动对河流的干扰日益加剧，如大型水库的修建和工农业用水的大幅度增加，已使河流的来水来沙条件发生了巨大变化；水库群的修建在许多河流上构造了一系列新的侵蚀基点；由气候变暖可能引起的海平面升高；河床周界条件的受控程度，随着堤防、护岸工程及各种沿河、跨河建筑物的广泛兴建而日益增加，由此产生的对河床演变的影响同样是不可忽视的。

### 8.3.3 引起河床演变的根本原因

考察任意一条河流的某一特定河段，当进、出这一特定河段的沙量不相等时，河床就会发生冲淤变形。如果进入这一区域的沙量大于该区域水流所能输送的沙量，河床将淤积抬高；相反，如果进入这一区域的沙量小于该区域水流所能输送的沙量时，河床将冲刷降低。

因此河床演变的具体原因尽管千差万别，但从根本上可归结为河道水流的输沙不平衡的结果，即河床演变是输沙不平衡的直接后果。

当外部条件，即进口水沙条件、出口侵蚀基点条件和河床周界条件保持恒定不变，且整个河段处于输沙平衡状态时，河段的各个部分仍可能处于输沙不平衡状态。如沙波和成型堆积体的存在使得近底水流交替出现加速和减速区，泥沙在水流加速区发生冲刷，而在水流减速区发生淤积，其结果使得整体上仍处于输沙平衡状态的河床，在局部上已处于输沙不平衡状态，同一瞬间河床高程沿流程呈波状变化；同一空间点河床高程沿时程呈波状变化。这种局部输沙不平衡状态反映了输沙不平衡的绝对性，从而也反映了河床演变的绝对性。

使河流经常处于输沙不平衡状态的另一重要原因是，河流的进出口条件经常处于发展变化过程之中。由于流域降水时间分布的不稳定性和地域分布的不均匀性，进口水沙条件几乎总在变化。至于出口条件，如果着眼点是前面提到的侵蚀基面，其变化是很缓慢的；如果着眼点是水流条件的变化，如干支流的相互顶托，潮汐波对洪水波的影响等，仍可能产生很大的变化。河床周界条件通常是比较稳定的，但当周界发生变形之后，如河道整治工程建设，也可能激发新的输沙不平衡。

# 8.4 河流的自动调整作用

### 8.4.1 河流自动调整作用的含义

第6章中，在讨论张瑞瑾水流挟沙力公式时，已对河流的自动调整作用做了介绍。它是指处于输沙平衡状态的河流，当外部条件改变使河流原有的输沙平衡被打破时，河流通过河床的冲淤变化和调整使输沙趋向平衡的一种现象。

对于外部条件稳定的基本上处于输沙平衡状态的河流，河床上各个部分仍可能处于输沙不平衡状态。这种情况虽然也可看成河流的自动调整，但与前述有原则上的不同，它不是外部条件改变的后果，也不吸收改变所产生的影响，因此一般倾向于不将其纳入河流自动调整作用的范畴之内。

认识河流的自动调整作用有助于预测或控制河流的发展方向。

### 8.4.2　河流自动调整作用的特性

河流的自动调整作用具有如下几种重要特性。

**1. 平衡趋向性**

基本处于冲淤平衡状态的河流，当外部条件改变时，河床将发生再造床，在新的外部条件下，建立新的平衡。这就是河流自动调整作用的平衡趋向性。

水库淤积是一个最鲜明的实例，在来水来沙条件基本不变的前提下，建坝抬高了出口侵蚀基点高程，使水深变大，流速减小，纵向输沙平衡破坏。通过水库淤积，直到水深减小，流速增大，水库能将全部来水来沙输送到下游为止。

值得注意的是，在河流上还存在其他平衡趋向性的模式。例如河流由顺直转化为弯曲时，由于横向输沙不平衡，引起凹岸冲刷、凸岸淤积，产生横向变形。但这种横向变形并不能使横向输沙转趋平衡，从而使凹岸冲刷停止；而是相反，凹岸冲刷将继续发展下去，有时甚至愈演愈烈。然而，这种情况下的平衡趋向性仍然存在，横向输沙的不平衡是通过裁弯取直这样的突变来加以实现的。另一个例子是，当河流一岸存在引航道、港池等盲肠河段时，水流的突然扩宽会产生回流及回流淤积，但回流淤积和一般明渠水流淤积不同，它不能增加回流的挟沙能力，从而也不能制止回流淤积的继续发展。它的平衡趋向性是通过盲肠河段口门的完全淤死（在不采取任何措施前提下）来消灭回流而实现的。从这两个实例可以看出，由于自然现象的复杂性，河流自动调整作用平衡趋向性的表现形式是多种多样的。

**2. 调整的多样性**

在外部条件改变，输沙平衡遭到破坏之后，河流作出响应的主要形式是河床的冲淤变化，但其他方面也会发生相应变化，例如修建水库所带来的泥沙淤积除可使水深减小之外，还会出现床沙组成细化，糙率减小，流速增大，比降增大，而所有这些都是有利于提高库区水流挟沙力，加速其平衡趋向性过程的，这就是说，河流为了重建输沙平衡，其所采取的手段是多种多样的。

**3. 响应的整体性**

当外部条件发生巨大改变时，河流将整体性地作出响应。这种整体作出响应的实例是很多的，例如进入黄河下游的沿程淤积，使整个黄河下游成为悬河，而河口三角洲的向口外海滨推进，则造成溯源淤积，更进一步推动黄河下游的河床抬高。当然，响应波及全河是指长时间积累下来的结果而言的，一两次大洪水和一两次河口改道影响所及的范围是有限的。

不但河流的不同河段是一个整体，河流每一河段的洪水河槽、中水河槽、枯水河槽也是一个整体，它们的冲淤变化也是相互影响，不可分割的。例如黄河下游在通常情况下洪水期滩淤槽冲，枯水期槽淤滩冲，其结果是滩槽同步上升，同样是在特定来水来沙条件下，河床必然要发生淤积的一种整体响应形式。

强调河流响应的整体性只是为了说明，河流各个部分不是孤立的，一个部分的改变必然引起另一个部分也发生改变。

**4. 河床变形的滞后性**

在自然河流上，水流条件的变化是比较快的，而河床要通过冲淤变化达到与水流条件相适应，须经历一段比较长的时间，在这个时间尚未到来之前，水流与河床总是不相适应的，河床变形将持续进行，水库的整个淤积过程就是实例，这就是河床变形的滞后性。由河床变形的滞后性引发的问题是多种多样的，在许多情况下，河流没有充足的时间来完成所需要的变形，使得水流与河床不相适应，出现种种问题。例如，浅滩涨水淤积，落水冲刷，如落水过快，冲刷不及，浅滩航深就会不足；又如，中枯水沙波发育，糙率较大，洪水沙波消失，糙率较小，如流量迅速由洪水消落至中枯水，则沙波来不及发育，中枯水的糙率也可能较小；或者相反，如流量迅速由中枯水上涨至洪水，则沙波来不及消失，洪水的糙率也可能较大。

# 8.5 河 相 关 系

## 8.5.1 河相关系的基本概念

能够自由发展的平原冲积河流的河床，在水流的长期作用下，有可能形成与所在河段具体条件相适应的某种均衡的河床形态，这种均衡形态的有关因子（如水深、河宽、比降等）和表达来水来沙条件（如流量、含沙量、泥沙粒径等）及河床地质条件（在平原冲积河流中其本身的部分甚至整体往往又是来水来沙条件的函数）的特征物理量之间，常存在某种函数关系，这种函数关系称为河相关系或均衡关系。

必须指出，由于河床形态常处在发展变化的过程之中，所谓均衡形态并不意味着一成不变，而只是就空间和时间的平均情况而言。产生这种现象是因为来水来沙条件是因时而异的，河床地质条件是因地而异的，而两者的变异均具有一定的偶然性。当然，所谓均衡形态也不是变化不定，不可捉摸的，它出现的概率毕竟是较大的，就所在来水来沙条件及河床地质条件而言，是一种有代表性的形态。当条件发生变化时，这种代表形态虽然也会跟着变化，但它是可逆的。而且由于河床形态的变化一般滞后于水沙条件的变化，因而其变化的强度和幅度一般是不大的。

## 8.5.2 造床流量

造床流量是指其造床作用与多年流量过程的综合造床作用相当的某一种流量。这种流量对塑造河床形态所起的作用最大，但它不等于最大洪水流量，因为尽管最大洪水流量的造床作用剧烈，但时间过短，所起的造床作用并不是很大；它也不等于枯水流量，因为尽管枯水流量作用时间甚长，但流量过小，所起的造床作用也不可能很大。因此，造床流量应该是一个较大但又并非最大的洪水流量。

确定造床流量，目前理论上还不够成熟，在实际工作中，一般多采用下述三种方法。

1. 马卡维也夫（H. И. Маккавеев）法[5]

某个流量造床作用的大小，既与该流量的输沙能力有关，同时也与该流量所持续的时间有关。前者可认为与流量 $Q$ 的 $m$ 次方及比降 $J$ 的乘积成正比，后者可用该流量出现的频率 $P$ 来表示。因此，当 $Q^m J P$ 的乘积为最大时，其所对应的流量的造床作用也最大，这个流量便是所要求的造床流量。

计算的具体步骤如下。

（1）将河段某断面历年（或选典型年）的流量过程分成相等的流量级。

（2）确定各级流量出现的频率 $P$。

（3）绘制该河段的流量—比降关系曲线，以确定各级流量相应的比降。

（4）算出相应于每一级流量的 $Q^m JP$ 值，其中 $Q$ 为该流量级的平均值；$m$ 为指数，可由实测资料确定，即在双对数纸上作 $G_s$—$Q$ 关系曲线（$G_s$ 为实测断面上与 $Q$ 相应的输沙率），曲线斜率即为 $m$ 值，对平原河流来说，一般可取 $m=2$。

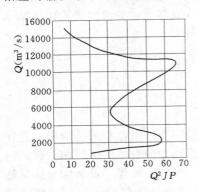

图 8-5　$Q$ 与 $Q^2JP$ 关系曲线

（5）绘制 $Q$—$Q^2JP$ 关系曲线，如图 8-5 所示。

（6）从图中查出 $Q^m JP$ 的最大值，相应于此最大值的流量 $Q$ 即为所求的造床流量。

实际资料分析表明，平原河流的 $Q^m JP$ 值通常都出现两个较大的峰值（图 8-5）。相应最大峰值的流量值约相当于多年平均最大洪水流量，其水位约与河漫滩齐平，一般称此流量为第一造床流量。相应次大峰值的流量值略大于多年平均流量，其水位约与边滩高程相当，一般称此流量为第二造床流量。

决定中水河槽的流量应为第一造床流量，第二造床流量仅对塑制枯水河床有一定的作用，通常所说的造床流量系指第一造床流量。

### 2. 平滩水位法

用漫滩水位确定造床流量，是由于按前述方法计算的造床流量水位大致与河漫滩齐平，同时，也只有当水位平滩时，造床作用才最大，因为当水位再升高漫滩时，水流分散，造床作用降低，水位低于河漫滩时，流速较小，造床作用也不强。此法概念清楚，简便易行，实际工作中应用较广泛。使用这一方法的困难之处在于河漫滩高程不易准确确定。为了避免用一个断面时河漫滩高程难以确定及代表性不强的缺点，可以在河段内取若干个有代表性的断面，取其平滩水位时的平均流量值作为造床流量。

### 3. 保证率法

保证率法实际上是根据保证率或者重现期来确定造床流量亦即平滩流量。

马卡维也夫整理俄罗斯平原河流资料得到的第一造床流量保证率约为 $1\%\sim6\%$，第二造床流量的保证率为 $25\%\sim45\%$。仅就我们最感兴趣的第一造床流量而言，其相应的每年洪水漫滩天数应为 $3.65\sim21.9\mathrm{d}$，重现期为每 $100\sim16.7\mathrm{d}$ 一次。尼克松（M. Nixon）整理英格兰和威尔士河流资料得到的结果与此类似，平滩流量的平均保证率为 $0.6\%$，每年漫滩天数为 $2.19\mathrm{d}$，重现期为每 $167\mathrm{d}$ 一次。相对马卡维也夫和尼克松统计得到的漫滩的机遇相对较多的情形而言，里奥普（L. B. Leopold）、埃米特（W. W. Emmett）整理美国某些河流资料得到的结果则出入较大，漫滩机遇要小得多，不是每年都漫滩，而是每 $1\sim2$ 年漫滩一次，即重现期要大得多，相应的保证率自然也就小得多。因此，目前要用某种特定保证率或重现期确定平滩流量是困难的，钱宁根据美国河流的资料建议，作为粗略的近似，暂时可取重现期为 1.5 年的洪水流量作为平滩流量。附带指出，根据整个流量过程或历年最大洪峰流量绘制累积频率曲线，其保证率和重现期的含义是很不相同的，数值上的差异也很大，必须经过换算，才能相互比较。

### 8.5.3　河相关系

#### 8.5.3.1　早期纯经验的河相关系

早期的河相关系基本上是经验性质的。具体做法是，选取比较稳定或冲淤幅度不大，年内输沙接近平衡的可以自由发展的人工渠道和天然河道进行观测，在形态因素与水力泥沙因素之间建立经验关系。在此期间出现的被应用较多的是格鲁什科夫（В. Г. Глушков，1924）根据天然河流形态因素相互关系的统计分析成果提出的宽深关系式：

$$\frac{\sqrt{B}}{h}=\zeta \tag{8-1}$$

其中河宽 $B$ 及平均水深 $h$ 是相应于平滩流量而言的，单位为 m，$\zeta$ 通称河相系数，山区河段为 1.4，细沙河段为 5.5。

式（8-1）反映了天然河流随着河道尺度或流量的增大，河宽增加远较水深增加为快的一般性规律。进一步的研究表明，$\zeta$ 与河型密切相关，见表 8-1。

表 8-1　　　　　　　　　　不同河型 $\zeta$ 值变化表

| 河　　名 | 河 段 河 型 | $\zeta$ |
|---|---|---|
| 长江 | 荆江，蜿蜒型河段 | 2.23～4.45 |
| 汉江 | 马口以下，蜿蜒型河段 | 2.00 |
| 黄河 | 高村以上，游荡型河段 | 19.00～32.00 |
| 黄河 | 高村至陶城埠，过渡河段 | 8.60～12.40 |

阿尔图宁整理中亚河流也提出了类似公式：[3]

$$\frac{B^{m}}{h}=\zeta \tag{8-2}$$

式中，$m$ 由定值 0.5 改为变值 0.5～1.0，平原河段取较小值，山区河段取较大值；河相系数 $\zeta$ 的变幅也相应增大，河岸不冲和难冲的河流为 3～4，平面稳定的冲积河流为 8～12，河岸易冲的河流为 16～20。

上述河相关系式都属于经验公式，其量纲是不和谐的，也缺乏坚实的理论基础。

#### 8.5.3.2　近代半经验半理论的河相关系

近代河相关系所追求的目标是，尽可能将各种形态关系排列在一起，使之系统化，并力图用一定的理论体系加以概括。沿着这一方向所作的努力，大体上可区分为两种不同的途径。

1. 量纲分析法

从河流形态取决于河流所在地区的气象、地形及地质构造这一最一般的表述形式出发，维利坎诺夫用经过简化的物理量——造床流量 $Q$，由河谷比降引起的沿水流方向的重力分量 $gJ$，参与河床变形的泥沙粒径 $d_{50}$ 依次分别代表上述三个因素，运用量纲分析法，得到河宽及水深的表达式为：

$$\frac{B}{d}=A_{1}\left(\frac{Q}{d^{2}\sqrt{gdJ}}\right)^{x_{1}} \tag{8-3}$$

$$\frac{h}{d} = A_2 \left( \frac{Q}{d^2 \sqrt{gdJ}} \right)^{x_2} \tag{8-4}$$

式中：$A_1$、$A_2$ 为系数；$x_1$、$x_2$ 为指数，根据若干实验室及野外资料求得的有关数据见表 8-2［表中 $m$ 为式（8-5）中的指数］。

从式（8-3）、式（8-4）中消去共同因子 $\dfrac{Q}{d^2 \sqrt{gdJ}}$ 可得另一形式的宽深关系表达式：

$$\frac{B^m d^{1-m}}{h} = \zeta \tag{8-5}$$

其中：

$$m = \frac{x_2}{x_1}, \quad \zeta = \frac{A_1^{x_2/x_1}}{A_2}$$

维利坎诺夫取 $m=0.5$，式（8-5）转化为：

$$\frac{\sqrt{Bd}}{h} = \zeta \tag{8-6}$$

用量纲分析法得到的河相公式虽仍属经验公式，但具有量纲和谐的优点。

表 8-2　　　　　　　　　　　维利坎诺夫河相公式系数和指数

| 资料来源 \ 数值 | | $A_1$ | $A_2$ | $x_1$ | $x_2$ | $m$ |
|---|---|---|---|---|---|---|
| 实验室资料 | 沙拉什金娜 | 0.78 | 0.49 | 0.54 | 0.30 | 0.56 |
| | 安德列也夫 | 1.20 | 0.53 | 0.51 | 0.30 | 0.59 |
| | 李保如游荡小河 | 4.67 | 0.14 | 0.44 | 0.36 | 0.32 |
| 天然河流资料 | 前苏联河流 | 5.60 | 0.29 | 0.40 | 0.35 | 0.88 |
| | 长江荆江段 | 1.16 | 1.62 | 0.39 | 0.38 | 0.97 |
| | 华北、东北游荡河流 | 15.6 | 0.27 | 0.39 | 0.33 | 0.85 |

**2. 谢鉴衡方法**[2]

谢鉴衡曾选用宽深关系式（8-1），与水流连续公式 $Q = BhU$、曼宁公式 $U = \dfrac{1}{n} h^{2/3} J^{1/2}$ 以及水流挟沙力公式 $S_* = K \left( \dfrac{U^3}{gh\omega} \right)^m$ 联解，求得如下形式的河相关系式：[1]

$$B = \frac{K^{0.2/m} \zeta^{0.8}}{g^{0.2}} \left( \frac{Q^{0.6}}{S^{0.2/m} \omega^{0.2}} \right) \tag{8-7}$$

$$h = \frac{K^{0.1/m}}{g^{0.1} \zeta^{0.6}} \left( \frac{Q^{0.3}}{S^{0.1} \omega^{0.1/m}} \right) \tag{8-8}$$

$$U = \frac{g^{0.3}}{K^{0.3/m} \zeta^{0.2}} \left( S^{0.3/m} \omega^{0.3} Q^{0.1} \right) \tag{8-9}$$

$$J = \frac{g^{0.73} \zeta^{0.4} n^2}{K^{0.73/m}} \left( \frac{S^{0.73/m} \omega^{0.73}}{Q^{0.2}} \right) \tag{8-10}$$

上述公式充分反映了断面河相因素与来水、来沙条件的关系。由于糙率 $n$ 及河相

系数 $\zeta$ 均有较丰富的资料，上述方程组使用起来较方便。

3. 最小活动性假说[7]

窦国仁认为在给定来水、来沙条件及河床边界条件下，河床在冲淤条件过程中力求建立活动性最小的断面形态，并用式（8-11）表达河床活动性指标：

$$K_n = \frac{Q_f}{Q_m}\left[\left(\frac{U}{\lambda_a U_{cb}}\right)^2 + 0.15\frac{B}{h}\right] \tag{8-11}$$

这一指标由以下三个因素组成。

（1）流量的相对变幅 $Q_f/Q_m$。其中 $Q_f$ 为保证率等于 2% 的多年平均洪水流量；$Q_m$ 为多年平均流量。

（2）水流对河床的相对作用力 $\left(\frac{U}{\lambda_a U_{cb}}\right)^2$。其中 $U$ 为断面平均流速，$U_{cb}$ 为床面泥沙的止动流速，其值为起动流速的 0.82 倍，$\lambda_a = \frac{a_\omega}{a_b}$，为河岸稳定系数 $a_\omega$ 与河底稳定系数 $a_b$ 的比值，这两个系数与土壤性质有关，按表 8-3 取值。

表 8-3              不同沙类 $a_\omega$、$a_b$ 值表

| 土壤种类 | 粗沙<br>(2~1mm) | 中粗沙<br>(1~0.5mm) | 中沙<br>(0.5~0.25mm) | 细沙<br>(0.25~0.10mm) | 粉沙<br>(0.1~0.05mm) | 粉土<br>(0.05~0.01mm) |
|---|---|---|---|---|---|---|
| 稳定系数<br>$a_\omega$ 或 $a_b$ | 2.0~2.5 | 1.5~2.1 | 1.2~1.5 | 0.9~1.1 | 0.8~1.0 | 0.8~1.0 |
| 备注 | (1) 岸上有植物覆盖或护岸时，$a_\omega$ 应增大。<br>(2) 灌溉渠道有护岸时，可取 $a_\omega = 3.0$。 | | | | | |

（3）断面宽深比 $\frac{B}{h}$。其值愈大，河床可动性也愈大。

取 $K_n$ 对 $U$ 或 $B$ 或 $h$ 的任一偏导数等于 0，所得结果相同，将此结果与水流连续公式 $Q = BhU$、曼宁公式 $U = \frac{1}{n}h^{2/3}J^{1/2}$ 以及挟沙力公式 $S_* = K\left(\frac{U^3}{gh\omega_{cs}}\right)$ 联解，即可求得有关河相关系式。需要指出的是，所用水流挟沙力公式中，$\omega$ 用悬移质泥沙的止动流速 $U_{cs}$ 代替，所得河相关系式如下：

$$B = 1.33\left(\frac{gU_{cs}SQ^5}{K\lambda_a^8 U_{cb}^8}\right)^{1/9} \tag{8-12}$$

$$h = 0.81\left(\frac{K\lambda_a^2 U_{cb}^2 Q}{gU_{cs}S}\right)^{1/7} \tag{8-13}$$

$$U = 0.93\left(\frac{g^2 U_{cs}^2 S^2 \lambda_a U_{cb}^2 Q}{K^2}\right)^{1/4} \tag{8-14}$$

$$J = 1.15n^2\left(\frac{g^4 U_{cs}^4 S^4}{K^4 \lambda_a^2 U_{cb}^2 Q}\right)^{2/9} \tag{8-15}$$

本方法逻辑推理富有新意，所概括的因素也比较全面，只是河床活动性指标的合理形式尚待进一步探讨。

4. 能耗最小假说[8]

能耗最小假说最早是由赫姆霍尔茨（Helmholz）在 1868 年提出的，20 世纪 70

年代以后杨志达、张海燕围绕这一问题做了大量卓有成效的工作。时至今日，这一假说的有效性已被广泛接受，但在具体运用的形式上却存在分歧。目前有三种设想，第一种是单位时间、单位长度水体的能耗最小，即：

$$\gamma QJ = \min \qquad (8-16)$$

第二种是单位时间、单位水体的能耗最小，即：

$$\gamma UJ = \min \qquad (8-17)$$

第三种是单位时间、单位床面水体的能耗最小，即：

$$\frac{\gamma QJ}{B} = \min \qquad (8-18)$$

当考虑能耗的沿程变化时，运用热力学中熵的概念，还可证明，要达到全河段的总能耗最小，各断面的能耗应沿程不变。

将式（8-16）～式（8-18）之一作为补充约束方程式，并据以寻求能满足能耗最小的河相因素值，已有一些研究成果，带来的困难是，极值并不总是存在，因而能耗最小假说，从理论出发到具体运用，都还须作进一步研究。

# 参 考 文 献

[1]　张瑞瑾. 河流动力学 [M]. 北京：中国工业出版社，1961.

[2]　谢鉴衡. 河床演变及整治 [M]. 北京：水利电力出版社，1990.

[3]　Алтунин С. Т. Регулирование русел. Селъхоз. Издат. 1962

[4]　钱宁，周文浩. 黄河下游河床演变 [M]. 北京：科学出版社，1965.

[5]　Маккавеев Н. И. Русло реки и зрозия в её бассейне. Издат . А. Н. СССР. 1955.

[6]　Kenndy R G. The Prvention of Silting in Irrigation Canals. No. 2826. Proc. ICE（London）. Vol, 119，1895.

[7]　窦国仁. 平原冲积河流及潮汐河口的河床形态 [J]. 水利学报，1964，(2)：1-12.

[8]　Yang C T and C. C. S. Song. Theory of Minimum Energy and Energy Dissipation Rate. Encyclopedia of Fluid Mechanics. 1984.

[9]　Великанов М. А. Динамика русловых потоков. Гое. Издат. Технико - Теоретической лит. 1954.

# 第 9 章

## 不同河型平原冲积河流的演变规律

## 9.1  顺直型河段演变规律

天然河流顺直河型河段广泛存在，它往往与其他类型河段交织在一起。例如，蜿蜒型河段中比较长的过渡段，两分汊河段之间曲率较小的单一段都可视为顺直型河段。顺直型河段是一种最简单最基本的河型，有其独特的演变规律。

### 9.1.1  形态特性[1]

从平面看，这种河段的河身比较顺直，河槽两侧分布有犬牙交错的边滩和深槽，上下深槽之间存在较短的过渡段，常称浅滩。图 9-1(a)、(b) 分别给出的浠水关口河段、韩江高坡河段，清晰地表现出这一特征。顺直型河段深泓线纵剖面特性与蜿蜒型河段相似，沿程起伏相间，但变幅较小。

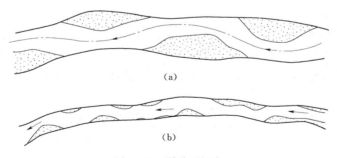

(a)

(b)

图 9-1  顺进型河段
(a) 浠水关口河段；(b) 韩江高坡河段

顺直型河段的河相系数 $\zeta$ 在 $1.39\sim7.8$ 之间，变化范围较大，但对同一河流则变化较小。例如东江、浠水的顺直型河段，$\zeta$ 值可达 $7\sim8$，河道较为宽浅；而汉江一些顺直型河段的 $\zeta$ 值只有 1.4 左右，断面窄深。这表明顺直型河段普遍存在于不同尺度和断面形态的河流之中。

边滩的大小与河道尺度有关。大尺度的河道，其边滩尺度也大；小尺度的河道，其边滩尺度也小。统计某些顺直型河段在造床流量下边滩宽度 $b$（边滩边线为枯水期

水边线)、边滩长度 $l$ 与河宽 $B$ 的关系,可得[1]

$$b=0.57B \qquad (9-1)$$
$$l=2.8B \qquad (9-2)$$

上式清楚地表明了边滩尺度与河道尺度的关系。值得注意的是,边滩的长宽比约为5,几乎为一定值,与河道尺度无关。此外,由式(9-2)可知,顺直型河段以至少容纳一对边滩来计算,其河长应在6倍河宽以上。

### 9.1.2   水流特性

据模型试验,边滩上流速自滩头起沿程增加,至中部达最大值,以后又沿程减小,深槽部分则与此相反。枯水流量时,受边滩的挤压作用很强,水流动力轴线甚为弯曲,中洪水时边滩的影响甚微,水流动力轴线偏靠滩唇而取直。水面比降的观测表明,在造床流量下边滩头部水位沿程降低,滩尾水位沿程略有升高,而深槽部分则恰好相反。由于水流在边滩高程以下呈弯曲状态,产生离心力,因而深槽一侧的水位高于边滩一侧的,形成横比降,其大小与纵比降属同一数量级,且随流量的减小而增大。

顺直型河段由于存在深槽和浅滩,低水位时,浅滩段水深小,比降陡,而流速较大;深槽段则水深大,比降小,故流速较小。随着流量的增加,浅滩和深槽的水流也随之发生相应的变化。

### 9.1.3   输沙特性

模型试验表明,从横向分布看,边滩的推移质输沙率远大于深槽的;从纵向分布看,边滩中部输沙率大于滩头和滩尾的。而深槽则相反,中部输沙率小于深槽头部和尾部的,这样的输移规律是与流速场相应的。

顺直型河段由于环流强度较弱,泥沙横向输移的强度也较弱,从深槽段冲起的泥沙一般不会达到相应的边滩。

### 9.1.4   演变规律

顺直型河段演变最主要的特征是相互交错的边滩向下游移动,与此相应,深槽和浅滩也同步向下游移动。图9-2为前苏联维斯雷河的演变情况,该河在一年的时间内边滩、深槽、浅滩作为一个整体向下游移动了一段距离,而相对位置基本保持不变。

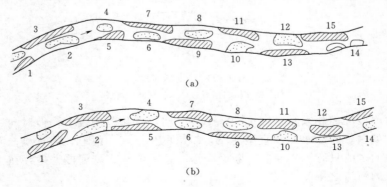

图 9-2   前苏联维斯雷河演变
(a) 1901 年;(b) 1902 年

交错边滩向下游移动，可以看成是推移质运行的一种体现形式。根据前述模型试验所揭示的水流、泥沙运动特点，边滩头部的流速和推移质输沙率都大于滩尾，故滩头表现为冲刷后退，滩尾则淤积下延，整个边滩向下游缓慢移动。同一河岸，上一边滩滩尾的淤积下移和下一边滩头部的冲刷后退所引起的两边滩间深槽的变化，则表现为深槽首部淤积，尾部冲刷，整个深槽相应下移。边滩和深槽的下移，使位于其间的浅滩也相应下移。所以顺直型河段的演变是通过推移质运行使边滩、深槽、浅槽作为一个整体下移的。

至于流量变化对演变的影响，根据前述水流随流量变化的特点，枯水期浅滩冲刷，深槽淤积，洪水期则浅滩淤积，深槽冲刷，这种冲淤规律与蜿蜒型河段的相类似。参与这一变化的，除推移质外，尚有悬移质中的床沙质。

顺直型河段的演变，除体现在边滩下移外，根据河岸土质情况，还可能呈周期性展宽现象。图 9-3 为伏尔加河一顺直型河段的周期性展宽过程，该河段河岸抗冲性较强，而由沙粒组成的河床活动性则很大，当边滩向下游移动时，两岸可冲刷的河岸为边滩所掩护而停止冲刷。与此相应，前期受边滩掩护的河岸则重新被水流所冲刷。这样。经过一段时间后，在较长的河段内两岸都会发生冲刷，河床遂逐渐展宽。当展宽到一定程度后，边滩受水流切割而成为江心滩或江心洲。以后随着某一汊的淤塞，江心洲又与河岸相连，岸线向河心推进，河道再一次束窄。此后，展宽与束窄又交替出现。图 9-3 中 1876～1933 年为束窄过程，1933～1941 年为展宽过程[2]。

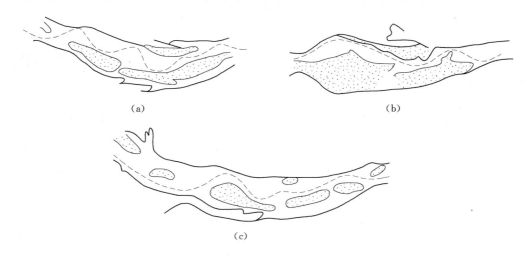

(a)　　　　　　　　　　　　　　(b)

(c)

图 9-3　伏尔加河沙什卡尔河段周期展宽

(a) 1876 年；(b) 1933 年；(c) 1941 年

## 9.2　蜿蜒型河段演变规律

蜿蜒型河段是平原冲积河流最常见的一种河型。如海河流域的南运河，淮河流域的汝河下游和颍河下游，黄河流域的渭河下游，长江流域的汉江下游以及素有"九曲回肠"之称的长江下荆江河段（图 9-4）等，都是典型的蜿蜒型河段。美国密西西比河下游也是著称于世的典型蜿蜒型河段。

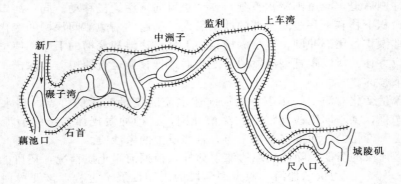

图 9-4 下荆江典型蜿蜒型河段

### 9.2.1 形态特性

从平面上看，蜿蜒型河段是由一系列正反相间的弯道和介乎其间的过渡段衔接而成的。这里首先介绍几个衡量蜿蜒河段形态特征的参数。

在较长的蜿蜒型河道上，自上游过渡段中点起沿河道中心线至最后一个过渡段中点止的曲线长度 $L_c$ 与起点至终点的直线长度 $L_l$ 之比，称为曲折系数 $K$。

$$K = \frac{L_c}{L_l} \qquad\qquad (9-3)$$

曲折系数愈大，表明其蜿蜒曲折愈甚。下荆江的曲折系数原为 2.84，几经裁弯取直后，降为 1.89。就单个河弯而言，上下两个过渡段的中点之间的曲线长度 $L_c$ 与直线长度 $L_l$ 之比为该河弯的曲折系数。

相邻的三个弯道的首尾弯道的弯顶直线距离为弯距 $L$。相邻两弯顶的横向距离 $B_m$ 称为摆幅，它表征河段的摆动范围（图 9-5）。

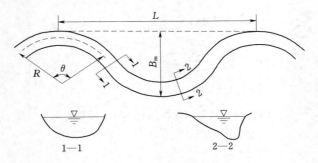

图 9-5 几何形态示意图

单个弯道的弯曲程度是沿程变化的，但可近似用圆弧半径 $R$ 来表示其弯曲程度，称为曲率半径。弯段的上游起点和下游终点辐射线所构成的夹角称为中心角 $\theta$。凹向水流的河岸为凹岸，凸向水流的称为凸岸。两反向弯道之间的直线段称为过渡段。

从横断面看，弯道段呈不对称三角形，凹岸一侧坡陡水深，凸岸一侧坡缓水浅。过渡段基本上呈对称的抛物线或梯形。由弯道段至过渡段断面形态沿程是逐渐变化的。从纵剖面看，其深泓线是沿程起伏相间的，弯道段高程较低，而过渡段则较高。

### 9.2.2 水流特性

蜿蜒型河段的水流运动受离心惯性力的作用，凹岸一侧的水位恒高于凸岸一侧，这一力学现象决定了弯道水流结构的特点。这些特点主要反映在水面横比降 $J_z$、凹岸和凸岸的纵比降 $J_x$、横向环流、纵向垂线平均流速 $U$ 和水流动力轴线的变化上。

1. 弯道水面的横比降

当水流在弯道内做曲线运动的时候，必然产生指向凹岸的离心力，为分析其受力特点，在图 9-6 中取长、宽各一个单位的水柱来观察。这个水柱沿横向（$oz$ 轴的方向）的受力情况如图 9-7 所示。图中 $P_1$ 及 $P_2$ 为两侧的水压力，$T$ 为底部的摩擦力，$F$ 为离心力。在这里，假设水柱的上游和下游铅直面中都没有内摩阻力。这样，我们便可以写出这个水柱的横向动力平衡方程式。

因：

$$F = \frac{1}{2}(2h + J_z)\rho a_0 \frac{U^2}{R} \tag{9-4}$$

$$P_1 = \frac{1}{2}\gamma h^2$$

$$P_1 = \frac{1}{2}\gamma (h + J_z)^2$$

并考虑到水柱的底面很小，摩阻力 $T$ 可以忽略不计，故得：

$$\frac{1}{2}(2h + J_z)\rho a_0 \frac{U^2}{R} + \frac{1}{2}\gamma h^2 - \frac{1}{2}\gamma (h + J_z)^2 = 0$$

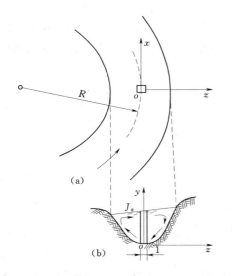

图 9-6 弯道环流

（a）平面；（b）横剖面

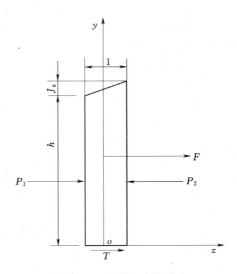

图 9-7 弯道中水柱受力

因 $J_z$ 系较小的数值，上式中 $J_z^2/2$ 可以忽略不计，同时可取 $2h+J_z \approx 2h$，故上式可改写为：

$$h\rho a_0 \frac{U^2}{R} - \gamma h J_z = 0$$

或：

$$J_z = a_0 \frac{U^2}{gR} \qquad (9-5)$$

由于 $a_0 U^2/R$ 为离心力加速度，$g$ 为重力加速度，故 $J_z$ 为离心力加速度和重力加速度两者的比值。式中的流速分布系数 $a_0$ 可根据流速分布公式求得，如采用卡曼—普兰特尔的对数流速分布公式并将其改写为：

$$u_x = U\left[1 + \frac{\sqrt{g}}{Ck}(1+\ln\xi)\right] \qquad (9-6)$$

则得：

$$a_0 = \frac{1}{U^2}\int_0^1 u_x^2 \mathrm{d}\xi = \int_0^1 \left[1 + \frac{\sqrt{g}}{Ck}(1+\ln\xi)\right]^2 \mathrm{d}\xi = 1 + \frac{g}{C^2 k^2} \qquad (9-7)$$

因此：

$$J_z = \left(1 + \frac{g}{C^2 k^2}\right)\frac{U^2}{gR} \qquad (9-8)$$

$$\xi = y/h$$

式中：$C$ 为谢才系数，其余同前。

沿 $oz$ 轴的不同的水柱，铅直线上的纵向平均流速 $U$，曲率半径 $R$ 均不同，因而横向比降 $J_z$ 也不同。事实上，在弯道上横剖面中的水面线是一条曲线，而不是一条直线。

横比降的存在，使得水流纵比降 $J_x$ 沿凹岸和凸岸的变化是不同的。

图 9-8 为菲德曼（А. И. фидман）实测的弯道水位等高线[3]。由图可知，凹岸的水位恒高于凸岸的，就形成了横比降，其最大值一般出现在弯道顶点附近，而向上下游两个方向逐渐减小。

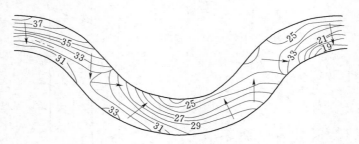

图 9-8    弯道水位等高线（单位：mm）

2. 环流的产生及横向流速

图 9-7 中的水压力 $P_1$、$P_2$ 以及离心力 $F$ 都不是沿垂线均匀分布的。上层流体所受的合力向右，下层流体所受的合力向左，因而分别发生向右和向左的流动（图 9

—9）。如果结合图 9-6 来看，也就是表层的水流向凹岸，底层的水流向凸岸，在横断面上的投影将形成一个封闭的环流。实际上横向水流与纵向水流结合在一起，将构成弯道中的螺旋流。

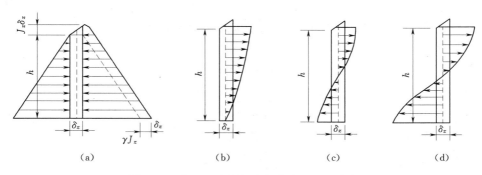

图 9-9　作用于水柱的力的分布和流速分布

如果在弯道水流中取一个微小的六面体 $\delta_x \delta_y \delta_z$ 来观察，它的横向受力情况（即沿 $oz$ 轴的受力情况）如图 9-10 所示，可以写出动力平衡方程式如下：

$$\left[p_z - \left(p_z + \frac{\partial p_z}{\partial z}\delta z\right)\right]\delta x\delta y - \left[\tau_z - \left(\tau_z + \frac{\partial \tau_z}{\partial y}\delta y\right)\right]\delta x\delta y + \rho\delta x\delta y\delta z\frac{u_x^2}{R}=0$$

简化得：

$$-\frac{\partial p_z}{\partial z}+\frac{\partial \tau_z}{\partial y}+\rho\frac{u_x^2}{R}=0 \tag{9-9}$$

方程式（9-9）为二维弯道环流的运动方程式。

因：

$$p_z = \gamma(h-y)$$

故：

$$\frac{\partial p_z}{\partial z}=\gamma\frac{\partial h}{\partial z}=\gamma J_z$$

因此得：

$$\frac{\partial \tau_z}{\partial y}=\gamma J_z - \rho\frac{u_x^2}{R}$$

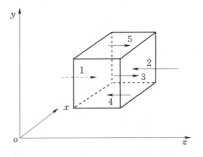

图 9-10　作用于微小六面体上的横向力

将方程式（9-6）的关系代入上式，经过一系列推导，最后可得横向流速的方程式为：

$$u_z = \frac{hU}{k^2 R}\left[-2\left(\int_0^\xi\frac{\ln\xi}{1-\xi}d\xi+1\right)-\frac{\sqrt{g}}{Ck}\left(\int_0^\xi\frac{\ln^2\xi}{1-\xi}d\xi-2\right)\right] \tag{9-10}$$

如令：

$$F_1(\xi)=-2\left(\int_0^\xi\frac{\ln\xi}{1-\xi}d\xi+1\right)$$

$$F_2(\xi)=\int_0^\xi\frac{\ln^2\xi}{1-\xi}d\xi-2$$

则得：

$$u_z = \frac{hU}{k^2 R}\left[ F_1(\xi) - \frac{\sqrt{g}}{Ck}F_2(\xi) \right] \qquad (9-11)$$

方程式（9-10）及式（9-11）是罗佐夫斯基（И. Л. Розовский）提出的[4]。如果取 $k=0.4$，$C=75$，$R=5000$m，$U=1.5$m/s，$h=12$m，则接近河底的横向流速 $(u_z)_\xi$ 约为 0.03m/s。由于接近河底的纵向流速一般是较小的，故横向流速的这个数值在横向输沙方面的作用不可忽视。

在 $k\approx 0.5$ 和 $C\geqslant 50$ 时，罗佐夫斯基将式（9-11）简化为：

$$u_z = 6U\frac{h}{R}(2\xi-1) \qquad (9-12)$$

从式（9-12）看出，横向流速与水深及垂线平均流速成正比，与水流弯曲半径成反比。由于横向流速分布与纵向流速分布息息相关，采用不同的纵向流速分布公式，所得横向流速分布公式也不同，但其基本关系仍为 $u_z \propto U\dfrac{h}{R}$。

横向流速 $u_z$ 上下层的指向相反，故必存在 $\xi$，使 $u_z=0$，探求 $u_z=0$ 的位置，对了解环流的转向及其平均流向很必要。令式（9-11）中的 $u_z=0$，得近似式为：[5]

$$\xi_{pj} = 0.45 + 0.08\frac{\sqrt{g}}{kC} \qquad (9-13)$$

由于谢才系数 $C$ 一般与水位成正比，因此，在高水位时 $u_z=0$ 的位置偏低，低水位时则偏高，这样的特性可供测量环流平均流向时参考。由式（9-12）得 $\xi_{pj}=0.5$，故知 $\xi_{pj}$ 的变化范围大致是 0.45～0.5。

横向流速 $u_z$ 绝对值的大小称为环流强度。任意点的横向流速 $u_z$ 与纵向流速 $u_x$ 之比 $\dfrac{u_z}{u_x}$ 称为环流旋度，它关系到泥沙运行方向及河床局部变形的部位。由式（9-12）、式（9-6）得：

$$\frac{u_z}{u_x} = \frac{6(2\xi-1)}{1+\frac{\sqrt{g}}{kC}(1+\ln\xi)}\frac{h}{R} \qquad (9-14)$$

取近底 $\xi=0.01$ 和近水面 $\xi=0.99$，得 $\dfrac{u_z}{u_x} = (-10.7\sim5.23)\dfrac{h}{R}$。

任意点的横向流速 $u_z$ 与纵向垂线平均流速 $U$ 之比，称为环流相对强度。由式（9-12）得：

$$\frac{u_z}{U} = 6\frac{h}{R}(2\xi-1) \qquad (9-15)$$

取 $\xi=0.01$ 和 $\xi=0.99$，得：

$$\frac{u_x}{U} = (-5.88\sim5.88)\frac{h}{R} \qquad (9-16)$$

由此可知，环流旋度和相对强度沿垂线的分布，定性上是相同的，其数值除靠近河底部分外也相去不远。

图 9-11 为下荆江实测的环流情况。由图可知，在弯道段的深槽，环流发展得比较充分，进入边滩后迅速减弱，在弯顶断面尤为突出。

图 9-12(a) 为弯道纵向流速等值线图。由图可知，凹岸一侧的流速远大于凸岸一侧的流速。过渡段的纵向等速线分布比较均匀，如图 9-12(b) 所示。

从以上介绍的横向环流和纵向水流可知，弯道水流具有强烈的三维性，是纵向水流与横向水流结合起来所形成的螺旋流。螺旋流在弯道横向铅直面的投影，则表现为横向环流。

### 3. 水流动力轴线

纵向水流各断面最大垂线平均流速处的连线，称为水流动力轴线，亦称主流线。在弯道进口段或在弯道上游的过渡段，主流常偏靠凸岸一侧；进入弯道后，主流逐渐向凹岸转移，至弯顶稍上部位，主流才偏靠凹岸，主流逼近凹岸的位置叫顶冲点，自顶冲点以下相当长的距离内，主流则紧贴凹岸。

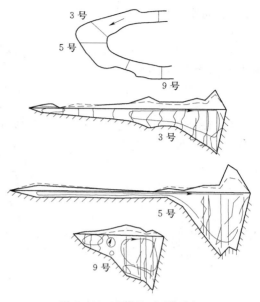

图 9-11 下荆江实测环流
（来家铺 1963 年 8 月）

弯道水流动力轴线的另一特点是低水傍岸，高水居中，俗称低水走弯，高水走滩，这与水流动量及惯性有关。与此相应，主流对凹岸的顶冲部位，则出现低水上提，高水下挫现象。一般低水时顶冲部位在弯顶附近或弯顶稍上，高水时顶冲部位在弯顶以下。

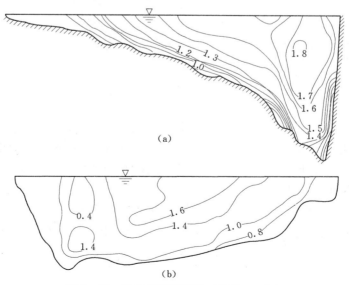

图 9-12 纵向流速等值线（单位：m/s）
(a) 弯道段；(b) 过渡段

#### 9.2.3  输沙特性

1. 横向输沙

蜿蜒型河段存在的横向环流，决定了泥沙运动的特点。为此，着重讨论横向环流所引起的横向输沙问题[5]。

垂线上任意单位面积环流横向输沙率：

$$q_z = u_z S$$

横向流速采用简化式（9-12），含沙量沿垂线分布用垂线平均含沙量代替近底含沙量 $S_a$ 的罗斯公式变换式：

$$\frac{S}{S_{pj}} = \frac{1-\xi_a}{J_1}\left(\frac{1-\xi}{\xi}\right)^z \tag{9-17}$$

$$J_1 = \int_{\xi}^{1}\left(\frac{1-\xi}{\xi}\right)^z d\xi$$

式中：$S_{pj}$ 为垂线平均含沙量；$\xi_a$ 取用 0.01。

得单位面积上环流横向输沙率沿垂线分布为：

$$q_{sz} = u_z S = 6US_{pj}\frac{h}{R}\frac{1-\xi_a}{J_1}(2\xi-1)\left(\frac{1-\xi}{\xi}\right)^z \tag{9-18}$$

简称环流横向输沙率沿垂线分布。图 9-13 为式（9-18）的图解。

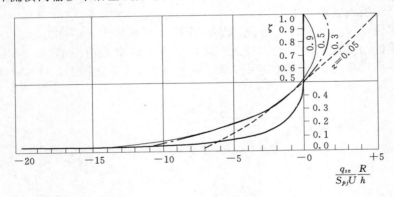

图 9-13    横向输沙率分布

由图 9-13 可知，不论悬浮指标 $z$ 值的大小，环流下部的输沙率恒大于上部的，且随着 $z$ 值的增大，下部的愈大于上部的，这是环流横向输沙的基本图形。由于上下部的输沙率不等，横向输沙总是不平衡的。泥沙的横向净输移量总是朝向环流下部所指的方向，亦即凸岸方向。

将式（9-18）沿垂线积分，得纵向单位水流长度的横向输沙率净值为：

$$q_{sn} = 6US_{pj}\frac{h}{R}\frac{1-\xi_a}{J_1}\int_{\xi_a}^{1}(2\xi-1)\left(\frac{1-\xi}{\xi}\right)^z d\xi = 6q_{spj}\frac{h}{r}\frac{1-\xi}{J_1}J_n \tag{9-19}$$

$$J_n = \int_{\xi_a}^{1}(2\xi-1)\left(\frac{1-\xi}{\xi}\right)d\xi$$

式中：$q_{spj}$ 为纵向单宽输沙率；仍取 $\xi_a = 0.01$ 与 $J_1$ 相适应。

2. 纵向输沙

弯道段，洪水期水深很大，比降也大；枯水期水深变小，比降受下游过流段壅水的影响相应变小，而枯水期糙率一般比洪水期的大。过渡段，洪水期水深虽然也较大，但比降比枯水期的要小；枯水期水深虽然变小，但比降则比洪水期增大很多，糙率的变化大体上与弯道段相似。上述因素的综合结果，洪水期弯道段的水流挟沙力大于过渡段的水流挟沙力，引起弯道段冲刷过渡段淤积，而枯水期则相反。

### 9.2.4 演变规律

蜿蜒型河段的演变现象，按其缓急程度，可分为两种情况：一种是经常发生的一般演变，另一种是在特殊条件下发生的突变。

1. 一般演变

（1）平面变化。蜿蜒型河段由于横向输沙作用，凹岸的不断崩退，凸岸相应淤长，并且随弯顶向下游蠕动，导致蜿蜒曲折的程度不断加剧，河长增加，曲折系数也随之增大。图 9-14 为下荆江近 400 多年来的变化。由图可知，变化是相当大的。图 9-15 为下荆江尺八口河弯发展过程示意图。

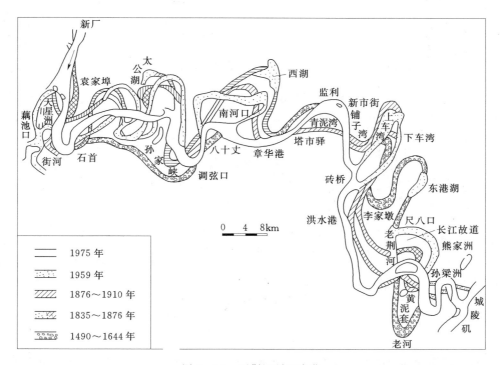

图 9-14 下荆江平面变化

平面变形时河弯固然不断变化，但各河弯之间过渡段的中间部位则基本不变，只是过渡段长短不等而已。也就是说，蜿蜒型河段的平面变形，基本上是围绕由这些中间部位联成的摆轴进行的。

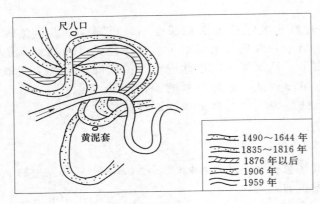

图9-15　下荆江尺八口河弯

（2）横向变化。横向变化反映在横断面的变形上。横断面变形主要表现为凹岸崩退和凸岸相应淤长。实测资料表明，在变化过程中不仅断面形态相似，且冲淤的横断面面积也接近相等，如图9-16所示。从这一点出发，可根据前后两次实测断面资料，对断面的进一步发展趋势作出判断。如果崩退的面积大于淤长的面积，则凸岸会继续淤长；如果凸岸淤长的面积大于崩退的面积，则凹岸会继续崩退；如果崩淤面积接近相等，则表明断面已接近平衡状态。

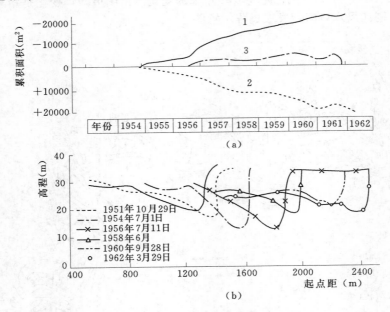

图9-16　下荆江来家铺弯顶断面冲淤变化

（a）凹岸崩退和凸岸淤长累积线；（b）弯顶横断面变化图

1—凹岸崩退累积线；2—凸岸淤长累积线；3—累积差线

过渡段两岸也会发生一定的冲淤变化，但强度较弱，两岸冲淤面积接近相等，断面形态保持不变。

（3）纵向变化。蜿蜒型河段的纵向变形前已述及，即弯道段洪水期冲刷而枯水期淤积，过渡段则相反。年内冲淤变化虽不能完全达到平衡，但就较长时期的平均情况而言，基本上是平衡的。

2. 突变

蜿蜒型河段的突变包括自然裁弯、撇弯和切滩现象。

蜿蜒型河段的发展由于某些原因（例如河岸土壤抗冲能力较差），使同一岸两个弯道的弯顶崩退，形成急剧河环和狭颈。狭颈的起止点相距很近，而水位差较大，如遇水流漫滩，在比降陡、流速大的情况下便可将狭颈冲开，分泄一部分水流而形成新河。这一现象称为自然裁弯，这种突变在蜿蜒型河段上常有发生。下荆江自 1860～1949 年的近 90 年中，就发生过太公湖、西湖、古长堤、尺八口、碾子弯等多处自然裁弯。汉江下游新沟弯道于 1963 年发生自然裁弯。图 9－17 是两个有代表性的自然裁弯情况。

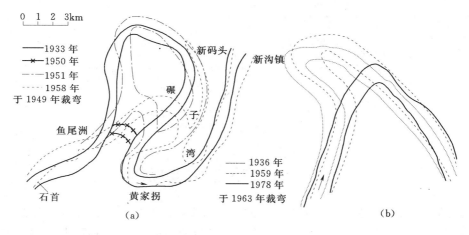

图 9－17　自然裁弯
（a）长江碾子弯；（b）汉江新沟弯道

当河弯发展成曲率半径很小的急弯后，遇到较大的洪水，水流弯曲半径远大于河弯曲率半径，这时在主流带与凹岸急弯之间产生回流，使原凹岸急弯淤积。这种突变称为撇弯。河弯之所以会形成急弯，原因是多方面的。从水流角度而言，主要是连续多年的水量偏小，特别是枯水流量偏小，使顶冲部位比较固定，加上特定的边界条件，而逐渐发展成为急弯。下荆江上车湾就发生过撇弯，如图 9－18（a）所示。撇弯时凹岸是淤积的，有异于弯道演变的一般规律。

河弯曲率半径适中，而凸岸边滩延展较宽且较低时，遇到较大的洪水，水流弯曲半径大于河岸的曲率半径较多，这时凸岸边滩被水流切割而形成串沟，分泄一部分流量，这种突变称为切滩。产生这一现象的主要原因，是凸岸边滩较低，抗冲能力较差。长江下荆江监利河弯曾于 1970 年发生切滩，如图 9－18（b）所示。

自然裁弯与切滩虽然有一些共同点，但实际上是两个不同的概念。自然裁弯是在两个河弯之间的狭颈上进行的，而切滩发生在同一河弯的凸岸。切滩所形成的串沟，虽然也可以成为新河，但原河弯不会被淤积成牛轭湖，而是形成两条水道并存的分汊河段。至于两者对河势的影响，自然裁弯比切滩要大得多。

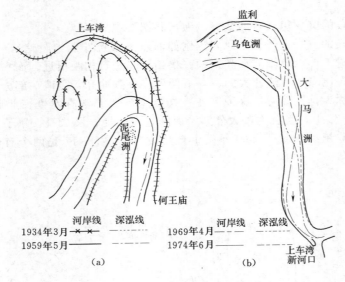

图9-18  上车湾撇弯，监利切滩

（a）上车湾；（b）监利河弯

# 9.3   分汊型河段演变规律

　　分汊型河段是平原冲积河流中常见的一种河型，西方国家称之为辫状河型。我国各流域内都存在这种河型，例如珠江流域的北江、东江，黑龙江流域的黑龙江、松花江，长江流域的湘江、赣江、汉江等。特别是长江中下游这种河段最多，在城陵矶至江阴1150km河段内，就有分汊河段41处，总长788.9km，占区间河长的68.6%[6]。

　　分汊型河段由于水流和泥沙分股输移，这样的水、沙状况往往是难于稳定的，容易引起汊道的变化，给国民经济各部门带来一些不利影响。研究分汊型河段的特性及演变规律，以便有效地进行整治，是一项很重要的工作。

## 9.3.1   形态特性

　　单个的分汊河段，其平面形态是上端放宽、下端收缩而中间最宽。中间段可能是两汊，也可以是多汊，各汊之间

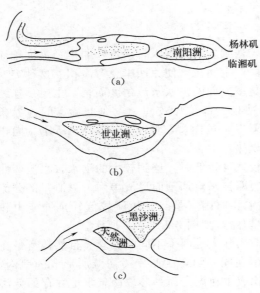

图9-19   汊道类型

（a）顺直型；（b）弯曲型；（c）鹅头型

为江心洲。自分流点至江心洲头为分流区，洲尾至汇流点为汇流区，中间则为分汊段。长江中下游的分汊河段按平面形态的不同，可分为顺直型分汊、微弯型分汊和鹅头型分汊三类（图9-19）。

从较长的河段看，其间常出现几个分汊段，呈单一段与分汊段相间的平面形态。因单一段较窄，分汊段较宽，故常形象地称其具有藕节状外形。

分汊型河段的横断面，在分流区和汇流区均呈中间部位凸起的马鞍形，分汊段则为江心洲分隔的复式断面。

分汊型河段的纵剖面，从宏观看，呈两端低中间高的上凸形态，而几个连续相间的单一段和分汊段，则呈起伏相间的形态，与蜿蜒型河段的过渡段和弯道段的纵剖面有相似之处。图9-20所示长江镇扬河段纵剖面清楚地表明了这些特征。

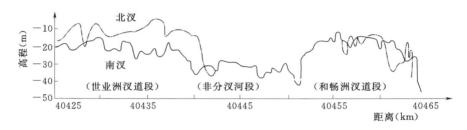

图9-20 长江镇扬河段纵剖面图

从局部看，分流区至汊道入口，自分流点开始，两侧深泓线先为逆坡而后转为顺坡，呈马鞍状。二汊一高一低，高的为支汊，低的为主汊，支汊的逆坡恒陡于主汊的，两者最高点的差值，在长江中下游有的可达二三十米，如铜陵汊道，一般也有数米至十多米，如八卦洲汊道。分流区的水下地形，支汊一侧恒高于主汊一侧，呈倾斜状。

汊道出口至汇流区，两侧的深泓线呈顺坡下降，支汊一侧的纵坡常陡于主汊一侧的。就支汊一侧进、出口两个陡坡而言，出口的顺坡更陡于进口的逆坡。

### 9.3.2 水流特性

由于汊道内河段类型不外乎前面提到的顺直河段与弯曲河段，因此分汊河段水流运动最显著的特征是具有分流区和汇流区。

1. 分流区

分流区的分流点是变化的，一般是高水下移，低水上提，类似于弯道顶冲部位的变化，这是由水流动量的大小所决定的。自分流点起水流分为左右两支，而流线的弯曲方向往往相反，且表层流线比较顺直，而底层流线由于受地形的影响，则比较弯曲。

分流区的水位，支汊一侧总高于主汊一侧，如天兴洲两侧的水位就相差5.5~7cm。水位沿横向的变化呈中部高两侧低的马鞍形，并与横断面相对应。分流区的纵比降，支汊一侧小于主汊一侧。

在分流区内，水流分汊，恒出现两股或多股水流，其中居主导地位的则进入主汊。分流区的断面平均流速沿流程呈减小趋势，流向主汊一侧和支汊一侧的水流垂线平均流速也是沿程逐渐减小的，且流向支汊一侧的要减小得多一些。分流区内断面上的等速线有两个高速区，靠主汊一侧的流速最大，靠支汊一侧的流速次之，而中间则

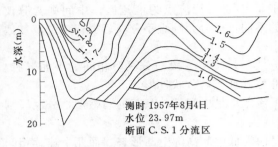

图 9-21  分流区断面等流速线分布图

为低速区（图 9-21）这样的分布规律是与横断面内主流部位相对应的。

野外观测和室内模型试验均表明，分流区恒存在环流，如图 9-22 所示。其变化和分布具有多样性，有的为单向环流，有的为双向环流，有的则为多个多层的复杂环流。

2. 汇流区

汇流区的水位，支汊一侧的也高于主汊一侧的。如天兴洲两侧出口水位相差 2cm。水位沿流程降低，主汊一侧比支汊一侧降低得更快些，因而其纵比降是主汊一侧大于支汊一侧。由于两岸存在水位差，故汇流区同样存在横比降。

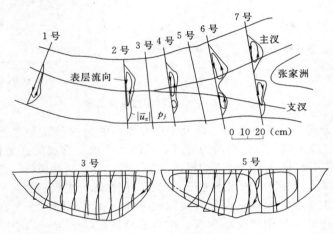

图 9-22  环流沿程变化

汇流区的断面平均流速沿程增大，来自主汊一侧和支汊一侧的垂线平均流速也如此，但前者大于后者，这样的变化与纵比降的变化是相应的。汇流区内断面上的等速线同样存在两个高速区和中间低速区（图 9-23），且与横断面内主流部位相对应。汇流区也有环流，其变化和分布与分流区的类似（图 9-24）。

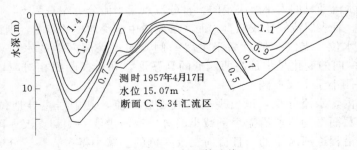

图 9-23  断面等速线

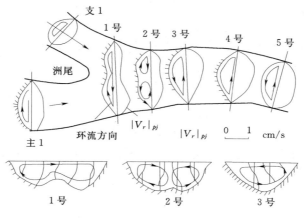

图 9-24 汇流区环流

### 9.3.3 输沙特性

与等速线相对应由图 9-25 可见，分流区左右两侧含沙量都较大，中间较低。汇流区的情况相反，左右两侧含沙量较小而中间较大，且底部的含沙量更大，这样分布特点可能与汇流后两股水流在交界面处掺混作用加强有关。图 9-25 为长江天兴洲汉道分流区及汇流区汉道悬移质含沙量分布图。

分汉河道不同河段的床沙质挟沙力，经用实测资料检验均可用张瑞瑾公式加以描述。由于该式所描述的是输沙平衡情况，而汉道各河段常处在较急剧的冲淤变化过程之中，不同河段在不同时期内的水流挟沙情况相对于这一规律而言略有偏离是不言而喻的。

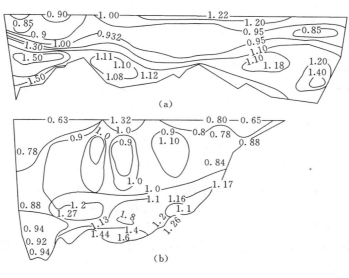

图 9-25 悬移质含沙量等值线

(a) 分流区；(b) 汇流区

### 9.3.4    演变规律

#### 1. 汊道分流分沙

汊道分流习惯上用分流比来表示。以双汊为例，主汊的分流比为：

$$\eta_m = \frac{Q_m}{Q_m + Q_n} \qquad (9-20)$$

主汊分沙比为：

$$\xi_m = \frac{Q_m S_m}{Q_m S_m + Q_n S_n} = \frac{1}{1 + Q_n S_n / Q_m S_m} \qquad (9-21)$$

式中：下标 $m$、$n$ 分别表示主汊和支汊；$S$ 为断面平均含沙量（全沙），以 $\text{kg/m}^3$ 计，令含沙量比值 $S_m / S_n = K_s$，得：

$$\xi_m = \frac{\eta_m}{(1 - \eta_m / K_s) + \eta_m} \qquad (9-22)$$

当分流比 $\eta_m$ 算出后，只要知道含沙量比值 $K_s$ 便可求出分沙比。

根据长江中下游汊道的实测资料，大多数主支汊比较明显的汊道 $S_m > S_n$，由式 (9-22) 得 $\xi_m > \eta_m$。主汊分沙比恒大于分流比是汊道的一个重要特点。

#### 2. 汊道演变

分汊型河段的演变极为复杂，一般来说，其演变主要表现为沙洲和河道两岸岸线的平面变化，分流分沙比变化，汊内的断面和纵向冲淤等。

河段分汊后，如果一岸的抗冲能力较强，另一岸较弱，随着河岸的坍塌后退，则一汊会单向位移，江心洲相应展宽。如果河岸在坍塌后退的同时，也向下游发展，则汊道表现为横向摆动与下移的平面变形，如龙坪汊道［图 9-26(a)］。

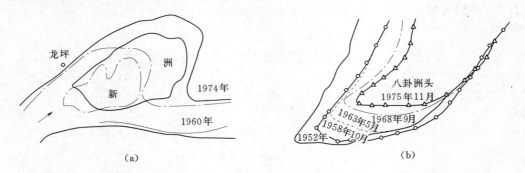

图 9-26    汊道演变
(a) 龙坪汊道；(b) 八卦洲汊道

如果分流区河岸展宽，则洲头向上游淤长且洲头比较平缓。如果分流区河岸相对稳定，上游河段主流也比较稳定，则洲头一般表现为冲退且洲头也比较陡峻，如八卦洲汊道［图 9-26(b)］。

洲尾的冲淤主要取决于主汊、支汊汇流角的大小，如交角较大，则发生冲刷，洲尾向上游退缩，且尾部较陡。如交角较小，在汇流过程中，泥沙在汇流区间落淤，使洲尾向下游淤长。

主、支汊易位是汊道演变的特点之一，多发生在顺直型分汊河段，主要原因是上游水流动力轴线的摆动，引起分汊河段进口分流分沙的变化，导致主、支汊易位。图9-27为马鞍山河段江心洲主、支汊的变化情况。大约100多年以前，江心洲右汊为主汊，后来西梁山脱流，主流经东梁山挑流指向江心洲左汊，于是逐渐发展成为主汊，而右汊衰退成支汊。

对弯曲型和鹅头型汊道，有一种演变特点是值得注意的。根据弯道的演变特点，主汊的凹岸侧不断冲刷后退，凸岸侧相应淤长，由于主汊平面位置的不断变动，河道中间的沙洲平面位置和大小也跟着变化。当主汊从河道的凸岸侧摆动到对面凹岸侧，水流切割河道凸岸边滩形成新的汊道，这个新的汊道逐渐发展为主汊时，表示该汊道演变进入一个新的周期。长江乌龟洲汊道就是属于这一类型。

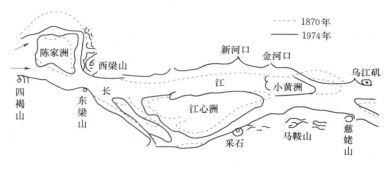

图9-27 马鞍山江心洲汊道

根据长江中下游若干汊道的统计分析，支汊的分沙比小于其分流比，高水期的分流比大于低水期的分流比，都是有利于支汊长期存在的条件。

# 9.4 游荡型河段演变规律[7]

游荡型河流在世界各地广泛存在。如南亚的布拉马普特拉河，北美的红狄尔河、鲁普河及普拉特河，南美的塞贡多河及北欧的塔纳河都属这类河型。我国黄河下游孟津—高村河段，汉江丹江口—钟祥河段，渭河咸阳—泾河口河段都是典型的游荡型河段。

游荡型河流河床宽浅散乱，主流摆动不定，河势变化急剧，常给防洪、航运、工农业用水等各部门带来不利影响。

### 9.4.1 形态特性

从平面形态看，游荡型河段的特性是：河身比较顺直，曲折系数一般不大于1.3。在较长的范围内，往往宽窄相间，类似藕节状。河段内河床宽浅，洲滩密布，汊道交织。图9-28(a)为黄河花园口游荡型河段平面图，图9-28(b)为汉江白家湾游荡型河段平面图，两图明显地表现出上述特性。

河道比降陡峻是游荡型河段纵剖面的显著特征，且游荡型河段的纵比降比蜿蜒型河段大。如黄河下游游荡型河段的比降在 $1.5 \times 10^{-4} \sim 4.0 \times 10^{-4}$ 之间，永定河下游

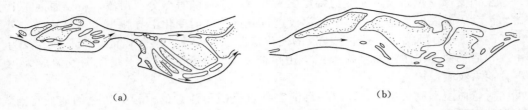

图 9-28    游荡型河段
(a) 黄河花园口；(b) 汉江白家湾

约为 $5.8 \times 10^{-4}$，汉江襄阳—宜城约为 $1.8 \times 10^{-4}$。而河道尺度相近的蜿蜒型河段其比降一般都在 $1.0 \times 10^{-4}$ 以下，如汉江下游蜿蜒型河段的平均比降为 $0.9 \times 10^{-4}$，下荆江为 $0.2 \times 10^{-4} \sim 0.6 \times 10^{-4}$。

游荡型河段的横断面宽浅，其河相系数 $\zeta$ 相当大。例如黄河高村以上的游荡型河段，$\zeta = 19 \sim 32$，个别河段达 60；汉江襄阳—宜城河段，$\zeta = 5 \sim 28$，远比荆江蜿蜒型河段的河相系数 $\zeta$ 值（$2.23 \sim 4.45$）为大。

我国北方一些游荡型河段不仅断面宽浅，而且由于泥沙的不断淤积，河床常高出两岸地面而成为"悬河"。如黄河下游大堤的临背高差一般达 $3 \sim 5m$，最大达 10m 以上，永定河卢沟桥以下的游荡型河段，1950 年实测深泓高程竟高出堤外地面 $4 \sim 6m$。

## 9.4.2    水流特性

游荡型河段因河床宽浅，平均水深很小。如黄河花园口河段平均水深变化于 $1 \sim 3m$ 之间；汉江襄阳—碾盘山枯水平均水深不足 1m。但流速较大，黄河花园口的流速可达 3m/s 以上。由于水深小、流速大，黄河下游的弗汝德数远大于一般冲积河流，从而产生一些比较特殊的水流现象，如与床面逆波及驻波相对应的水面波现象（"淦"）等。

游荡型河段的水文特性主要表现为洪水的暴涨暴落，年内流量变幅大。例如黄河花园口的洪峰变差系数 $C_v$ 达 0.465。

## 9.4.3    输沙特性

游荡型河段的含沙量往往很大，例如黄河花园口站多年平均含沙量为 27.11kg/$m^3$，永定河三家店站为 44.2kg/$m^3$。不仅含沙量大，而且同流量下的含沙量变化很大，流量与含沙量的关系极不明显。也就是说，同流量下的输沙率变化很大，不但全沙输沙率是如此，床沙质输沙率也是如此。早已查明，黄河下游无论全沙输沙率还是床沙质输沙率，如果以上站含沙量为参数，将本站流量与输沙率的关系点绘在双对数纸上，将形成基本平行的直线。图 9-29 为黄河下游孙口站流量与床沙质输沙率的关系，图中 $S_L$ 为上站床沙质含沙量。由图 9-29 可知，同一流量，因上站含沙量的不同，其输沙率相差很大，出现所谓多来多排、少来少排现象。产生这一现象的原因，主要是因为河道冲淤发展迅速，使决定水流输沙能力的一些重要因素，如床沙组成、断面形态、局部比降等都在发生变化，因而同一流量所能挟带的沙量就会出现显著的差异。

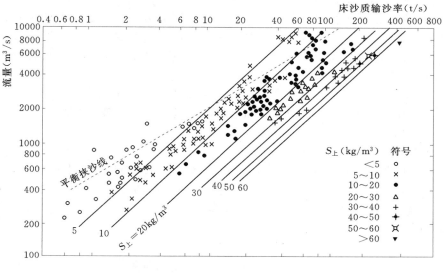

图 9-29　黄河孙口站床沙质输沙率

### 9.4.4　演变规律

**1. 多年平均河床逐步抬高**

表 9-1 为黄河下游游荡型河段各水文站历年同流量下的水位变化情况，表中除 1960～1964 年为三门峡水库蓄水运用和防洪排沙期间，因下泄沙量较少，河床发生冲刷引起水位下降外，其余各时段河床均发生淤积，导致水位抬高。花园口至高村河段，在 1950～1972 年的 20 多年内河床平均抬高速度为 5.9～9.7cm/a。

| 表 9-1 | 黄河下游 3000m³/s 流量时水位升降值 | | | 单位：m |
|---|---|---|---|---|
| 站　　名 | 1950～1960 年 | 1960～1964 年 | 1964～1972 年 | 备　　注 |
| 花园口 | +1.20 | −0.95 | +1.25 | "+" 表示升高 |
| 夹河滩 | +1.10 | −1.10 | +1.30 | "−" 表示降低 |
| 高村 | +1.40 | −0.95 | +1.70 | |

**2. 年内冲淤变化规律**

游荡型河段年内的冲淤变化，一般是汛期主槽冲刷，滩地淤积，而非汛期则主槽淤积，滩地崩塌。这一规律与河段的水力、泥沙因素及河道形态有关。例如黄河下游游荡型河段，床沙较细且含沙量大，主槽糙率甚小，一般为 0.01 左右，而滩地糙率受植物覆盖影响，约为 0.04，这样就使滩槽的水流挟沙能力相差很大，为汛期大幅度冲槽淤滩提供了条件。同时由于河道平面形态宽窄相间，自窄段进入宽段时，含沙量甚大的水流自主槽漫入滩地，在滩地大量落淤，而自宽段进入下一个窄段时，由于泥沙在上一段滩地落淤后，水流含沙量有所降低，这时从滩地回归主槽的水流含沙量较小，促使主槽冲刷。在上述两种因素的共同影响下，黄河下游游荡型河段在汛期的滩淤槽冲往往能延伸较长的距离。

　　在非汛期，因为流量减小，水流归槽，主槽挟沙能力大幅度降低，而来沙量除上游挟带来的外，因主流摆动，滩坎受到冲刷而坍塌后退后，更增加了来自滩地的泥沙，其结果是主槽淤积。至于滩地，则主要表现为横向坍塌后退，滩面看不到面蚀现象，因而每经过一个水文年，滩面都有所抬高。洪水漫滩的次数愈多，漫滩范围愈广，含沙量愈高，滩地落淤量愈大，滩面抬高得愈多。

　　从一个水文年看，主槽虽有冲有淤，但在长时期内，仍表现为淤积抬高，而滩地则主要表现为持续抬高。一部分滩地虽然坍塌后退，但另一部分滩地又会淤长，长时期内变化不大。

　　3. 平面变化规律

　　在平面变化上，表现为主流摆动不定，主槽位置也相应摆动，且摆幅相当大，导致河势变化剧烈。图 9-30(a) 为永定河卢沟桥以下游荡型河段河势的变化，1920～1956 年主槽曾发生多次摆动，与之相应滩槽也几经变化。"永定河"的命名表达了人们对这条河流的美好愿望。

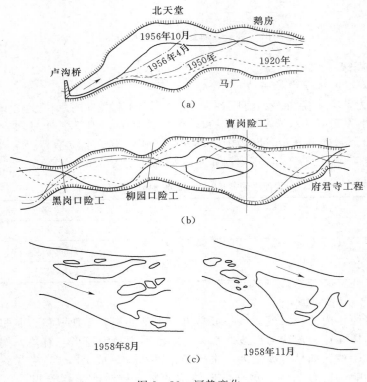

图 9-30　河势变化

(a) 永定河；(b) 黄河；(c) 汉江

　　黄河游荡型河段的主槽摆动更为剧烈，据秦厂—柳园口河段的实测资料，在一次洪峰涨落过程中，河槽深泓线的摆动宽度每天竟达 130m，图 9-30(b) 为柳园口河段多年河势变化。由图可知，1951～1972 年主流沿着 4 条基本流路多次发生变化，最严重的一次为 1954 年 8 月下旬,在一次洪峰过程中,柳园口附近主流一昼夜间南北摆动竟达 6km 以上,其变化速度是惊人的。

汉江游荡型河段的主流摆动也很剧烈。图 9-30(c) 为汉江白家湾河段 1958 年 8 月和 11 月水位基本相同时的河势变化。由图 9-30 可知,3 个月内河道洲滩发生了明显的变迁,可见其河势变化也是相当迅速的。

游荡型河段主流摆动如此剧烈的原因,根据实测资料,大致可归纳为下面几点。

(1) 河床淤积抬高,主流袭夺新道。在沙滩罗列、汊沟纵横交错的河槽中,主流原来所经河汊的河床较低,但由于泥沙淤积,河床和水位逐渐抬高,迫使水流转向河床较低和较为顺直的沟汊,经过一次大水后,主流发生摆动,原来的主汊则逐渐淤塞。

(2) 洪水漫滩拉槽,主流改道。当洪水漫滩后,滩地对水流的控制作用减弱,水流因惯性作用而取直,于是在河滩上冲出一条新的河汊,其逐渐发展成为主流,这种情况在滩位较低的河段上更为多见。

另外,上游河势的改变也是常见的原因。由各种原因引起的上游主流方向的变化都会导致下游主流流路改变,引起主槽摆动。

游荡型河段主流变化如此迅速,给预测带来很大困难,这正是治理游荡型河段的困难所在。

# 参 考 文 献

[1] 张瑞瑾. 河流动力学. 北京:中国工业出版社,1961.

[2] 沙拉什金娜 H. C.. 河床的周期性展宽. 河床演变论文集(中译本). 北京:科学出版社,1965.

[3] Фидман А. И. Поверхностъ воды в криволинейном лотоке. Известия АН СССР. Отдел технических наук. No. 9,1949.

[4] Розовскнй И. Л. Движение воды на повороте открытого русла. 32 - 36,1957.

[5] 丁君松. 弯道环流横向输沙. 武汉水利电力学院学报,1965 (1).

[6] 中国科学院地理研究所,长江水利水电科学研究院,等. 长江中下游河道特性及其演变. 北京:科学出版社,1985.

[7] 谢鉴衡. 河床演变及整治. 北京:水利电力出版社,1990.

# 第 10 章

# 河道观测和数据库管理系统

河道观测主要是指观测河道的来水来沙条件、床沙组成、河道地形等水文泥沙资料。河道泥沙资料及地形资料数据量巨大，利用现代计算机技术的重要分支——数据库管理系统（DataBase Management System，DBMS），能很好组织、存储、管理这些海量数据。建立河道地形与泥沙资料数据库，是水利信息化建设的重要组成部分。

## 10.1 悬移质含沙量和级配测验

### 10.1.1 悬移质泥沙测验概述

与水流流速脉动一样，泥沙也存在着脉动现象，脉动的强度可能更大。在水流稳定的情况下，断面内某一点的含沙量是随时变化的，它不仅受流速脉动的影响，而且还与泥沙特性等因素有关。图 10-1 是黄河上诠水文站进行悬移质泥沙采样器比较试

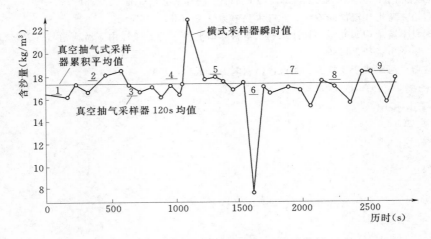

图 10-1 黄河上诠水文站泥沙脉动分析

验时的实测资料，可见，用横式（属于瞬时式）采样器测得的含沙量有明显的脉动现象，变化过程呈锯齿形。而真空抽气式（属积时式）采样器，变动不太大，长时间的平均值稳定在某一数值上，即时均值是一个定值。

悬移质泥沙测验的主要内容包括悬移质输沙率测验及悬移质颗粒分析。

测定悬移质输沙率，一般需要同时测定水流含沙量和流量。要直接测出悬移质输沙率变化过程很困难且不经济。实测资料分析表明：一般河流的断面含沙量（简称"断沙"，以 $C_s$ 表示）与断面上有代表性的垂线或测点的含沙量（称为"单样含沙量"，简称"单沙"，$C_{su}$ 表示）存在较好的相关关系。而施测单沙的变化过程比较容易和省事。因此，悬移质输沙率测验一般都是通过单沙测验和单沙—断沙关系测验来实现的。以经常性的单沙测验来掌握河流含沙量的变化过程；在全年不同水沙条件下，用较精确的方法施测有限次数的断面输沙率和断面平均含沙量，与相应的单沙建立关系。通过单沙—断沙关系，即可由单沙和流量资料推求出悬移质输沙率变化过程。在单沙—断沙关系不好的情况下，则需寻求别的途径，例如建立悬移质输沙率与流量的关系，或用简化方法施测断沙变化过程，结合流量资料，推求悬移质输沙率变化过程。

### 10.1.2　悬移质泥沙测验仪器

悬移质含沙量测验仪器可以分为两大类：一类通过在现场取得水样，再进行水样分析从而得到水中含沙量；另一类是通过浑水中泥沙含量的物理效应，在现场直接测定水中含沙量的仪器，如光电测沙仪、同位素测沙仪、振动式测沙仪、超声波测沙仪等。

悬移质取样仪器又可分为两种：一种是瞬时采样器，采样器在瞬间完成取样，得到的是测点的瞬时含沙量；另一种称为积时式采样器，取得的水样是测点或测沙垂线上一段时间的累积沙量。这类采样器如果固定在一个测点，得到的是测点的时间平均含沙量值，如果采样器在垂线上匀速提放，得到的水样则是垂线上的时空平均含沙量。

本节主要介绍横式采样器、调压式积时采样器、皮囊式积时采样器和光电测沙仪等 4 种常用仪器。

1. 横式采样器

横式采样器如图 10-2 所示。器身为钢质圆筒，容积为 0.5～5L，两端有盖板，开关型式有拉索、锤击和电磁吸闭等 3 种。仪器安装在悬杆或铅鱼支架上，张开盖板，放至测点位置，待器身与水流方向一致时，操纵开关关闭盖板，即可取得测点瞬时水样。其优点为结构简单，操作方便，能在各种水沙条件下使用。主要缺点是受泥沙脉动影响大，单次取样的代表性较差。

2. 调压式积时采样器

调压积时式采样器由进水管、水样舱、调压系统（包括调压舱、调压孔、连通管和排气管）、

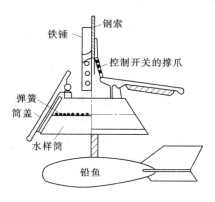

图 10-2　横式采样器

电磁开关（包括电磁阀和开关控制舱）、尾翼和加重铅鱼体等组成，如图 10-3 所示。

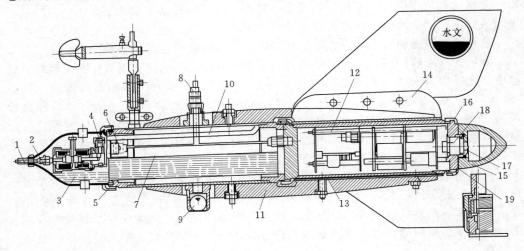

图 10-3　调压积时采样器结构

1—进水口；2—电磁开关；3—取样舱；4—转换开关；5—头帽；6—排气孔；7—调压舱；
8—引出线；9—浮球；10—调压管；11—铅鱼；12—指令舱；13—密封舱；14—尾翼；
15—尾帽；16—压圈；17—压盖；18—电源开关；19—河底信号

当电磁阀门关闭放至水下测点位置时，非测点水样从调压孔进入调压舱，压缩舱内空气进行调压，通过连通管使调压舱和水样舱内的空气压力与器外静水压力趋于平衡。到达测点后，由岸上发出指令信号打开电磁阀门，水样便能以接近天然水流的速度进入水样舱，舱内空气则由排气管反向排出，从而保持取样过程中采样器内外压力平衡。到预定的取样历时后，由岸上发出指令关闭电磁阀即结束取样。

调压积时式采样器所取水样为时段水样，可以克服泥沙脉动影响。保证其取样代表性的关键是其调压性能和水力特性。设置调压装置克服了普通瓶式采样器（无调压功能）到达水下测点时因器外静水压力大于舱内空气压力而产生的"突然灌注"现象，是保证取样代表性的有效措施之一。

调压式积时采样器的水力特性用采样器进口流速 $v_i$ 与天然流速 $v_n$ 的比值 $K_v$ 来表征，称采样器水力效率。理想的采样器 $K_v$ 应接近于 1。

3. 皮囊式积时采样器

皮囊式采样器是以乳胶或尼龙薄膜制成的皮囊作水样舱，利用皮囊本身的柔性来传导压力，自动进行调压的一种积时式采样器。图 10-4 为国产 LS—250 型采样器。它主要由进水管、开关装置、皮囊和铅鱼体壳等部分组成，在铅鱼体壳侧面设有弧形活门和若干进水小孔。取样前将皮囊内的空气排出，仪器入水后，铅鱼空腹进水挤压皮囊，其内外压力可自动调整而保持平衡。操纵开关即可取样。

皮囊式采样器不需另设调压系统，因而结构简单，水样舱容积大并具有瞬时调压性能。有开关控制装置时，可适于在各种水沙条件下，用积深法、选点法和各种混合法取样。

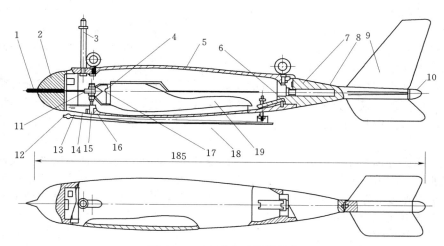

图 10 - 4　皮囊式采样器结构

1—进水嘴；2—仪器头；3—流速仪架；4—支撑架；5—壳体；6—河底信号器；7—信号仓压盖；
8—尾翼座；9—尾翼；10—堵塞；11—胶塞；12—托板吊环；13—连杆；14—顶杆；
15—撑杆；16—弹簧；17—取样仓；18—托板；19—皮囊

**4. 光电测沙仪**

当用一稳定的光源透射含沙量为 $\rho_s$、厚度为 $L$ 的含沙浑水层时，由于产生吸收、反射和散射的作用，使透射光强度减弱，其关系可用指数公式表示为：

$$I = I_0 e^{-K\rho_s L/d} \tag{10-1}$$

式中：$I$、$I_0$ 为通过泥沙悬液和蒸馏水后的光强；$K$ 为消光系数，在一定粒径范围内，近似为常数；$\rho_s$ 为透光层的含沙量；$d$ 为泥沙粒径；$L$ 为光线透过的液层厚度。

透射光强 $I$ 用光电池或光导管的光电流来测定。测定含沙量前，预先检定出水样的含沙量和光电流之间的关系曲线（或公式）。测含沙量时，只要根据测得的光电流数值即可求出水流的含沙量。

光电测沙仪用于野外现场测定含沙量，也可省掉取水样和水样处理工作，并有可能连续自记是其优点。但因水中泥沙颗粒级配和泥沙颜色的影响，浑水水样的浑浊度与含沙量的关系不稳定，必须经常检定透射光电流和含沙量的关系。同时，由于光线通过浑水的能力有限，只能用于含沙量低的测站。

## 10.1.3　悬移质断面输沙率测验

与流量测验相似，在测验断面上布设一定数量的测沙垂线，通过测量各垂线上流速、含沙量及有关水文要素，便可计算出断面输沙率。

**1. 测沙垂线的布置**

断面输沙率的垂线布置，应根据河宽、含沙量的横向分布，输沙率测验方法及精度要求，通过实测资料分析确定。

（1）控制单宽输沙率转折点布线法。即在含沙量、水深和流速横向分布的主要转折变化处布设垂线。稳定河床，应结合测速垂线布设固定的测沙垂线；变动河床可采用变动垂线。此法适用于需同时测流的各种输沙率测验方法。

（2）等部分流量中心布线法。根据测流资料，在测沙时根据所需测沙垂线数，将过水断面划分成流量相等的 n 个部分，此法原则上适用于各种输沙率测验方法，对稳定河床更为方便。其优点是：可以不必同时测流，即可由垂线混合法或积深法测得各垂线平均含沙量的算术平均值直接求得断面平均含沙量。

（3）等部分宽中心布线法。即由所需测沙垂线数 n 等分水面宽，在每部分水面宽的中点布设测沙垂线。这种方法主要用于水深较大、水面宽变化不大的单式河槽，且采用等速积深法取样的测站。在缆道站，采用此法以全断面混合法施测断沙，尤为方便。

（4）等部分面积中心线法。由所需测沙垂线数 n，将过水断面垂直划分成部分面积相等的 n 个部分，在每部分面积的中心位置布测沙垂线。这种方法适用于断面比较稳定、水面宽变化不大的单式河槽。且使用积时式采样器的测站，用选点法等历时取样全断面混合法施测断沙。

2. 垂线含沙量的测验方法

垂线平均含沙量的测定，可根据含沙量的垂线分布特性、水沙情况、仪器设备、测验目的和精度要求，选用下列方法。

（1）选点法。在垂线上选定的测点测定含沙量和流速，各点水样分别处理，按流速加权平均法计算垂线平均含沙量。与测速相同，选点法测沙分畅流期一点法、二点法、三点法、五点法及试验用七点法；封冻期一点法、二点法和六点法。多点法精度较高，并可测得含沙量和颗粒级配的断面分布情况，也是检验其他取样方法的依据。设站初期宜采用多点法。

（2）积深法。用积时式采样器以适当速度沿垂线匀速提放，连续采集垂线水样（一般同时测速）。这样取得的水样含沙量即为垂线平均含沙量。积深法取样分单程积深和双程积深两种。此法的水样处理工作量小，但不能测得含沙量和颗粒级配的垂线分布。积深法取样时，仪器提放速度 $R_t$ 可按 $R_t < (0.1 \sim 0.3) V_m$（垂线平均流速）且不致灌满水样舱的要求确定。这种方法主要适用于流速较小、悬沙颗粒较细的情况。

（3）垂线混合法。在垂线上用选点法按一定比例采集各测点水样并混合为一个水样处理，其含沙量即为垂线平均含沙量。使用中有两种混合方法。

1）取样历时定比混合法：适用于积时式采样器取样，各测点的取样历时占垂线取样总历时的比例，按表 10-1 规定。

表 10-1　　　　　　　　测点取样历时表

| 取　样　方　法 | 取　样　位　置 | 各测点取样历时 |
|---|---|---|
| 二点法 | 0.2h，0.8h | 0.5t，0.5t |
| 三点法 | 0.2h，0.6h，0.8h | 1/3t，1/3t，1/3t |
| 五点法 | 水面，0.2h，0.6h，0.8h，河底 | 0.1t，0.3t，0.3t，0.2t，0.1t |

注　表中 h 为水深，t 为垂线总取样历时。

2）取样容积定比混合法。适用于横式采样器取样。各测点按一定容积比例取样作垂线混合。如畅流期三点法（0.2h，0.6h，0.8h）按 2∶1∶1 取样混合。这类混合法常对粗沙部分造成较大系统误差。不同选点混合法的取样容积比例应经试验资料分析确定。用垂线混合法取样时一般也需测速，但测速点和测沙点可以不一致。悬移质输沙率常测法的垂线取样方法、垂线数目及其布设位置，均应根据多线多点法试验资料，在满足一定精度的前提下，通过精简分析加以确定。

3. 悬移质水样处理

采取水样后，应在现场及时量取水样体积，并送泥沙室静置沉淀足够时间。吸出表层清水后得浓缩水样，然后用适当方法加以处理，测定出水样中的干沙重量。再除以水样体积即得水样含沙量。常用的水样处理方法有以下几种。

（1）焙干法。将浓缩水样移入烘杯，放入烘箱内烘干。根据沙量多少，用天平称出杯沙总重，减去杯重即得干沙重。此法精度较高，可用于低含沙量情况。

（2）过滤烘干法。将浓缩水样用滤纸过滤后，连同滤纸一起烘干。称出沙包总重量，减去滤纸重量即得干沙重。这种方法产生误差的环节较多，适用于含沙量较大的情况。

（3）置换法。将浓缩水样装入比重瓶，并用澄清河水将残沙洗入，加满至一定刻度，测出瓶内水温，称出瓶加浑水重，按式（10-2）计算水样中的干沙重：

$$W_s = \frac{\rho_w}{\rho_s - \rho_w}(W_{us} - W_w) = K(W_{us} - W_w) \qquad (10-2)$$

式中：$W_{us}$ 为瓶加浑水重；$W_w$ 为瓶加清水重；$\rho_w$ 为水的密度；$\rho_s$ 为沙的密度，采用本站试验值；$K$ 为置换系数。

置换法可省去过滤、烘干等工作，简便快速。主要适用于含沙量较大的情况。低含沙量时，所需水样较多。

4. 断面输沙率的计算

（1）垂线平均含沙量 $S_{sm}$ 的计算。用积深法或垂线混合法取样时，经水样处理后所得的即为垂线平均含沙量。用取点法测沙时，实测垂线平均含沙量由测点含沙量按测点流速加权平均法计算。各种选点法的计算公式如下。

1）畅流期。

一点法

$$S_{sm} = \eta_1 S_{s0.6} \qquad (10-3)$$

二点法

$$S_{sm} = \frac{q_{s0.2} + q_{s0.8}}{v_{0.2} + v_{0.8}} \qquad (10-4)$$

三点法

$$S_{sm} = \frac{q_{s0.2} + q_{s0.6} + q_{s0.8}}{v_{0.2} + v_{0.6} + v_{0.8}} \qquad (10-5)$$

五点法

$$S_{sm} = \frac{1}{10v_m}(q_{s0.0} + 3q_{s0.2} + 3q_{s0.6} + 2q_{s0.8} + q_{s1.0}) \qquad (10-6)$$

2）封冻期。

一点法

$$S_{sm} = \eta_2 S_{s0.5} \qquad (10-7)$$

二点法

$$S_{sm} = \frac{q_{s0.15} + q_{s0.85}}{v_{0.15} + v_{0.85}} \tag{10-8}$$

六点法

$$S_{sm} = \frac{1}{10v_m}(q_{s0.0} + 2q_{s0.2} + 2q_{s0.4} + 2q_{s0.6} + 2q_{s0.8} + q_{s1.0}) \tag{10-9}$$

式中：$v_{0.6}$ 为相对水深 0.6 处的测点流速；$S_{s0.6}$ 为相对水深 0.6 处的测点含沙量；$q_{s0.6}$ 为相对水深 0.6 处的测点输沙率；$\eta_1$、$\eta_2$ 为一点法系数，无资料时可暂取 1。

（2）断面输沙率的计算。

$$Q_m = S_{sn1}q_0 + \frac{S_{sn1} + S_{sn2}}{2}q_1 + \frac{S_{sn2} + S_{sn3}}{2}q_2 + \cdots + \frac{S_{snn-1} + S_{snn}}{2}q_{n-1} + S_{snn}q_n \tag{10-10}$$

式中：$S_{sni}$ 为第 $i$ 条垂线的平均含沙量；$q_i$ 为以测沙垂线为分界的部分流量。

（3）断面平均含沙量的计算。

$$\overline{S_s} = Q_s/Q \tag{10-11}$$

### 10.1.4 悬移质单沙含沙量测验

保证单沙测验成果质量的关键，一是单沙测验的位置要选择得当，使单沙与断沙之间能保持良好而稳定的关系；二是单沙测次的布设合理，足以控制河流含沙量变化过程。

1. 单沙测验位置的确定

单沙测验的位置，应在各种水沙条件下收集 30 次以上的精测输沙率之后，根据测站特性和单断沙关系分析而定。

（1）对于断面比较稳定、主流摆动不大的测站，可选择几次能代表各级水位和含沙量的实测输沙率资料，绘制各垂线平均含沙量与断面平均含沙量比值沿河宽的分布曲线。然后利用全部输沙率资料，点绘代表垂线的平均含沙量与断面平均含沙量的关系图，进行统计分析，如果关系点群偏离平均关系线的相对标准差不超过±8%，该垂线即可作为固定的单沙测验位置。一般应选择几个位置作方案比较，优选出误差最小、关系线形式简单、测验方便的最佳位置。如果选不出一条合适的垂线，可采用某两条垂线的组合作为代表位置进行分析。如果各级水位下含沙量横向分布变化较大，可按不同水位级分别确定单沙测验位置。

（2）对于断面不稳定、主流摆动大，无法采用固定单沙垂线的测站，可用下列方法之一确定单沙测验位置：①选取中泓 2～3 条垂线，按上述方法作单断沙关系分析，确定随主流摆动而变的单沙测验位置；②根据测站条件和精度要求，按全断面混合的原理和方法，采用 3～5 条垂线的断面混合法，按相应的测沙垂线精简分析方法，进行误差分析，如符合要求，即可作为日常单沙测验方法。

对于采用单断沙颗粒级配关系法、由单样颗粒级配推求断面颗粒级配的测站，单沙取样位置和取样方法还必须同时满足代表断面平均颗粒级配的要求。

2. 单沙测次的布置

单沙测次的多少与布置，应基本控制含沙量的变化过程，满足推求逐日平均含沙量和输沙率的要求为准。主要布置在洪水期，平水期和枯水期也应布置一些测次。要求：①洪水期，每次较大洪水，一类站不应少于 8 次，二类站不应少于 5 次，三类站不应少于 3 次，洪峰重迭、水沙峰不一致或含沙量变化剧烈时应增加测次，在含沙量变化转折处应分布测次；②汛期的平水期，在水位定时观测时取样一次，非汛期含沙量变化平缓时，一类站可 2~3d 取样一次，二、三类站可每 5~10d 取样一次。

单沙测次或需要作颗粒分析的单沙测次的布置，应能大体控制泥沙颗粒级配的时间变化，满足推求年平均颗粒级配的需求。

### 10.1.5 悬移质级配测验计算

1. 悬移质垂线平均粒度级配的计算

采用积深法测验的样品的粒度级配系列，即为垂线平均粒度级配系列。当用选点法（六点法、五点法、三点法、二点法）测速取样作粒度分析时，应按下列公式计算垂线平均粒度级配系列。

（1）畅流期。

五点法

$$
\begin{aligned}
\overline{P_{XJi}} = (&P_{Di0.0}S_{s0.0}V_{0.0} + 3P_{Di0.2}S_{s0.2}V_{0.2} + 3P_{Di0.6}S_{s0.6}V_{0.6} \\
&+ 2P_{Di0.8}S_{s0.8}V_{0.8} + P_{Di1.0}S_{s1.0}V_{1.0})/(S_{s0.0}V_{0.0} \\
&+ 3S_{s0.2}V_{0.2} + 3S_{s0.6}V_{0.6} + 2S_{s0.8}V_{0.8} + S_{s1.0}V_{1.0})
\end{aligned}
\tag{10-12}
$$

三点法

$$
\overline{P_{XJi}} = \frac{P_{Di0.2}S_{s0.2}V_{0.2} + P_{Di0.6}S_{s0.6}V_{0.6} + P_{Di0.8}S_{s0.8}V_{0.8}}{S_{s0.2}V_{0.2} + S_{s0.6}V_{0.6} + S_{s0.8}V_{0.8}}
\tag{10-13}
$$

二点法

$$
\overline{P_{XJi}} = \frac{P_{Di0.2}S_{s0.2}V_{0.2} + P_{Di0.8}S_{s0.8}V_{0.8}}{S_{s0.2}V_{0.2} + S_{s0.8}V_{0.8}}
\tag{10-14}
$$

（2）封冻期。

六点法

$$
\begin{aligned}
\overline{P_{XJi}} = (&P_{Di0.0}S_{s0.0}V_{0.0} + 2P_{Di0.2}S_{s0.2}V_{0.2} + 2P_{Di0.4}S_{s0.4}V_{0.4} + 2P_{Di0.6}S_{s0.6}V_{0.6} \\
&+ 2P_{Di0.8}S_{s0.8}V_{0.8} + P_{Di1.0}S_{s1.0}V_{1.0})/(S_{s0.0}V_{0.0} + 2S_{s0.2}V_{0.2} + 2S_{s0.4}V_{0.4} \\
&+ 2S_{s0.6}V_{0.6} + 2S_{s0.8}V_{0.8} + S_{s1.0}V_{1.0})
\end{aligned}
\tag{10-15}
$$

二点法

$$
\overline{P_{XJi}} = \frac{P_{Di0.15}S_{s.15}V_{0.15} + P_{Di0.85}S_{s0.85}V_{0.85}}{S_{s0.15}V_{0.15} + S_{s0.85}V_{0.85}}
\tag{10-16}
$$

式中：$\overline{P_{XJi}}$ 为垂线平均粒度级配系列；$i$ 为粒径级系列编号；$P_{Di0.0}$，…，$P_{Di1.0}$ 为 0.0，…，1.0 各相对水深或有效相对水深处的粒度级配；$S_{s0.0}$，…，$S_{s1.0}$ 为 0.0，…，1.0 各相对水深或有效相对水深处的测点含沙量，$kg/m^3$；$V_{0.0}$，…，$V_{1.0}$ 为 0.0，…，1.0 各相对水深或有效相对水深处的测点流速，$m/s$。

2. 断面平均粒度级配的计算

全断面混合法取样作粒度分析，其成果即为断面平均粒度级配。悬移质用积深法、选点法、垂线混合法取样作粒度分析者，断面平均粒度级配应按式（10-17）计算：

$$\overline{P_{XMJi}} = \frac{\left[ (2q_{s0} + q_{s1}) \overline{P_{XJi1}} + (q_{s1} + q_{s2}) \overline{P_{XJi2}} + \cdots + (q_{s(n-1)} + 2q_{sn}) \overline{P_{XJin}} \right]}{\left[ (2q_{s0} + q_{s1}) + (q_{s1} + q_{s2}) + \cdots + (q_{s(n-1)} + 2q_{sn}) \right]}$$

$$(10-17)$$

式中：$\overline{P_{XMJi}}$ 为断面平均粒度级配系列；$i$ 为粒径级系列编号；$\overline{P_{XJi1}}$，$\overline{P_{XJi2}}$，$\cdots$，$\overline{P_{XJin}}$ 为各取样垂线平均粒度级配；$q_{s0}$，$q_{s1}$，$\cdots$，$q_{sn}$ 为以取样垂线分界的部分输沙率，kg/s。

## 10.2　推移质与床沙测验

### 10.2.1　推移质测验方法

推移质输移量的测验方法有器测法、坑测法、岩性调查法、淤积体积法、沙波法、水下摄影法、音响探测法等，其中器测法为水文站的常用方法。

**1. 器测法**

器测法是利用推移质采样器从河床上采集一定历时内的推移质样品来测定其输沙率并作颗粒分析的。这是日常测验采用的基本方法，虽在采样器性能、取样代表性和操作方法上还存在一些问题，有待进一步研究和改进，但其适用范围广，能测得具有一定精度的资料。

**2. 坑测法**

坑测法是在河床上设置测坑（槽、箱）以采集推移质样品来测定其推移率或时段推移量。测坑上面设置盖板与床面齐平，盖板上留有足够尺寸的沉沙口，既能让推移质进入坑内，又不致对河底流态产生较大扰动。根据河床组成及河流大小等，坑测法又有几种方式。

（1）对于卵石河床、短历时洪峰和悬沙含量较小的河流，可在推移带内沿断面线设置若干个测坑，在一次洪峰过后测定坑内淤沙体积，计算其推移量。

（2）对于沙质河床，可沿断面设置若干测坑或特制的测箱，用抽泥泵定时抽吸坑内淤沙或用电测方法测定箱内淤沙过程。这种方法可测出推移质输沙率变化过程。

（3）在小河上沿整个断面设置集沙槽，槽内分若干小格，利用皮带输送机传送沙样到岸边称重，计算输沙率。

**3. 体积法**

水库库尾的泥沙淤积主要为推移质泥沙，可以定期进行测量库尾地形或断面，推算淤积物体积，反算出长期推移量。应用这种方法时，在计算时段推移量时要扣除悬移质沉积量。淤积物的干密度可以实测或根据淤积物级配与干密度的关系推算。这种方法适用于回水末端位置固定，库尾三角洲推移质淤积十分显著的水库。如果水库淤积物中的悬移质和推移质不易分开，则此法的应用就受限制。

**4. 岩性调查法**

推移质泥沙是由流域内岩石风化、碎裂经水力长途搬运磨蚀而成，其岩性（矿物成分）与流域地质条件有关。如果通过某种方法（例如器测法）已求得某一支流的推移量，而此支流的推移质岩性又与干流和其他支流的岩性有显著区别，那么可以通过岩性调查的方法，从而求出干流和其他支流推移量。

### 10.2.2 推移质测验仪器

目前，国内外常用的推移质采样器主要有压差式和网式两类。

1. 压差式采样器

这类采样器的基本特点是：器身的底板、侧墙和顶盖为硬质密封结构，内部呈向后扩散型，用以形成器内外压差来补偿阻力损失，提高进口流速，其 $K_v$ 值一般大于 1，采样效率较高。主要适用于沙质和砾石推移质采样。常见的仪器包括：美国的 H—S（Helly-Smith）采样器、美国 TR—2 型采样器、我国的 Y—78 型采样器。图 10-5 为美国的 H—S 采样器。

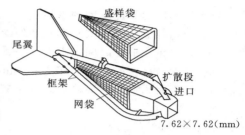

图 10-5 H—S 采样器

2. 网式采样器

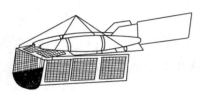

图 10-6 大卵石推移质采样器

网式采样器的基本特点是：器身为金属框架结构，侧墙、顶部和尾端下半部一般为金属网罩，尾端上半部完全敞开。底部为透水软网，以便适应凹凸不平的河床地形。在两侧或顶部附装加重铅块。$K_v < 1.0$，采样效率较低。主要通用于卵砾石推移质取样。我国使用的 MB—2 型采样器、大卵石采样器等均属此类，这些都是针对我国西南地区山区性河流坡陡流急、推移质粒径粗、输沙率大的特点而设计的。图 10-6 为大卵石推移质采样器。

### 10.2.3 推移质输沙率测验及计算

1. 工作内容

断面推移质输沙率测验应包括：测定各垂线起点距，测定各垂线的输沙率并记录相应的施测时间，测定各垂线的颗粒级配，观测基本水尺或测验断面水尺的水位，沙质河床应观测垂线水深、垂线流速、床沙颗粒级配、悬移质含沙量和颗粒级配、水面比降等；卵石河床可根据需要进行上述有关项目的观测。

2. 测次布置

断面推移质输沙率测次应以满足资料整编定线、推求一定时段推移量的需要为原则。以卵石推移质一类测站为例，如果按过程线法整编资料，规范规定：测次布置应能控制输沙率的变化过程，每年测 50～80 次，其中 75% 左右的测次应布置在各个沙峰时段；大沙峰应不少于 5 次，应测到最大输沙率，中沙峰应不少于 3 次，峰顶附近应布置测次。当峰形变化复杂或持续时间较长，应适当增加测次。汛期水位平稳时 5～10d 测一次，枯季每月测 1～2 次。

3. 垂线布设

单宽推移质输沙率的横向分布很不均匀，往往只在河床的部分宽度内有推移质运动，这部分河床称为推移质输沙带，简称推移带。推移质取样垂线位置及数目应能控制单宽输沙率横向分布的主要转折点。可设基本垂线和必要时需要加测的辅助垂线两种。对于沙质河床，一般考虑与悬移质测沙垂线重合，以便分析两者的关系。

**4. 取样历时和重复取样次数**

由于推移质运动的脉动现象强烈，取样历时过短，可能导致样品出现较大的偶然误差，只有增加取样时间来减小脉动的影响，但当水沙因素变化较快时，总的测验时间非常有限，单次取样时间也不能太长。

一般每次取样历时应不少于 3～5min，且采样器进沙量应小于有效容积的 2/3。当输沙率很大时，应缩短取样历时并重复取样 1～2 次，在强推移带应重复取样 2～3 次。

**5. 断面推移质输沙率计算**

垂线单宽推移质输沙率：

$$q_b = \frac{W_b}{t b_k} \tag{10-18}$$

式中：$q_b$ 为单宽推移质输沙率；$W_b$ 为取样器取得的沙样重量（干沙重）；$t$ 为取样历时；$b_k$ 为取样器口门宽。

断面推移质输沙率：

$$Q_b = \left(\frac{\Delta b_0 + \Delta b_1}{2}\right) q_{b1} + \left(\frac{\Delta b_1 + \Delta b_2}{2}\right) q_{b2} + \cdots + \left(\frac{\Delta b_{n-1} + \Delta b_n}{2}\right) q_{bm} \tag{10-19}$$

式中：$\Delta b_i$ 为第 $i$ 条垂线点或推移边界点到下一垂线或边界点的距离；$q_{bi}$ 为第 $i$ 条垂线的单宽输沙率。

## 10.2.4　床沙测验简述

床沙级配的测次视沙质河床或卵石河床、测站类别或特殊需要而定。在汛前、汛末、洪水过程中和平枯水时期分别布置适当测次，并同时作推移质和悬移质颗粒分析。

床沙取样方法分水下和洲滩，分别采用不同的方法。

**1. 水下取样**

水下河床用专门的床沙采样器取样。可根据沙质或卵石河床和流速、水深等，分别选用锥式、蚌式、钳式、横管式、直管式或挖斗式、沉筒式、印模器等采样器。取样深度，沙质河床一般以床面下 5～10cm 为宜，卵石河床以（2～3）$D_{50}$ 较合适。取样数量以满足颗粒分析需要为度。

**2. 洲滩取样**

裸露洲滩取样可采用体积法和表层取样法。体积法是采取一定面积和深度内的全部床沙作样品，对沙质和卵石河床均适用。表层取样法是采取河床表面的卵石作样品，适用于卵石河床。典型的方法是在洲滩上选定一块表面，涂上标记，将标记的卵石全部检出作为样品。其派生的方法有网格法、面块法、横断面法和照相法。网格法是以各粒径卵石所占网格数计算颗粒级配，简单方便。表层取样时，小于 10mm 的细颗粒用另外的方法取样。

**3. 综合探测法**

综合探测法是根据水下和洲滩的具体情况采用不同的取样方法：洲滩用体积法或

表层法，水清见底的部分用网格法，浅水用沉筒取样，深水用挖斗、印模器或水下照相法取样。沙质河床质样品送泥沙分析室风干后进行颗粒分析。卵石样品，一般在现场称重，用筛析法和尺量法、重量法进行颗粒分析。当粒径小于 10mm 的细沙颗粒超过样品总沙重的 5% 时，需取适量沙样送泥沙分析室处理，与粗颗粒沙样合并计算颗粒级配。

# 10.3　河　道　地　形　测　量

河道地形测量可以分为水上水下两部分，岸上部分应从水边测至规定的范围内。当测区已有地形图且岸上部分无变化者，则岸上地形可以套绘。若只局部有变化，则只作局部补测。岸上地形测量应按一般的工程测量的要求进行，并满足相关的国家标准。

水下地形测量主要包括测点平面地置、水位测量、水深测量。随着 GPS 定位技术、水声测量技术和电子计算机技术的发展，水下地形测绘技术从传统的光学定位、单波束测深、手工进行数据处理和绘图、成果单一的时代跨入 GPS 定位、使用多种测深手段、数据处理和绘图自动化、成果多样化的崭新时代。

## 10.3.1　水位测量

水位即水面高程，水位测量就是测定水面高程的工作。在河道测量中，水下地形点的高程是根据测深时的水位减去水深求得的。因此，测深时必须进行水位测量，这种测深时的水位称为工作水位。由于河流水位受各种因素的影响而时刻变化，为了准确地反映一个河段上的水面坡降，需要测定该河段上各处同一时刻的水位，这种水位称为同时水位或瞬时水位。

如果附近有水文站（水位站），可以向水文站（水位站）索取水位资料，不必另设水尺。如果是测小河且水位变化不大时，可以直接测定水面（水边线）高程，也可不设水尺。

1. 工作水位的测定

在进行河道横断面或水下地形测量时，如果作业时间很短，河流水位又比较稳定，可以直接测定水边线的高程作为计算水下地形点高程的起算依据；如果作业时间较长，河流水位变化不定时，则应设置水尺随时进行观测，以保证提供测深时的准确水面高程。

水尺一般用搪瓷制成，长 1m，尺面刻划与水准尺相同。设置水尺时，先在岸边水中打入一个长木桩，然后在桩侧钉上水尺，如图 10-7 所示。设立水尺的位置应考虑以下要求。

（1）应避开回流、壅水的影响。

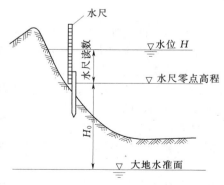

图 10-7　水尺设置示意图

（2）尽量离开行船，设在风浪影响最小之处。

（3）能保证观测到测深期间任何时刻的水位。

（4）尺面应顺流向岸。

水尺设置好后，根据邻近水准点用四等水准连测水尺零点的高程。水位观测时，将水面所截的水尺读数加上水尺零点高程即为水位。

2. 同时水位的测定

测定同时水位的目的是为了了解河段上的水面坡降。对于较短河段，为了测定其上、中、下游各处的同时水位，可由几人约定按同一时刻分别在这些地方打下与水面齐平的木桩，再用四等水准测量从临近水准点引测确定各桩顶的高程，即得各处的同时水位。

在较长河段上，各处的同时水位通常由水文站或水位站提供，不需另行测定。如果各站没有同一时刻的直接观测资料，则须根据水位过程线和水位观测记录，按内插法求得同一时刻的水位。

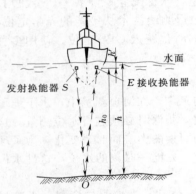

图 10-8 回声测深仪工作原理图

### 10.3.2 水深测量

水深即水面至水底的垂直距离。为了求得水下地形点的高程，必须进行水深测量。水深测量常用的工具有测深杆、测深锤和回声测声仪、多波束测深仪等。目前国内使用的多为回声测声仪和多波束测深仪。

1. 回声测深仪

回声测深仪，又称单波束测深仪。它的基本原理是利用声波在同一介质中匀速传播的特性，测量声波由水面至水底往返的时间间隔 $\Delta t$，从而推算出水深 $h_0$。如图 10-8 所示。从图中可以看出

$$h = h_0 + h' \qquad (10-20)$$

$$h_0 = \frac{V \Delta t}{2} \qquad (10-21)$$

式中：$h'$ 为水面至换能器的垂直距离；$h_0$ 为换能器到河底 $O$ 点的垂直距离；$V$ 超声波在水中的传播速度；$\Delta t$ 为声波从发射到接收往返的时间。

回声测深仪的适用范围较广，最小测深为 0.5m，最大测深 500m，在流速达 7m/s 时，还能应用。它具有精度高、速度快的优点。

2. 多波束测深仪

多波束测深仪，也称水下地形扫描仪，是在单波束测深仪的基础上发展起来的。它能一次测量出与测量船航向垂直方向的几十个到几百个水深值（图 10-9）。与传统单波束测深仪相比，多波束测量技术具有测量效率高、对水下地形全覆盖的特点。它把测深技术从原来的点线方式扩展到面状方式，并进一步发展到立体测图和自动成图，从而使水下地形测量技术发展到新的水平。

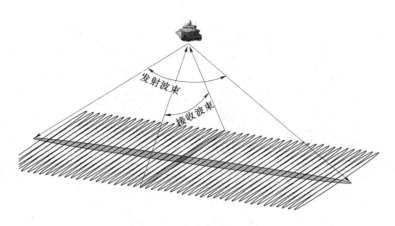

图 10 - 9 多波束测量示意图

### 10.3.3 水下地形测量

水下地形测量方法包括：前方交会、六分仪后方交会法、经纬仪视距或经纬仪配合测距（激光测距、电磁波测距）极坐标法、全站仪法、无线电定位法、GPS 定位法等。GPS 定位加回深仪测深是目前国内广泛采用的测量模式。

GPS 测深定位系统主要由 GPS 接收机、数字化测深仪、数据通信链和便携式计算机及相关软件组成，测量作业分三步进行，即测前准备、外业数据采集和数据后处理。

#### 1. 准备工作

在测区或测区附近选取 3 个有当地已知坐标的控制点，用静态或快速静态方式获取 WGS—84 坐标，由测得的 WGS—84 坐标与当地坐标推求转换参数，把转换参数和地球椭球投影参数等设置到控制器上。再把基准站控制点的点号和坐标输入控制器或者通过控制器输入到基准站 GPS 接收机；把规划好的断面线端点点号、坐标值输入到移动站的控制器中或计算机中。

#### 2. 外业数据采集

根据现场具体情况规划好测量时间和任务分工，基准站仪器尽量减少搬迁，提高工作效率。将基准站 GPS 接收机天线安置在规划好的已知控制点上，连接好设备电缆，通过控制器启动基准站 GPS 接收机，这时设置好的基站数据链开始工作，发射载波相位差分信号。在移动站上，将 GPS 接收机、数字化测深仪和便携计算机等连接好，打开电源，设置好记录设置、定位仪和测深仪接口、接收机数据格式、测深仪配置、天线偏差改正及延时校正后，就可以按照规划好的作业方案进行数据采集。

#### 3. 数据的后处理

数据后处理是指利用相应配套的数据处理软件对测量数据进行处理，形成所需要的测量成果——水下地形图及其统计分析报告等，所有测量成果可以通过打印机或绘图仪输出。图 10 - 10 为经数据处理后绘制的水下地形图。

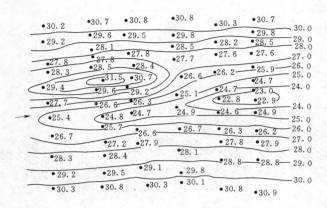

图 10-10  水下地形图

# 10.4  河道地形和泥沙资料数据库管理系统

### 10.4.1  我国水文数据库的发展概况

水文数据是国家重要的基础信息资源，是防汛抗旱、水利工程规划设计、水资源管理与开发利用、水环境保护、水科学研究及其他国民经济建设不可缺少的基本信息。传统的水文资料处理、保存与服务，主要采用人工摘录、按水文资料整编规范要求进行分析处理、刊印成年鉴保存及提供服务。由于水文资料数据量大、整编规范要求严格等特点，使这种资料处理方式费时、费力。

为提高我国水文工作的信息化水平，1980～1984 年原水利部水调中心开始用计算机录入主要河流水文特征统计资料，进行了建立水文数据库有关探索。1986 年，提出建设全国水文数据库，考虑到全国水文数据库系统的复杂性、艰巨性和国家财力的有限，当时提出的指导思想是：全国水文数据库系统为分布式体系结构的数据库系统，即由中央一级节点、省（自治区、直辖市）和流域机构二级节点和地市三级节点组成。二级节点作为存储数据的实体优先开发应用。在实施过程中确定为分阶段实施，边建库边服务原则。

水文数据库的建设大致可以分为为三个阶段：①早期建库阶段，1986～1996 年，主要进行试点研究、技术准备和年鉴资料组织录入；②基本建成阶段，1997～2001年，各二级节点已存储了一定数据量，并开发和推广应用了在 C/S 结构下查询软件系统；③新技术应用与试点阶段，2002 以后，修订测站编码、制定新的数据库表结构和标识符标准、在 B/S 结构下开发查询软件，对异地数据共享查询进行了试点、编制项目建议书等。

到 2002 年，全国已有的省（自治区、直辖市）和流域机构二级节点达到了基本建成的要求，全国已录入实体数据量约 10000MB，基本具备了取代原水文年鉴向外服务的能力。2002 年 10 月，《国家水文基本数据库系统工程建设项目建议书》通过了水利部水规总院审查。国家水文基本数据库系统体系结构及数据共享流程图如图

10-11 所示。为统一全国基础水文数据库的库表结构、数据表示和标识，规范基础水文数据库建设和管理，促进水文数据共享，满足基础水文数据处理、交换、存储、维护、信息发布和应用服务等需要，提高水文信息服务能力和水平，2005 年 5 月，水利部颁布了《基础水文数据库表结构及标识符标准》（SL 324—2005），使水文数据库的建设更加的规范化。

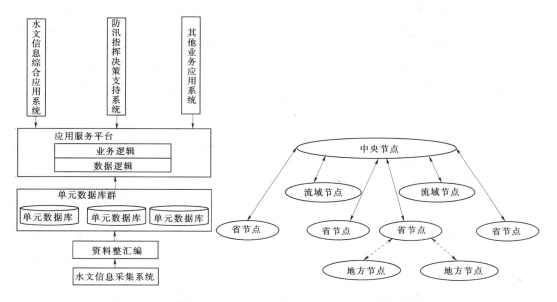

图 10-11   国家水文基本数据库体系结构及共享数据共享流程图

### 10.4.2   河道地形和泥沙资料数据库管理系统简介

河流泥沙问题在规划、防洪、水资源利用及水土保持等方面工作中意义重大，河流泥沙状况不仅关系河床演变，也反映了流域的生态环境、水土流失及人类活动的基本情况。河道地形与泥沙基本资料，对于对治理河流，开发水电资源等均具有重要价值。随着信息化社会的发展，各地区、各部门对泥沙的基本信息的需求也越来越大，建立河道地形和泥沙资料数据库管理系统，为整个社会、有关部门及河流泥沙专业人员提供全面的信息服务，具有良好的社会效益，也是国家推行水利信息化的目的所在。

我国的河道地形和泥沙资料数据库的建设起步较晚，2000 年以后才逐渐建成各个泥沙数据库。这些数据库中，有的数据库是针对某项工程的，如：三峡工程水文泥沙信息分析管理系统、都江堰水沙信息分析管理系统等，有的数据库是针对大江大河的，如：黄河泥沙灾害数据库、长江水文水文泥沙信息分析管理系统等。各个泥沙数据库的建设目的不尽相同，所以数据的结构及功能也就有所差别。下面选取应用领域与本课程结合紧密的两个数据库（黄河泥沙灾害数据库和长江水文泥沙信息分析管理系统）为例作简要介绍。

1. 数据库实例一：黄河泥沙灾害数据库

（1）建设目的。泥沙灾害数据库不仅具有基本水文数据的特点和功能，而且还要解决泥沙灾害数据库与泥沙灾害防治的模型库、方法库和专家经验知识库之间的接口技术。满足泥沙灾害防治决策对水文泥沙数据信息的查询统计分析及模型预报等各种泥沙灾害信息检索的需要。

（2）数据库结构设计。在泥沙灾害数据库表结构设计时把表分成三大类：一类是数据更新频率较低或基本不变的水文泥沙信息表，如水文测站实测大断面位置等数据表；第二类是更新频率比较高与泥沙灾害防治决策有关的水文泥沙信息表，如洪水水文要素、实测流量成果表、每年不同测次实测大断面资料等数据表；第三类是更新频率较高，适用于专家知识库、模型计算和统计分析的数据信息，如河段冲淤量、河道地形概化等数据表结构。泥沙灾害数据库包括：水文泥沙基本数据、水库河道断面资料、泥沙灾害基础资料、水库河道河床演变基本资料等。数据库系统流程如图 10 - 12 所示。

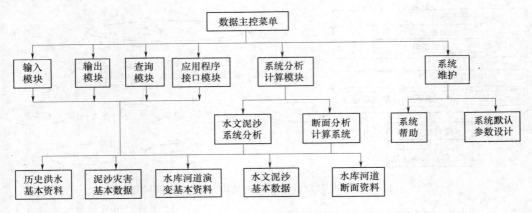

图 10 - 12　数据库系统结构流程示意图

（3）数据库的功能。在泥沙灾害数据库的软件系统中采用模块组合结构，整个数据库软件系统是由许多功能独立的模块组成，这些模块可以通过泥沙灾害防治决策支持系统中的应用程序直接调用，作为泥沙灾害防治决策支持系统的组成部分。泥沙灾害数据库软件系统功能模块主要有：控制模块、输入模块、数据管理模块、查询模块、水文泥沙分析计算模块、输出模块、应用程序接口模块等。

其中水文泥沙分析计算模块是泥沙数据库面向工程应用的核心模块，实现了以下功能：①时段洪量计算及水沙量统计；②洪水或日平均同流量水位计算；③黄河下游河道洪水演进计算；④下游各水位站水位流量关系预估，沿程水位计算及水位插补计算；⑤水库运用水位及各级水位天数的统计；⑥悬移质或河床质不同粒径的计算；⑦实测断面资料分析系统。实测断面资料分析系统主要功能有：①套绘或打印实测大断面图；②任意划分同一断面不同测次的一个或多个子断面位置坐标；③计算不同高程下主槽滩地深槽及全断面的面积宽度水深和河底平均高程以及相邻测次之间的冲淤面积；④计算水库库容或河道冲淤量；⑤简化或概化原始实测大断面资料。

2. **数据库实例二：长江水文泥沙信息分析管理系统**

（1）建设目的。真实、准确、实时搜集并分析长江流域河道水文泥沙及河道变化信息，快速、高效地处理大量的历史数据和实时动态监测数据，并结合现代水文泥沙分析计算和预测模型来进行科学的分析和处理，真实再现长江河道三维地形景观，实时、动态准确地反映长江干流水沙特征及其变化规律。

（2）数据库结构设计。系统的软件结构以主题式的对象—关系数据库为核心、GeoView 为主要支撑平台的 C/S 和 B/S 模式，即在数据库和支撑软件平台上，建立数据支撑层/信息处理层/应用软件层的层叠式复合结构。在这种结构体系下，数据库管理为第一层（下层）；数据管理分发服务器上的中间层和信息处理软件构成第二层（中层），负责接收访问请求；各客户机的浏览、处理和应用为第三层（上层），主要提供信息化处理应用的操作界面。长江水文泥沙系统的逻辑结构如图 10－13 所示。

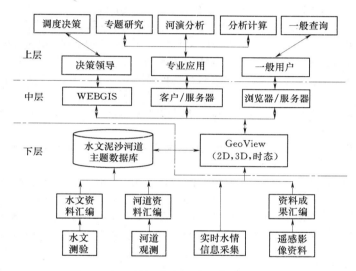

图 10－13　长江水文泥沙系统的逻辑结构

（3）数据库结构功能实现。长江水文泥沙信息分析管理系统从功能上总体又细分为：图形矢量化与编辑子系统、对象关系数据库管理子系统、水文泥沙专业计算子系统、水文泥沙信息可视化分析子系统、长江水沙信息综合查询子系统、长江河道演变分析子系统、长江三维可视化子系统、水文泥沙信息网络发布子系统等共八个子系统。其中水文泥沙专业计算子系统与长江河道演变分析子系统与本课程结合较为紧密，简介如下。

1）水文泥沙专业计算子系统。该子系统是长江水文泥沙可视化分析的基础模块。系统提供多种与水文泥沙相关的计算功能，实现水沙信息和河道形态以及各种计算结果的图形可视化。系统实现的功能有两个方面：水文泥沙数据专业计算，成果分析与图形可视化。专业计算包括水力因子计算、水量计算、沙量计算、槽蓄量计算、冲淤量计算、冲淤厚度计算等，该系统可以基本满足长江水文泥沙专业计算工作的需要。子系统计算所使用的数据都是直接从原始数据库中实时提取的。

一般的计算分析方法可划分为断面法和地形法。断面法主要根据固定断面成果资料和断面分析方法编制而成，地形法主要是根据地形资料构建 DEM 编制算法进行分析和计算。

　　2）江河道演变分析子系统。河道演变是水沙运动和相互作用的必然结果。长江河道演变分析子系统提供长江河道演变参数计算、河道演变分析功能及其结果可视化的功能，为领导和专业研究人员提供分析决策的强有力工具。该系统由槽蓄量和库容计算及显示、河道冲淤计算及显示、河演专题图编绘、任意断面绘制等功能模块组成，用于实现长江河道演变的可视化分析。

<h1 style="text-align:center">参 考 文 献</h1>

[1]　严义顺．水文测验学［M］．北京：水利电力出版社，1984.

[2]　李世镇，林传真．水文测验学［M］．北京：水利电力出版社，1993.

[3]　李世镇，姜德宝，杨明江．水文电测技术［M］．北京：中国水利水电出版社，1997.

[4]　谢悦波．水信息技术［M］．北京：中国水利水电出版社，2009.

[5]　中华人民共和国水利部．河流泥沙颗粒分析规程（SL 42—92)［M］．北京：水利电力出版社，1992.

[6]　中华人民共和国水利部．河流悬移质泥沙测验规范（GB 5019—92)［M］．北京：水利电力出版社，1992.

[7]　中华人民共和国水利部．河流推移质及床沙测验规范（SL 43—92)［M］．北京：水利电力出版社，1994.

[8]　中国水利学会泥沙专业委员会．泥沙手册［M］．北京：中国环境科学出版社，1989.

[9]　张慕良，叶泽荣．水利工程测量［M］．北京：水利电力出版社，1994.

[10]　刘普海，梁勇，张建生．水利水电工程测量［M］．北京：中国水利水电出版社，2005.

[11]　中华人民共和国水利部．水道观测规范（SL 257—2000)［M］．北京：中国水利水电出版社，2000.

[12]　梁开龙．水下地形测量［M］．北京：测绘出版社，1995.

[13]　刘树东，田俊峰．水下地形测量技术发展述评［J］．水运工程，2008，(1)：11-15.

[14]　章树安．水文数据库系统简介［J］．水利水文自动化，2000，(4)：5-9.

[15]　章树安．我国水文资料整编和数据库技术发展综述［J］．水文，2006，(6)：48-52.

[16]　王东，刘兴年，曹叔尤．三峡工程泥沙信息系统文档数据库的设计与实现［J］．水利水电科技进展，2003，(1)：22-24.

[17]　何文社，戴会超，曹叔尤，等．三峡水库水文泥沙信息分析管理系统设计［J］．水力发电学报，2005，(6)：95-99.

[18]　郑钧，张超，王兴奎．都江堰水沙信息分析系统研究［J］．水利水电技术，2007，(1)：47-49.

[19]　李文学，梁国亭，张晨霞．泥沙灾害数据库的研究与开发［J］．泥沙研究，2002，(5)：54-58.

[20]　王伟，许全喜，熊明．长江水文泥沙信息分析管理系统研究［J］．人民长江，2006，(12)：8-11.

# 第 **11** 章

## 河床冲淤变形模拟方法

河流上修建水库以后，水库上游由于流速减小，泥沙将普遍落淤；水库下游，由于清水下泄，将在相当长的河段内造成普遍冲刷。此外，如桥渡、围堰、码头以及各种河道和航道整治建筑物的修建，都将在一定程度上改变水流结构，使河床发生相应变化。这些可能发生的变化，不但对建筑物本身的效益和安全有重大影响，而且对航运、防洪的影响也很大。因此，在兴建涉水建筑物时，对于可能发生的河床变形，必须作定性的和定量的预测。

在前面的章节中，已经详细讨论了冲积平原河流河床演变的基本规律，通过河床演变分析，我们能够定性地估计河床演变的发展趋势。而从工程实践来说，除了定性地估计河床演变发展趋势外，还需要对河床演变作出定量的估算。因此，需要引入定量估算河床变形的方法。定量估算河床变形的方法归纳起来主要有两种：①数值模拟方法，根据泥沙运动和河床演变的基本原理，结合实际的来水来沙资料，建立数学模型，通过求解控制河床变形的基本方程组，来模拟和预测河道在天然情况下或者河道在修建工程后河床的冲淤变化情况；②河工模型试验，利用水流泥沙运动的力学相似原理，以一定的比尺，将天然河道按比尺缩小后，在实验室内复制模型小河，在模型小河上施放相应的水流和泥沙过程，然后观测河道（模型小河）的冲淤变化情况，并将试验结果反演到天然情况。本章将介绍这两种方法的基本原理。

## 11.1 河床冲淤变形基本方程

河道水流、泥沙运动与河床演变之间存在如下的关系：水流与河床存在着永不停歇的相互作用；在水流的作用下，静止的床沙与运动的泥沙（推移质泥沙与悬移质泥沙）之间不断发生交换，引起河床的冲淤变形；变化的河床对水流、泥沙运动产生作用，从而引发新一轮的河床变化。因此，在河床冲淤变形计算中，应同时包含水流及泥沙的控制方程。其中，水流控制方程包括：连续性方程和运动方程。泥沙的控制方程包括：悬移质泥沙和推移质泥沙运动的控制方程，以及描述河床变化的控制方程。

天然河道冲淤变形问题是错综复杂的，人们在运用数值模拟方法来进行河床变形计算时，不得不对实际问题进行相应的简化，并根据问题的不同，建立并发展了不同的数学模型。泥沙数学模型按照所模拟的水沙运动在空间上的变化情况，可分为一维、二维（包括平面二维和立面二维）和三维模型；按水流泥沙随时间变化情况，可分为恒定水沙数学模型和非恒定水沙数学模型；按照所模拟的泥沙运动状态进行分类，可分为仅模拟悬移质运动的悬移质模型，仅模拟推移质运动的推移质模型，以及同时模拟悬移质和推移质运动的全沙模型；按照实际水流计算输沙量方法的不同可分为平衡输沙与不平衡输沙模型；根据泥沙组成的非均匀性，可分为均匀沙和非均匀沙模型。按照对方程的求解秩序不同可分为耦合求解和非耦合求解模型。此外，按照上述各类模型不同的组合也可分为不同的模型，如耦合解恒定平衡输沙模型、耦合解恒定不平衡输沙模型等。由于篇幅所限，本节仅介绍一维水沙模型方面的内容。

一维泥沙数学模型着重模拟和计算断面各水沙要素的平均值，一般用于研究长河段长时期的河床变形，经过几十年的发展，在理论上已比较成熟。本节接下来首先对明槽水流一维泥沙数学模型的基本控制方程进行推导，然后对常用的一维恒定平衡输沙模型和一维恒定不平衡输沙模型作详细介绍。

### 11.1.1 水流控制方程

理论上，水流控制方程应为浑水运动方程。而在一般情况下，水流的含沙量不是特别大，泥沙颗粒对水流运动的影响可以忽略，因此，常用描述明槽清水非恒定流动的圣维南方程组来代替。

1. 连续性方程

如图 11-1 所示，在明槽非恒定流中（为不可压缩液体流动，$\mathrm{d}\rho/\mathrm{d}t=0$），沿水流流动方向取长为 $\mathrm{d}x$ 的微小流段。

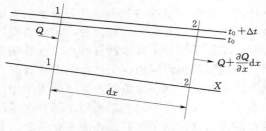

图 11-1 水流运动示意图

设断面 1—1 处的流量为 $Q$，$\rho$ 为液体密度，则在 $\Delta t$ 时段内，从断面 1—1 进入此流段的液体质量为 $\rho Q\Delta t$，从断面 2—2 流出该流段的液体质量为 $\rho Q\Delta t+\rho\dfrac{\partial Q}{\partial x}\mathrm{d}x\Delta t$，进出此流段的液体质量差为 $-\rho\dfrac{\partial Q}{\partial x}\mathrm{d}x\Delta t$。

与此同时，在 $t_0$ 时刻，断面 1—1 与断面 2—2 间的槽蓄量为 $\rho\overline{A}\mathrm{d}x$，在 $t_0+\Delta t$ 时刻，断面 1—1 与断面 2—2 间的槽蓄量为 $\rho\left(\overline{A}+\dfrac{\partial\overline{A}}{\partial t}\Delta t\right)\mathrm{d}x$，$\Delta t$ 时段内断面 1—1 与断面 2—2 间的槽蓄量变化量为 $\rho\dfrac{\partial\overline{A}}{\partial t}\Delta t\mathrm{d}x$，其中 $\overline{A}$ 为微小流段的平均过水面积，$\rho\dfrac{\partial\overline{A}}{\partial t}\mathrm{d}x\Delta t\approx\rho\dfrac{\partial A}{\partial t}\Delta t\mathrm{d}x$（$A$ 为断面 1—1 与断面 2—2 间中点处断面的过水面积）。

根据质量守恒原理有：

$$-\rho\frac{\partial Q}{\partial x}\mathrm{d}x\Delta t=\rho\frac{\partial A}{\partial t}\mathrm{d}x\Delta t$$

整理得明槽一维非恒定流连续性方程为：

$$\frac{\partial A}{\partial t} + \frac{\partial Q}{\partial x} = 0 \tag{11-1}$$

如果在微小流段内有旁侧入流，且单位长度旁侧入流量为 $q$（$q>0$ 为入流，$q<0$ 为出流），考虑旁侧入流的明槽一维非恒定流连续性方程为：

$$\frac{\partial A}{\partial t} + \frac{\partial Q}{\partial x} = q \tag{11-2}$$

**2. 运动方程**

设坐标轴 $x$ 的方向与水流流动方向一致，根据牛顿第二定律建立运动方程。为分析简单起见，首先考虑棱柱体明渠的情况（图 11-2）。

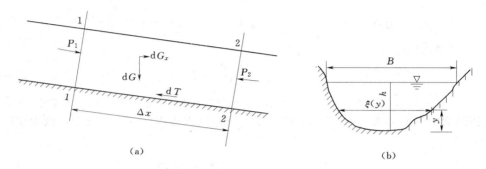

图 11-2　明渠水流运动示意图

作用于断面 1—1 的所有外力沿坐标轴 $x$ 方向的分力有以下几个。

（1）设压强分布服从静水压强分布，则作用于断面 1—1 的水压力：

$$P = \int_0^h \rho g(h-y)\xi(y)\mathrm{d}y \tag{11-3}$$

沿 $x$ 方向的总压力为：

$$\sum P = P - \left(P + \frac{\partial P}{\partial x}\mathrm{d}x\right) = -\gamma \mathrm{d}x\left[\frac{\partial h}{\partial x}\int_0^h \xi(y)\mathrm{d}y + \int_0^h (h-y)\frac{\partial \xi(y)}{\partial x}\mathrm{d}y\right] \tag{11-4}$$

$\xi(y)$ 为过水断面上距渠底 $y$ 处的宽度，因假定为棱柱体明渠，有 $\dfrac{\partial \xi(y)}{\partial x} = 0$。则有：

$$\sum P = -\gamma A \frac{\partial h}{\partial x}\mathrm{d}x$$

（2）重力：

$$\mathrm{d}G_x = \mathrm{d}G\sin\alpha = -\gamma A\mathrm{d}x\frac{\partial z}{\partial x}$$

（3）侧壁面上的阻力：

$$\mathrm{d}T = \tau_0 \chi \mathrm{d}x = \gamma RJ\chi \mathrm{d}x = \gamma AJ\mathrm{d}x$$

$$\tau_0 = \gamma RJ$$

以上各式中：$\alpha$ 为坐标轴 $x$ 与水平方向的夹角；$A$ 为水断面面积；$\chi$ 为湿周；$\tau_0$ 为侧

壁表面平均切应力；$R$ 为水力半径；$J$ 为水力坡度。

其次，由于流速 $U$ 是坐标 $x$ 和时间 $t$ 的函数，则液体沿 $x$ 方向的加速度 $a_x$ 为：

$$a_x = \frac{\mathrm{d}U}{\mathrm{d}t} = \frac{\partial U}{\partial t} + \frac{\partial U}{\partial x}\frac{\mathrm{d}x}{\mathrm{d}t} = \frac{\partial U}{\partial t} + U\frac{\partial U}{\partial x}$$

微小流段内的液体质量为：

$$\mathrm{d}m = \rho A\mathrm{d}x$$

根据牛顿第二定律，有：

$$\sum F_x = \mathrm{d}ma_x$$

即：

$$-\gamma A\frac{\partial h}{\partial x}\mathrm{d}x - \gamma A\mathrm{d}x\frac{\partial z}{\partial x} - \gamma AJ\mathrm{d}x = \rho A\mathrm{d}x\left(\frac{\partial U}{\partial t} + U\frac{\partial U}{\partial x}\right)$$

上式两边同除以 $\gamma A\mathrm{d}x$ 并整理得：

$$\frac{\partial z}{\partial x} + \frac{1}{g}\frac{\partial U}{\partial t} + \frac{U}{g}\frac{\partial U}{\partial x} + J = 0 \tag{11-5}$$

式（11-5）即为棱柱体明渠非恒定流运动方程的一般形式。对于非棱柱体明渠（比如河槽向下游缩窄或展宽），则两岸壁将对微段水体作用一附加压力，该附加压力可表示为：

$$\Delta p' = \int_0^h\left[\rho g(h-y)\frac{\xi(y)}{\partial x}\mathrm{d}x\right]\mathrm{d}y$$

将附加压力代入式（11-4）中，恰好与该式最后一项相抵消，因此对于非棱柱体明渠，式（11-5）仍适用。

连续性方程式（11-2）及运动方程式（11-5）构成了描述明渠非恒定渐变流的圣维南方程组。在实际应用中，为了使用方便，常对式（11-2）和式（11-5）进行改写。可得到不同因变量组合的圣维南方程组[1]，具体推导过程略去。

（1）以 $z$ 和 $Q$ 为因变量的圣维南方程组：

$$B\frac{\partial z}{\partial t} + \frac{\partial Q}{\partial x} = q \tag{11-6}$$

$$\frac{\partial Q}{\partial t} + \frac{2Q}{A}\frac{\partial Q}{\partial x} + \left[gA - B\left(\frac{Q}{A}\right)^2\right]\frac{\partial z}{\partial x} = \left(\frac{Q}{A}\right)^2\frac{\partial A}{\partial x}\bigg|_z - gA\frac{Q^2}{K^2}$$

（2）以 $h$ 和 $Q$ 为因变量的圣维南方程组：

$$B\frac{\partial h}{\partial t} + \frac{\partial Q}{\partial x} = q \tag{11-7}$$

$$\frac{\partial Q}{\partial t} + \frac{2Q}{A}\frac{\partial Q}{\partial x} + \left[gA - B\left(\frac{Q}{A}\right)^2\right]\frac{\partial h}{\partial x} = \left(\frac{Q}{A}\right)^2\frac{\partial A}{\partial x}\bigg|_h - gA\left(i - \frac{Q^2}{K^2}\right)$$

（3）以 $z$ 和 $U$ 为因变量的圣维南方程组：

$$\frac{\partial z}{\partial t} + U\frac{\partial z}{\partial x} + \frac{A}{B}\frac{\partial U}{\partial x} = \frac{1}{B}\left(q - BiU - U\frac{\partial A}{\partial x}\bigg|_h\right) \tag{11-8}$$

$$\frac{\partial U}{\partial t} + U\frac{\partial U}{\partial x} + g\frac{\partial z}{\partial x} = -g\frac{U^2}{C^2R}$$

（4）以 $h$ 和 $U$ 为因变量的圣维南方程组：

$$\frac{\partial h}{\partial t}+U\,\frac{\partial h}{\partial x}+\frac{A}{B}\frac{\partial U}{\partial x}=\frac{1}{B}\left(q-U\frac{\partial A}{\partial x}\Big|_{h}\right) \tag{11-9}$$

$$\frac{\partial U}{\partial t}+U\,\frac{\partial U}{\partial x}+g\,\frac{\partial h}{\partial x}=g\left(i-\frac{U^2}{C^2R}\right)$$

### 11.1.2　悬移质泥沙控制方程

在总流中取长度为 $dx$ 的微小河段水体作为隔离体来分析，如图 11-3 所示，平均水深为 $h$，平均河宽为 $B$。断面 1—1 处的悬移质含沙量为 $S$，流量为 $Q$。则单位时间内通过断面 1—1 进入该河段的悬移质泥沙质量为 $QS$，单位时间内通过断面 2—2 流出该河段的悬移质泥沙质量为 $QS+\frac{\partial(QS)}{\partial x}dx$。

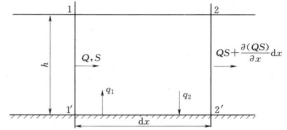

同时，当水流流过该微小河段时，水流中的悬移质将与河床床面上的泥沙发生交换（挟沙水流中，

图 11-3　明渠挟沙水流悬移质运动示意图

悬移质与推移质及床沙之间总是处于交换状态，由于悬移质与推移质泥沙的交换量难以确定，且在实际计算中常常可以忽略，这里仅考虑悬移质与床沙的交换。类似的，在后面推移质泥沙控制方程的推导中，也仅考虑推移质泥沙与床沙间的交换）。用 $q_1$ 表示单位时间从单位面积的河床掀起的泥沙质量，用 $q_2$ 表示单位时间从水流中下沉到单位面积床面的泥沙质量。则在单位时间内，从河床掀起的泥沙质量为 $q_1Bdx$，由水体中下沉到床面的泥沙质量为 $q_2Bdx$。

根据质量守恒定律，从上游断面流入的泥沙质量和从河底掀起的泥沙质量与从下游断面流出及在该段落淤的泥沙质量之差，应当等于水体中泥沙质量在单位时间内的变化，由此可得：

$$QS-\left[QS+\frac{\partial(QS)}{\partial x}dx\right]+q_1Bdx-q_2Bdx=\frac{\partial(Bhdx\,S)}{\partial t}$$

上式经整理得：

$$\frac{\partial(QS)}{\partial x}+\frac{\partial(BhS)}{\partial t}-q_1B+q_2B=0 \tag{11-10}$$

下面讨论 $q_2$ 的表达式[2]。水体中的悬移质，在重力和紊动扩散的双重作用下，时而上浮时而下沉。一般情况下，各个悬移质泥沙颗粒的沉降几率可认为是相等的。如果以 $\alpha_1$ 表示任一悬移质泥沙颗粒在时间间隔 $\Delta t$ 内的沉降几率，则根据大数定律，$\Delta t$ 时间内从厚度为 $\lambda$ 的水层中下沉的泥沙质量 $W_2=\alpha_1SBdx$，另一方面，$W_2=q_2Bdx$，得：

$$q_2=\alpha_1S\lambda/\Delta t$$

$\lambda/\Delta t$ 是泥沙颗粒的特征速度，即沉降速度 $\omega$。因此上式可以写作：

$$q_2=\alpha_1S\omega \tag{11-11}$$

再来讨论 $q_1$ 的表达式：在一般河流中，含沙量不是很大，含沙量对泥沙起动和悬浮的影响可忽略不计，可以认为从河底掀起的泥沙数量与水体中已有的泥沙数量无关，仅与水力因子有关。因此，在一定的水力条件下，$q_1$ 为一定值。取河床处于不冲不淤的平衡状态情况，则有单位时间内从单位床面向上掀起泥沙质量的计算式：

$$q_1 = q_2 \mid_{s=s_*} = \alpha_2 \omega S_* \tag{11-12}$$

上式表明从河底掀起的泥沙质量与输沙能力成正比，其中 $\alpha_2$ 为系数。

一般假设 $\alpha_1 = \alpha_2 = \alpha$，将式（11-11）和式（11-12）代入式（11-10），得：

$$\frac{\partial(QS)}{\partial x} + \frac{\partial(BhS)}{\partial t} + \alpha BS\omega - \alpha B\omega S_* = 0 \tag{11-13}$$

或：

$$\frac{\partial(BhUS)}{\partial x} + \frac{\partial(BhS)}{\partial t} + \alpha BS\omega - \alpha B\omega S_* = 0 \tag{11-14}$$

式（11-13）和式（11-14）为随水流运动的悬移质泥沙连续性方程。

### 11.1.3    推移质泥沙控制方程

在床面附近取一长为 $\mathrm{d}x$ 的微小河段水体作为隔离体来分析（图 11-4），设推移层的厚度为 $\beta D$，其中 $\beta$ 为系数，$D$ 为床沙粒径，平均河宽为 $B$。单位时间内，从断面 1—1 进入微分体的推移质泥沙质量为 $g_b B$，其中 $g_b$ 为推移质单宽输沙率；单位时间内，从断面 2—2 流出微分体的推移质泥沙质量为 $g_b B + \dfrac{\partial g_b B}{\partial x}\mathrm{d}x$。

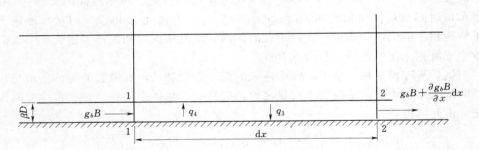

图 11-4    明渠挟沙水流推移质运动示意图

同时，推移质与床沙发生交换。用 $q_3$ 表示单位时间、单位面积内由推移质泥沙转化为床沙的质量，用 $q_4$ 表示单位时间、单位面积内由床沙转化为推移质泥沙的质量。根据质量守恒定律，有：

$$g_b B - \left( g_b B + \frac{\partial g_b B}{\partial x}\mathrm{d}x \right) + q_4 B\mathrm{d}x - q_3 B\mathrm{d}x = 0$$

整理得：

$$\frac{\partial g_b B}{\partial x}\mathrm{d}x + q_3 B\mathrm{d}x - q_4 B\mathrm{d}x = 0 \tag{11-15}$$

根据爱因斯坦理论，$q_3$ 的表达式为 $g_b Bq/\overline{L}$，$q_4$ 的表达式为 $g_{b*} Bq/\overline{L}$，其中，$g_{b*}$ 为有效推移质输沙率，$q$ 为泥沙停留在床面不动的概率，$\overline{L}$ 为推移质运动的平均跃移距离[3]。根据质量守恒定律：

$$g_b B - \left( g_b B + \frac{\partial g_b B}{\partial x} \right) + qB(g_{b_*} - g_b)/\overline{L} = 0 \tag{11-16}$$

经整理得推移质泥沙连续性方程为：

$$\frac{\partial g_b B}{\partial x} = qB/\overline{L}(g_{b_*} - g_b) \tag{11-17}$$

### 11.1.4　河床变形方程

在河床表面取一个厚度为 $z = z_0$ 的微小棱柱体作为控制体来分析，平均河宽为 $B$。下面分别考虑仅由悬移质与床沙交换或推移质与床沙交换引起的河床变形。

1. 悬移质河床变形方程

在单位时间内，从河床掀起的床沙质量为 $q_1 B \mathrm{d}x$，由水体中下沉到床面的悬移质泥沙质量为 $q_2 B \mathrm{d}x$。

同时，单位时间内由悬移质运动引起的床面高程变化即冲淤厚度为 $\frac{\partial z_b}{\partial t}$，在控制体内其质量为 $\rho' B \frac{\partial z_b}{\partial t}$。根据质量守恒定律，有：

$$q_2 - q_2 + \rho' B \frac{\partial z_b}{\partial t} = 0 \tag{11-18}$$

结合式（11-10），式（11-18）可转化为：

$$\rho' B \frac{\partial z_b}{\partial t} = \alpha B \omega (S - S_*) \tag{11-19}$$

或：

$$\frac{\partial (BhUS)}{\partial x} + \frac{\partial (BhS)}{\partial t} + \rho' B \frac{\partial z_b}{\partial t} = 0 \tag{11-20}$$

式（11-20）为悬移质冲淤变化引起的河床变形方程，其中 $\rho'$ 为泥沙干密度，$z_b$ 为断面平均河床高程。

2. 推移质河床变形方程

在单位时间内，从河床掀起转变为推移质运动的泥沙质量为 $q_3 B \mathrm{d}x$，由运动的推移质转为床沙的泥沙质量为 $q_4 B \mathrm{d}x$。

同时，单位时间内由推移质运动引起的床面高程变化即冲淤厚度为 $\frac{\partial z_b}{\partial t}$，在控制体内其质量为 $\rho' B \frac{\partial z_b}{\partial t}$。根据质量守恒定律，有：

$$q_4 - q_3 + \rho' B \frac{\partial z_b}{\partial t} = 0 \tag{11-21}$$

结合式（11-15），式（11-21）可转化为：

$$\rho' B \frac{\partial z_b}{\partial t} = \frac{\partial g_b B}{\partial x} \tag{11-22}$$

式（11-22）即为推移质冲淤变化引起的河床变形方程。

一维推移质和悬移质总的河床变形方程可表示为：

$$\rho' B \frac{\partial z_b}{\partial t} = \frac{\partial (QS)}{\partial x} + \frac{\partial (BhS)}{\partial t} + \frac{\partial (g_b B)}{\partial x} \tag{11-23}$$

### 11.1.5 初始条件和边界条件

初始条件：给定初始时刻 $t = t_0$，全流段的水位 $z_0$（或水深 $h_0$）和流量 $Q_0$（或流速 $U_0$）。

边界条件包括水流边界条件和泥沙边界条件。

（1）水流边界条件：上游断面的边界条件一般是起始断面流量随时间的变化曲线，即流量过程线。下游断面的边界条件一般有两种：一种是水位流量关系曲线，另一种是下游断面的水位过程或流量过程线。对于感潮河段，当上游断面也受潮汐影响时，上下游断面水流边界条件可都用水位过程。

（2）泥沙边界条件：上游进口断面的来流含沙量及级配过程。对感潮河段，泥沙边界条件的给定会稍复杂些，要依断面水流方向来判定。如上游断面，无逆流时段，要给来流含沙量及级配过程；产生逆流时段，则上游断面就不需给含沙量及级配过程。对下游断面，当无逆流时，不需给含沙量及级配过程；产生逆流时段，则需给下游断面含沙量及级配过程。

# 11.2　一维泥沙数学模型

有关模型分类的问题，前文已作介绍，下面着重介绍常用的一维恒定非耦合平衡输沙及不平衡输沙模型。

这两种模型的主要假设是：①将水流作为恒定流处理，即 $\dfrac{\partial h}{\partial t} = 0$、$\dfrac{\partial U}{\partial t} = 0$；②假定在河床发生冲淤过程中，在每一个短时段内河床变形对水流条件影响不大，这样就可采用非耦合求解；③不考虑水体中含沙量因时变化，即 $\dfrac{\partial hS}{\partial t} = 0$。

### 11.2.1 一维恒定平衡输沙模型

#### 11.2.1.1 基本方程

根据上述假设，对于恒定平衡输沙模型来说，可将方程组（11-8）、式（11-14）、式（11-17）及式（11-23）转化为如下方程。

水流连续性方程：

$$Q = BhU \tag{11-24}$$

水流运动方程：

$$\frac{1}{2g}\frac{\partial}{\partial x}\left(\frac{Q^2}{A^2}\right) + \frac{\partial z}{\partial x} + \frac{n^2 Q^2}{A^2 R^{4/3}} = 0 \tag{11-25}$$

悬移质泥沙连续性方程：

$$S = S_* \tag{11-26}$$

推移质泥沙连续性方程：

$$g_b = g_{b_*} \tag{11-27}$$

河床变形方程：

$$\frac{\partial G}{\partial x} + \rho' B \frac{\partial z_b}{\partial t} = 0 \qquad (11-28)$$

其中式（11-28）中 $G$ 为断面总输沙率，$G = BhUS + Bg_b$。

式（11-24）～式（11-28）构成了一维恒定平衡输沙模型的基本方程组，该方程组有五个未知量，即过水断面面积 $A$（或水深 $h$、水位 $z$），流量 $Q$（或流速 $U$），过水断面上的平均悬移质含沙量 $S$，断面单宽推移质输沙率 $g_b$，以及河床高程 $z_b$。但是，方程组并没有封闭，因为其中还包含一些未知参数：式（11-26）中的水流挟沙力 $S_*$ 以及式（11-27）中的有效推移质输沙率 $g_{b*}$ 是未知的；同时，方程组中的糙率 $n$、泥沙干密度 $\rho'$ 以及泥沙颗粒的沉速 $\omega$ 等参数也是待定的。要使方程组封闭，需要引入补充的封闭条件。

水流挟沙力 $S_*$、泥沙的沉速 $\omega$ 可通过张瑞瑾公式计算得到，有效推移质输沙率可采用梅耶—彼得公式计算：

$$S_* = K(U/gh\omega)^m \qquad (11-29)$$

$$g_{b*} = \frac{\left[(n'/n)^{3/2} \gamma h J_f - 0.047(\gamma_s - \gamma)d\right]^{3/2}}{0.125 \left(\dfrac{\gamma_s - \gamma}{\gamma_s}\right)\left(\dfrac{\gamma}{g}\right)^{1/2}} \qquad (11-30)$$

$$\omega_0 = \sqrt{\left(13.95 \frac{v}{d}\right)^2 + 1.09 \frac{\gamma_s - \gamma}{\gamma} gd} - 13.95 \frac{v}{d} \qquad (11-31)$$

糙率 $n$、泥沙干密度 $\rho'$，则一般通过实测资料得到。

#### 11.2.1.2 基本方程的求解

1. 水流运动方程求解

将式（11-25）中水流运动方程写成如下差分格式：

$$z_{i+1} - z_i + \Delta x n^2 \left[\frac{Q^2}{H_{i+1}^{10/3} B_{i+1}^2}\psi + \frac{Q^2}{H_i^{10/3} B_i^2}(1-\psi)\right] + \frac{1}{2g}\left(\frac{Q^2}{A_{i+1}^2} - \frac{Q^2}{A_i^2}\right) = 0 \qquad (11-32)$$

式中：$\psi$ 为权重因子；脚标 $i$ 和 $i+1$ 表示变量为计算断面 $i$ 和 $i+1$ 上的变量。

在进行水面线计算时，给定流量、糙率和断面资料，只要知道其中一个断面水位，便可用式（11-32）求解出另一个断面水位。

2. 河床变形方程求解

河床变形方程式（11-28）常写成如下差分格式：

$$(G_1 - G_2)\Delta t = \rho' \Delta x B \Delta z_b \qquad (11-33)$$

或：

$$(G_1 - G_2)\Delta t = \rho' \Delta x \Delta A \qquad (11-34)$$

$G_1$、$G_2$ 分别为进出口断面输沙率，用于计算悬移质冲淤时，$G = QS$，用于计算推移质冲淤时，$G = Bg_b$。

3. 计算步骤

（1）将计算河段划分为若干短河段，每一短河段的上、下游断面即为该河段的进出口断面。对过流断面进行概化（具体方法在后文介绍）。

（2）输入计算起算时刻河段各断面的横断面图，以及各断面有关工作曲线：如水位（$Z$）—河宽（$B$）关系曲线，水位（$Z$）—过水断面面积（$A$）关系曲线。

（3）将计算流量过程线概化为阶梯式恒定流（上游边界条件）。流量过程线的概化必须包括洪、中、枯水期的流量级，概化流量级在一个水文年内宜分成不少于 4～6 个流量级。

（4）取计算河段下游断面的水位作为控制水位（下游边界条件），并划分为与上游流量过程梯级相对应的水位梯级。此水位的确定视问题的性质不同而异。如为天然河流应由水位流量关系确定；如系受工程控制的河流，例如水库，则由水库调度图确定。

（5）确定计算河段上游入口断面悬移质含沙量及推移质输沙率（边界条件）。

（6）编写程序，进行河床变形计算。包括用式（11-32）计算各断面水位、断面平均流速、水深等；用悬移质挟沙力公式（11-29）和单宽推移质输沙率公式（11-30）依次计算各断面的输沙率及用式（11-33）计算河段内的平均冲淤厚度，或式（11-34）计算河段内的平均冲淤面积，并用计算冲淤结果对有关工作曲线进行修正。至此，第一时段的计算工作便完成。用改正后的工作曲线重复上述计算过程进行第二时段的河床变形计算，如此反复进行，即可算出长时段的河床变形情况及水面曲线变化情况。

4. 计算中的几个问题

用上述方法进行河床变形计算，结果的精度和可靠性，往往与某些问题及有关参数的处理是否合理关系很大，有时甚至成为决定计算成败的关键[4-5]，这里做一些具体说明。

（1）进口断面悬移质含沙量和推移质输沙率的确定。其计算方法一般可分为以下几种情况。

1）在进口断面上游不存在调节径流和控制泥沙工程设施的条件下，一般通过分析实测资料推求。对于悬移质来说，资料相对较多，可通过建立水沙关系曲线来推求来沙量，但对于推移质来说，由于资料较少，现阶段往往难以做到。

2）如果进口断面上游已有建成的水利枢纽，规模不大，并且无泄流排沙措施，或者未进行排沙运用，淤积物基本保存在库内，则可通过实测该水利枢纽运用以来的淤积总量，取其年平均淤积量作为进口断面的年平均来沙量进行冲淤计算。此外，为了区分悬移质和推移质淤积，应尽可能依据淤积物的部位和粒配，将水利枢纽的实测淤积总量划分出悬移质和推移质的淤积量。

3）有些河段上游既无水文站又无建成的水利枢纽，在这种情况下，就悬移质而言，对山区河流可根据输沙模数图并结合类比方法进行略估；对于河床有充分补给的平原河流，可利用水流挟沙力公式计算；就推移质而言，则可先用推移质输沙率公式进行初步估算，然后根据水文部分统计的该河段推移质与悬移质比值关系进行校核。

由于计算中采用的悬移质水流挟沙力计算公式多属于经验性或半理论半经验公式，因此应尽可能用本河流实测资料对所采用的计算公式进行检验，以判断选用的公式对于本河段是否合理可靠。

需要指出的是，上述方法仅适用于水位、河宽关系确定，河岸不发生冲淤变化的情况。对于河岸发生冲淤变化的河段，问题则复杂得多。在后面的叙述中，除特别说明，一般均指水位、河宽关系确定，河岸不发生冲淤变化的情况。

（2）糙率的确定。糙率确定是否合理，不仅影响水力计算的精度，而且通过影响水流条件进而影响河床冲淤数量和分布的计算精度。糙率的确定是一个异常复杂的问题，目前尚无通用的方法，须根据具体情况区别对待，对一般河道河床变形计算问题而言，在有实测资料的条件下，通常的做法是依据现有的实测水面线资料反求。在无实测资料的条件下，可用类比的方法，选择与计算河段条件相类似且有实测资料的河段进行类比分析，估算其糙率。

河床变形过程的糙率估算，对不同的具体问题需区别对待，这里以水库淤积为例，具体说明糙率确定的方法。一般来说，水库蓄水而发生淤积，这种淤积沿程不均匀，河床糙率沿程分布也不一样。在变动回水区，较粗泥沙在这里落淤，床面粗度较大；而在常年回水段和库区，细沙在这里大量落淤，糙率也相对较小。全水库沿程淤积表现为上粗下细，河床沿程细化，糙率一般来说也顺流变小。

目前对水库计算糙率分四种情况考虑：①天然河道糙率，即水库蓄水前的糙率；②水库蓄水后的糙率，水库蓄水，水位抬高，岸壁糙率影响增加；③水库从淤积开始到水库淤积平衡为止的糙率变化，称为过渡糙率；④水库发展到淤积终止时的糙率，水库淤积发展到相对平衡状态时，库区将塑造出新的河床，其糙率与自然状态下的冲积河道床面糙率类似，称为平衡糙率。上述各种情况下的糙率确定方法如下。

1）天然河道综合糙率可由实测资料率定得到。这部分糙率可近似看作水库蓄水后河床部分的初始糙率。

2）水库蓄水后淤积前的糙率通常采用两种方法确定。①直接借用自然河道情况下大洪水流量的综合糙率；②借用汛期平均流量至最大流量的边壁糙率，作为最高洪水位以上的边壁糙率，用爱因斯坦方法计算综合糙率，即：

$$P_2 n_2^{3/2} = P_\omega n_\omega^{3/2} + P_1 n_1^{3/2} \tag{11-35}$$

式中：$P_2$、$P_1$ 为上下两级流量的湿周；$n_2$、$n_1$ 为相应的综合糙率；$P_\omega$、$n_\omega$ 为这两级流量之间的边壁湿周及糙率。

3）过渡糙率目前仍是一个值得进一步研究的课题。韩其为采用能坡分割法推导得到如下计算式：

$$n_b^2 = n_{bk}^2 + (n_{b0}^2 - n_{bk}^2) \left( \frac{A_k - A_s}{A_k} \right)^{1/3} \tag{11-36}$$

式中：$n_b$、$n_{bk}$、$n_{b0}$ 为过渡糙率、平衡糙率和初始糙率；$A_k$、$A_s$ 为水库达到淤积平衡时的淤积面积和时间 $t$ 时的淤积面积。

式（11-36）实质上是二次多项式，过渡糙率是由初始糙率和远期糙率经过插值而得到的。从式（11-36）可看出，当即当 $A_s = 0$ 时有 $n_b = n_{b0}$，而当 $A_s = A_k$ 时，$n_b = n_{bk}$，定性上是合理的。有关过渡糙率的计算方法还有待于进一步的研究。

4）计算水库平衡糙率的方法目前还不成熟，有两种方法可以采用：①根据现有的水库淤积平衡实测资料来反求；②采用冲积河流中相对稳定的河段糙率作为平衡糙率。

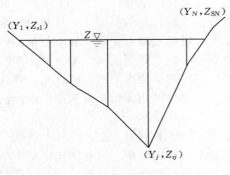

图 11-5　自然断面概化图

（3）过流断面的概化。天然河流中过水断面呈不规则多边形，计算河道的横断面面积时，需要对其进行合理概化。概化天然河道断面的方法通常有两种：①概化成规则的矩形断面，这种做法的任意性很大，不能很好地反映出自然断面的特性；②根据实测资料，将过水断面分解成若干子断面，每个子断面为梯形或三角形，逐一计算各子断面的面积并求和即得过水断面面积（图 11-5）。具体做法是用坐标（$Y_j$，$Z_{sj}$）来表示天然断面，$Y_j$ 为起点距，$Z_{sj}$ 为相应点河底高程，则天然断面可由各子断面面积之和来逼近，即：

$$A = A_左 + \sum_{j=2}^{N-1} A_i + A_右$$

式中左边的三角形面积为：

$$A_左 = (Y_{j+1} - Y_j)\left(\frac{Z - Z_{sj+1}}{Z_j - Z_{sj+1}}\right)\left(\frac{Z - Z_{sj+1}}{2}\right) \tag{11-37}$$

而右边三角形面积为：

$$A_右 = (Y_{j+1} - Y_j)\left(\frac{Z - Z_{sj}}{Z_{sj+1} - Z_{sj}}\right)\left(\frac{Z - Z_{sj}}{2}\right) \tag{11-38}$$

而梯形面积 $A_j$ 为：

$$A_j = (Y_{j+1} - Y_j)\left(\frac{2Z - Z_{sj+1} - Z_{sj}}{2}\right) \tag{11-39}$$

记　　　　$Z_{sup} = \max(Z_{sj}, Z_{sj+1})$，$Z_{inf} = \min(Z_{sj}, Z_{sj+1})$

则左右两边三角形面积统写成：

$$A_j = \frac{(Y_{j+1} - Y_j)}{2}\left(\frac{Z - Z_{inf}}{Z_{sup} - Z_{inf}}\right)(Z - Z_{inf}) \tag{11-40}$$

使用这个计算式进行面积计算较为便利。

（4）床沙细化或粗化的考虑。床沙的细化或粗化对计算精度有直接的影响。例如，水库淤积后库区的床沙组成是沿程细化的，同时随着淤积的发展，床沙组成还会因时而变。因此，床沙的细化将影响到水库淤积量及淤积分布，计算时应作必要的考虑。同样，床沙粗化的影响也应加以考虑。当河床发成冲刷时，将使床沙粗化，其结果同样影响淤积量及淤积分布的计算精度。

在平衡输沙模型中，计算床沙的细化或粗化的关键问题是选用合理的分组挟沙力公式及分组推移质输沙率公式。采用这些公式并将非均匀沙的级配划分为若干粒径组，分别计算各粒径组泥沙的冲淤量，各粒径组的冲淤量之和即为总冲淤量。这样可根据各粒径组的冲淤量确定床沙级配。关于悬移质分组挟沙力计算方法将在下节作详细介绍，推移质的分组输沙率可参考爱因斯坦公式，或先用推移质输沙率公式计算总输沙率，然后再乘上某粒径泥沙在床沙中所占百分比，即得该粒径组的推移质输沙率。

除了上述几个问题外，其他问题，如计算水沙系列的选择与进出口断面流量过程线的概划，河段划分，冲淤方式的假定及允许一次冲淤厚度的确定等，可结合具体河段的要求加以考虑确定，这里不一一详述。

### 11.2.2 一维恒定不平衡输沙模型

由于考虑了含沙量与水流挟沙力之间的差异，不平衡输沙模型比平衡输沙模型更具有一般性。水流中挟带的泥沙颗粒是非均匀的，所带来的问题比起均匀沙要复杂得多，本节介绍非均匀沙不平衡输沙数学模型。

#### 11.2.2.1 基本方程

根据前述假设，对于非均匀沙恒定不平衡输沙模型来说，可将方程组（11-8）、式（11-14）、式（11-17）及式（11-23）转化为如下方程。

水流连续性方程：

$$Q = BhU \tag{11-41}$$

运动方程：

$$\frac{1}{2g}\frac{\partial}{\partial x}\left(\frac{Q^2}{A^2}\right) + \frac{\partial z}{\partial x} + \frac{n^2 Q^2}{A^2 R^{4/3}} = 0 \tag{11-42}$$

悬移质连续性方程：

$$\frac{\partial(QS_k)}{\partial x} = -\alpha \omega_k B (S_k - S_{*k}) \tag{11-43}$$

推移质不平衡输沙方程：

$$\frac{\partial G_k}{\partial x} = -K_k (G_k - G_{*k}) \tag{11-44}$$

河床变形方程：

$$\frac{\partial(QS)}{\partial x} + \frac{\partial G}{\partial x} + \rho' B \frac{\partial z_b}{\partial t} = 0 \tag{11-45}$$

式中：$S_k$、$S_{*k}$为悬移质分组含沙量和水流挟沙力；$G_k$、$G_{*k}$为推移质分组输沙率和有效输沙率；$\omega_k$为分组沙沉速；$k$为非均匀分组序数。

$$G = g_b B$$

且满足：$S = \sum_k S_k$，$S_* = \sum_k S_{*k}$，$G = \sum_k G_k$，$G_* = \sum_k G_{*k}$。

#### 11.2.2.2 基本方程的求解

方程仍采用非耦合求解，先解水流方程，求出有关水力要素后，再解泥沙方程，最后推求河床冲淤变化，如此交替进行。其中，水流运动方程及河床变形方程的求解方法与上节相同，这里重点介绍推移质不平衡输沙方程及悬移质泥沙连续方程求解方法。

1. 推移质不平衡输沙方程（11-44）的差分方程

$$\frac{G_{k_{i+1}} - G_{k_{i-1}}}{\Delta x_i} = -K_k (G_{k_i} - G_{*k_i}) \tag{11-46}$$

推移质输沙率计算可选用相应经验公式来计算。

2. 悬移质连续性方程

方程（11 - 43）可写成：

$$\frac{\partial S_k}{\partial x} = -\frac{\alpha \omega_k}{q}(S_k - S_{*k}) \tag{11-47}$$

式中 $q = Q/B$ 为单宽流量。在某一短小河段内，若取河段平均河宽来计算单宽流量，近似的可以认为 $q$ 在短小河段内也不发生变化，式（11 - 41）可写成如下差分格式进行求解：

$$\frac{S_{k_{i+1}} - S_{k_{i-1}}}{\Delta x_i} = -\frac{\alpha \omega_k}{q}(S_{k_i} - S_{*k_i}) \tag{11-48}$$

将计算河段划分为 $N$ 个断面，假设第 $N$ 个断面（即出口断面）的输沙率等于第 $N-1$ 个断面的输沙率，则由式（11 - 46）或式（11 - 48）得到的差分方程组可由追赶法进行求解，式中 $\Delta x_i$ 为脚标 $i-1$ 和 $i+1$ 断面间的距离。

由于水沙运动的复杂性，对于分组水流挟沙力的研究还存在不足，有待于进一步研究。这里主要介绍窦国仁模式：

由张瑞瑾挟沙力公式可得断面总挟沙力为：

$$S_* = k\left(\frac{U^3}{gh\overline{\omega}}\right)^m \tag{11-49}$$

式中：$k$、$m$ 为挟沙力系数和指数；$U$ 为断面平均流速；$\overline{\omega}$ 为泥沙平均沉速。

分组挟沙力级配：

$$P_{*k} = (p_k/\omega_k)^\beta / \sum_k (p_k/\omega_k)^\beta \tag{11-50}$$

分组挟沙力：

$$S_{*k} = P_{*k} S_* \tag{11-51}$$

式中：$p_k$ 为第 $k$ 组悬沙级配；$\omega_k$ 为第 $k$ 组沙对应的沉速；$\beta$ 为指数，一般取 1/6。

3. 床沙级配调整

为了确定分组挟沙力 $S_*$，需确定床沙级配，但对床沙级配的变化模拟存在着很大的困难，需要对其交换过程进行概化。目前应用较为广泛的是杨国录[6]模式，李义天、胡海明[6]模式，以及韦直林模式[7]。这里介绍韦直林的床沙级配调整模式。

该模式将河床组成概化为表、中、底三层（图 11 - 6），各层的厚度和平均粒配分别记为 $h_u$、$h_m$、$h_b$ 和 $P_{uk}$、$P_{mk}$、$P_{bk}$。表层为泥沙的交换层，中间层为过渡层，底层为泥沙冲刷极限层。规定在每一计算时段内，各层间的界面都固定不变，泥沙交换限制在表层内进行，中层和底层暂时不受影响，图为床沙混合层厚度示意图。在时段末，根据床面的冲刷或淤积往下或往上移动表层和中层，保持这两层的厚度不变，而令底层厚度随冲淤厚度的大小而变化，具体的计算过程为：设在某一时段的初始时刻，表层粒配为 $P_{uk}^{(0)}$，该时段内的冲淤厚度和第 $k$ 组泥沙的冲淤厚度分量分别为 $\Delta Z_b$ 和 $\Delta Z_{bk}$，则时段末表层底面以上部分的粒配变为：

$$P'_{uk} = (h'_u P_{uk}^{(0)} + \Delta Z_{bk})/(h_u + \Delta Z_b) \tag{11-52}$$

然后在式（11 - 52）的基础上重新定义各层的位置和组成，由于表层和中层的厚度保持不变所以它们的位置随床面的变化而移动。各层的粒配组成根据淤积或冲刷两

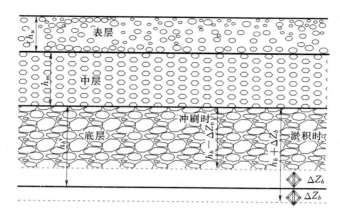

图 11-6 床沙混合层厚度示意图

种情况按如下方法计算。

（1）对于淤积情况。

1）表层：

$$P_{uk} = P'_{uk}$$

2）中层：如果 $\Delta Z_b > h_m$，则新的中层位于原表层底面之上，显然有：

$$P_{mk} = P'_{uk}$$

否则：

$$P_{mk} = \frac{\Delta Z_b P'_{uk} + (h_m - \Delta Z_b) P_{mk}^{(0)}}{h_m}$$

3）底层：新底层的厚度为 $h_b = h_b^{(0)} + \Delta Z_b$

如果 $\Delta Z_b > h_m$，则：

$$P_{bk} = \frac{\left[ (\Delta Z_b - h_m) P'_{uk} + h_m P_{mk}^{(0)} + h_b^{(0)} P_{bk}^{(0)} \right]}{h_b}$$

否则：

$$P_{bk} = \frac{\Delta Z_b P_{mk}^{(0)} + h_b^{(0)} P_{bk}^{(0)}}{h_b}$$

（2）对于冲刷情况。

1）表层：

$$P_{uk} = \frac{(h_u + \Delta Z_b) P'_{uk} - \Delta Z_b P_{mk}^{(0)}}{h_u}$$

2）中层：

$$P_{uk} = \frac{(h_m + \Delta Z_b) P_{mk}^{(0)} - \Delta Z_b P_{bk}^{(0)}}{h_m}$$

3）底层：

$$h_b = h_b^{(0)} + \Delta Z_b$$
$$P_{bk} = P_{bk}^{(0)}$$

以上各式中，右上角标（0）表示该变量修改前的值。

4. 计算步骤

对于每一个计算时段和计算河段，应计算的内容和步骤为：①水力因素计算；②悬移质含沙量、推移质输沙率及级配计算；③冲淤量及冲淤泥沙级配计算；④修改横断面特性。

# 11.3　定床河工模型试验

河工模型试验是建立在相似论基础之上的，只有相似论所规定的相似条件得到满足，模型和原型才是相似的，才能根据实验成果推断原型中的情况。按照所研究问题的不同要求，河工模型试验可分为定床模型试验和动床模型试验两类。本节首先简要介绍河工模型试验所依据的相似性原理，然后介绍定床河工模型试验的理论基础和设计方法。动床模型的相关试验问题将在下节介绍。

## 11.3.1　相似理论的基本概念

相似理论的基本原理为：凡是在自然界中相似的属于机械力学范围的物质系统，其外形必须几何相似，系统中各种运动过程的属性必须相同，系统中表征运动现象的同类性质的量必须具有同一比值。从相似理论的基本原理出发，河工模型试验的模型与原型原则上必须在以下三个方面都能相似。

（1）几何相似，即模型与原型的几何形态必须相似，要求模型与原型的任何相应的线性长度具有同一比例。设 $L_p$ 为原型某部位的长度，$L_m$ 为模型对应部位的长度，则几何相似要求长度比尺 $\lambda_l$ 为：

$$\lambda_l = L_p/L_m \tag{11-53}$$

（2）运动相似，即模型与原型的运动状态必须相似，要求在模型与原型中相应任何相应点的速度、加速度等必须相互平行且具有同一比例。设 $U_p$ 为原型某点的流速，$U_m$ 为模型对应点的流速，则流速比尺 $\lambda_U$ 为：

$$\lambda_U = U_p/U_m = \lambda_l/\lambda_t \tag{11-54}$$

式中：$\lambda_t$ 为时间比尺。

相应的，加速度比尺为：

$$\lambda_a = a_p/a_m = \lambda_l/\lambda_t^2 \tag{11-55}$$

（3）动力相似，即模型和原型的力的作用情况应相似，要求在模型和原型中作用于相应点的力必须互相平行且具有同一比例，即：

$$\lambda_F = F_p/F_m \tag{11-56}$$

式中：$F_p$、$F_m$ 为原型和模型中作用于任何相应点的力；$\lambda_F$ 为力的比尺。

模型与原型的几何相似、运动相似、动力相似是保证运动规律相似的几个具体条件，它们之间并不是毫无关联的。运动规律的相似，要求模型与原型的同一物理现象，必须被同一物理方程式所描述，这就使得几何相似、运动相似和动力相似之间存在着一种互相制约的关系，各相似常数要受到物理方程式的约束，不能任意选定。下面以牛顿第二定律为例，来阐明这一问题。

牛顿第二定律可表述为：

$$F = m \frac{\mathrm{d}U}{\mathrm{d}t} \tag{11-57}$$

式中：$F$ 为作用力；$m$ 为质量；$U$ 为速度；$t$ 为时间。

对于原型来说，应有：

$$F_p = m_p \frac{\mathrm{d}U_p}{\mathrm{d}t_p} \tag{11-58}$$

对于模型来说，应有：

$$F_m = m_m \frac{\mathrm{d}U_m}{\mathrm{d}t_m} \tag{11-59}$$

在两者相似的条件下，各个量的关系可以通过相似比例常数联系起来：

$$F_p = \lambda_F F_m, \quad m_p = \lambda_m m_m, \quad U_p = \lambda_U U_m, \quad t_p = \lambda_t t_m$$

代入式（11-58）得：

$$\frac{\lambda_F \lambda_t}{\lambda_m \lambda_U} F_m = m_m \frac{\mathrm{d}U_m}{\mathrm{d}t_m} \tag{11-60}$$

$$\frac{\lambda_F \lambda_t}{\lambda_m \lambda_U} = 1 \tag{11-61}$$

只有在式（11-61）的条件下，方程式（11-59）和式（11-60）才能统一起来，说明 4 个相似常数中，只有 3 个可以任意给定，而另一个则须由方程式决定。

## 11.3.2 正态定床河工模型

模型水流为清水，河床在水流作用下不发生变形的模型称为定床模型。定床河工模型按模型水平比尺和垂直比尺是否相同，分为正态定床模型和变态定床模型两类。接下来首先介绍正态定床模型。

### 1. 正态定床河工模型的相似条件

设计定床河工模型的首要问题，是确定相似比尺。以往广泛采用的推求相似比尺的方法有两种：一种是利用因次分析法则，将相关物理量分别组合成无因次组合，据此来推求比尺关系式；另一种是从控制物理现象的方程出发，求出有关的比尺关系式。

应该指出，当已知描述物理现象的方程式时，应该从方程出发，推导出比尺关系式，这是因为：从方程推导出来的比尺关系式物理意义明确；当从针对具体现象的方程式出发进行推导时，无关紧要的影响因素已排除在考虑之外，容易分清主次。

定床河工模型所研究的主要对象是水流运动，下面从前面已经详细讨论过的描述明渠一维非恒定水流运动的圣维南方程组出发，推导相应的比尺关系式。

首先取连续性方程式进行分析，如前所述，明渠一维非恒定水流连续性方程可写为：

$$\frac{\partial A}{\partial t} + \frac{\partial (AU)}{\partial x} = 0 \tag{11-62}$$

将原型有关的物理量用比尺转化成相应的模型物理量，运用相似转化，式（11-62）变为：

$$\frac{\lambda_l^2}{\lambda_t} \left( \frac{\partial A}{\partial t} \right)_m + \frac{\lambda_l^2 \lambda_U}{\lambda_l} \left[ \frac{\partial (AU)}{\partial x} \right]_m = 0 \tag{11-63}$$

式中括号的下标表示括号内相关物理量均为模型值。根据相似原理，要使所得方程式（11-62）与用于模型的方程式（11-62）完全相同，要求：

$$\frac{\lambda_t \lambda_l^2 \lambda_U}{\lambda_l^2 \lambda_t} = \frac{\lambda_t \lambda_U}{\lambda_t} = 1 \tag{11-64}$$

再分析明渠一维非恒定水流的运动方程式。根据谢才公式，运动方程式（11-5）可写为：

$$-\frac{\partial z}{\partial x} = \frac{U^2 f}{8gR} + \frac{1}{g}\left(\frac{\partial U}{\partial t} + U\frac{\partial U}{\partial x}\right) \tag{11-65}$$

运用相似转化，可得：

$$\left(-\frac{\partial z}{\partial x}\right)_m = \frac{\lambda_U^2 \lambda_f}{\lambda_g \lambda_l}\left(\frac{U^2 f}{8gR}\right) + \left[\frac{1}{\lambda_g g}\left(\frac{\lambda_U}{\lambda_t}\frac{\partial U}{\partial t} + \frac{\lambda_U^2}{\lambda_l}U\frac{\partial U}{\partial x}\right)\right]$$

用 $\lambda_U^2 / \lambda_g \lambda_l$ 除各项，即得：

$$\frac{\lambda_g \lambda_l}{\lambda_U^2}\left(-\frac{\partial z}{\partial x}\right)_m = \lambda_f\left(\frac{U^2 f}{8gR}\right) + \left[\frac{1}{g}\left(\frac{\lambda_l}{\lambda_t \lambda_U}\frac{\partial U}{\partial t} + U\frac{\partial U}{\partial x}\right)\right]_m \tag{11-66}$$

结合式（11-65）及式（11-66），要使所得方程式与用于模型的方程式完全相同，要求：

$$\lambda_U^2 / \lambda_g \lambda_l = 1$$
$$\lambda_f = 1$$

由于天然河流有关糙率系数 $n$ 的资料比较丰富，通常不采用阻力系数比尺 $\lambda_f$，而采用糙率系数比尺 $\lambda_n$。根据谢才及曼宁公式易得：

$$\frac{R^{1/6}}{n} = \sqrt{\frac{8g}{f}}$$

写出比尺关系式为：

$$\lambda_f = \frac{\lambda_n^2}{\lambda_l^{1/3}}$$

由 $\lambda_f = 1$，可导出糙率比尺的关系式为：

$$\lambda_n = \lambda_l^{1/6}$$

综上所述，可以认为正态定床模型必须遵守的比尺关系式有以下几个。

水流连续相似：

$$\lambda_t = \frac{\lambda_l}{\lambda_U} \tag{11-67}$$

重力相似：

$$\frac{\lambda_U^2}{\lambda_g \lambda_l} = 1 \quad 或 \quad \lambda_{Fr} = \frac{(Fr)_p}{(Fr)_m} \tag{11-68}$$

阻力相似：

$$\lambda_f = 1 \quad 或 \quad \lambda_n = \lambda_l^{1/6} \tag{11-69}$$

式（11-67）为时间比尺，反映了水流运动连续条件相似要求；式（11-68）为重力相似准则（弗汝德相似准则），表示原型与模型中的弗汝德数应相等；式（11-69）为阻力相似准则，要求原型与模型的阻力系数相等。

对于一般的河工模型来说，原型与模型的重力加速度相等，即 $\lambda_g = 1$，在模型设计时，式（11-67）～式（11-69）常表示为以下比尺。

流速比尺：

$$\lambda_U = \lambda_l^{1/2} \tag{11-70}$$

时间比尺：

$$\lambda_t = \lambda_l^{1/2} \tag{11-71}$$

糙率比尺：

$$\lambda_n = \lambda_l^{1/6} \tag{11-72}$$

同时，$Q = AU$，可以写出比尺关系式为 $\lambda_Q = \lambda_A \lambda_U = \lambda_l^2 \lambda_U$，由式（11-70）得到流量比尺为：

$$\lambda_Q = \lambda_l^{5/2} \tag{11-73}$$

另外，为了保证模型与原型水流能基本上为相同的物理方程所描述，还有两个限制条件须同时满足。

（1）模型水流必须是紊流，要求模型雷诺数 $Re_m > 1000 \sim 2000$。

（2）为了不使表面张力干扰模型的水流运动，要求模型水深 $h_m > 1.5\text{cm}$。

这样，我们就得到正态河工模型全部比尺的表达式及主要限制条件。需要指出的是，上述各比尺关系式是由一维圣维南方程组推导而来，因此，$\lambda_U$ 表示的是断面的平均流速比尺，$\lambda_f$ 代表的是整体的阻力系数比尺，即只要求断面平均流速以及整体阻力系数相似。实际上，从二维或三维紊动水流的连续性方程及运动方程推导得到的相似比尺关系式与上述各式在形式上是一致的，只是相应比尺代表的含义有所不同。对于平面二维问题，要求垂线平均流速相似及床面各部分的阻力系数相似；对于三维问题，要求流速场以及床面各部分的阻力系数相似。这里不作详细介绍，有兴趣的读者可以自己进行推导。

2. 正态定床模型设计、制作及率定验证

（1）模型设计及制作。在设计模型时，一般根据任务性质、场地大小，并考虑可能供应的流量大小，首先确定模型的长度比尺 $\lambda_l$，其他比尺如 $\lambda_U$、$\lambda_n$、$\lambda_t$ 等即可根据上述相应比尺关系式算出。

模型的制作[8-11]一般包括内业与外业两部分。

1）模型内业：①地形图的整理与拼接，将按坐标分段的小幅地形图拼接成试验河段完整的地形图，作为塑造模型地形所依据的基本资料，如遇不同比尺的地形图时，需先将比例尺缩放成比例一致，然后再进行拼接；②模型的平面位置及高程的控制，在地形图上布置控制地形平面位置的导线网，使其既能够全面精确地控制模型的平面位置，又便于数据计算和施工放样，在试验场地选择平面位置及高程都有很固定的水准点，进行高程控制，一般情况下，模型最低点的高程应高于试验场地平面的高程，同时又不使模型过高，增大模型工程量以及带来试验操作的不便；③断面位置的确定，河道地形变化较大的河段，模型断面间距一般为 20~50cm，地形变化不大时，间距可以为 50~100cm。

2）模型外业：首先将模型的平面控制导线网施放在模型地面上，其次确定模型的边墙、首部和前池、模型的尾门位置；沿导线确定模型横断面的位置，并在边墙划出模型横断面线。安装断面板时，在断面线上将断面板上导线的位置对准控制导线，用填料将断面板固定，再用水准仪测定断面板的高程，即可作为控制地形的依据。水平断面板的位置确定以后，用水准仪测定其高程然后用填料将其固定。当模型断面板安装完毕后，将填料铺在断面板之间并用水浸湿填压密实。模型表层一般抹 3～5cm 厚的水泥砂浆。模型除做定床试验外还要兼做动床试验时，需预先留好动床的部位和空间，做成上下两层，下层留做动床使用，动床的厚度按可能的最大冲刷深度来确定。

（2）模型率定及验证。模型制作完成以后，必须放水对模型进行率定试验，确定模型糙率是否已达到要求。这是因为，$\lambda_n = \lambda_l^{1/6}$，且长度比尺远大于 1，因此，糙率比尺 $\lambda_n$ 也是一个大于 1 的数值，也就是说模型的糙率比原型要小得多。比如当长度比尺为 500 时，糙率比尺为 2.81，如果以长江中下游为例，原型糙率为 0.025 左右，相应模型糙率则仅为 0.0089。糙率的大小是与床面粗糙程度直接相关的，根据实践经验，一般纯水泥粉光的表面，其糙率为 0.012，即使光滑的像玻璃那样，其糙率也只能小到 0.01，像前述实例中要求的模型糙率 0.0089 是很难达到的，因此需要检验糙率比尺是否满足要求。

模型糙率的率定，是指利用实测资料对模型的糙率进行调整校正的过程。具体做法是，选择有代表性的若干级实测流量，按照流量比尺放水后，测量模型水面线是否与原型水面线吻合。如果模型水面线与原型吻合，就表明模型糙率满足要求，否则应进行适当的加糙或减糙。当模型的水位高于原型相应处的水位，表明模型糙率偏大，需要减糙。反之，则需要加糙。加糙的方法一般有两种，一种称为密实加糙，一种称为梅花加糙。

模型的验证，是指把率定好的模型，采用与率定试验不同的资料，对比实测水面线与模型水面线接近程度的过程。

### 11.3.3　变态定床河工模型试验

变态模型一般是指在几何尺度上水平比尺和垂直比尺不一致的河工模型。

从相似理论出发，模型应该满足几何相似做成正态，然而由于受种种条件的限制，不得不将模型做成变态，这种限制主要来自以下两个方面。

（1）模型平面比尺不能太小。这除了受模型场地面积的限制外，还有模型建造工作量、模型建成后试验运转工作量及供水系统的流量等方面的限制。

（2）模型的铅直比尺不能过大。主要是模型的水深不能太小，这是因为，水深太小的话，会造成一系列的问题：测量精度难以保证、表面张力的影响超过允许的限度、雷诺数太小从而不能保证水流的充分紊动、模型要求的糙率太小使制模时难以达到要求等。

因此，在模型设计时，常将平面比尺定的大一些，而铅直比尺定的小一些，即 $\lambda_l > \lambda_h$，称 $\lambda_l / \lambda_h = \eta$ 为变率，这样，模型在几何形态上失去了与原型的严格相似性，因此叫做变态模型。

和正态模型一样，从圣维南方程组出发，运用相似转化，容易导出如下比尺关系式：

$$\lambda_U = \lambda_h^{1/2} \tag{11-74}$$

$$\lambda_t = \lambda_l / \lambda_U \tag{11-75}$$

$$\lambda_f = \lambda_R / \lambda_l \quad \text{或} \quad \lambda_n = \lambda_R^{2/3} / \lambda_l^{1/2} \tag{11-76}$$

同时，$Q = AU$，可以写出比尺关系式为 $\lambda_Q = \lambda_A \lambda_U = \lambda_l \lambda_h \lambda_U$，由式（11-74）得到流量比尺为：

$$\lambda_Q = \lambda_l \lambda_h^{3/2} \tag{11-77}$$

对于变态模型，以下两个限制条件也必须同时满足：①模型水流必须是紊流，要求模型雷诺数 $Re_m > 1000 \sim 2000$；②为了不使表面张力干扰模型的水流运动，要求模型水深 $h_m > 1.5\text{cm}$。

另外，在正态模型中介绍的率定和验证试验，在变态模型中也同样要进行。

从上述相似比尺关系式可以看出，对于一维问题来说，无论是宽浅河道，还是窄深河道，这些相似条件都是可以满足的，因此，利用变态定床模型来研究一维水流的水位及断面平均流速问题是可行的。对于平面二维水流问题，其相似条件的形式与式（11-74）～式（11-76）是一致的，本身也不存在矛盾；对于三维水流问题，由于夸大了模型中铅直方向惯性力的作用，在铅直方向的物理量及相关物理量的沿铅垂方向的分布是不可能做到相似的。其具体的相似条件在此不作推导，请读者自己完成。

变态模型对水流运动相似主要有以下几个方面的影响。

（1）在变态模型中，模型比降与原型比降的关系为 $J_m = \eta J_p$，即模型的比降大于原型的比降，地形变陡，因此，变态模型必须加糙才可能保持模型阻力损失相似。

（2）对于河道中常见的弯道水流，由于模型变态，放大了垂直方向的作用，对弯道纵、横向流速沿垂线分布的影响明显，使得弯道模型的环流运动与原型不相似，回流的大小和位置也会变化，形状有所扭曲，因此，采用变态模型来研究回流问题是不合适的。

综上所述，对于变态模型，其水流内部的动态和动力相似性将发生一定程度的偏离，只有在这种偏离对所研究的问题影响不大时，才能应用。由于变态模型作为一种近似的模拟方法只能做到对水流平均特征的相似，因此用来解决一维水流的问题是可以的；对于研究地形平缓顺直、宽浅的平原河流，变态模型对于研究二维水流问题，也已经得到广泛的应用；对于解决三维水流问题，则存在很大的局限性。

# 11.4　动床河工模型试验

与定床河工模型试验相比，动床河工模型试验有以下两个特点：①模型水流挟带泥沙；②模型的河床边界是可动的。因此，在设计动床模型时，不仅要考虑水流运动相似条件，还需考虑泥沙运动和河床变形相似条件。泥沙运动的相似，包括泥沙的起动相似、沉降相似、悬移相似、挟沙相似等。动床模型试验的最终目的是对河床冲淤变形进行预报，这就要求模型与原型还应满足河床冲淤变形相似。

在进行动床模型试验时，原则上应该同时模拟推移质和悬移质，但是由于泥沙运动及河床变形影响因素极为复杂，很多问题还没有得到很好的解决，因此目前一般的动床泥沙模型设计多是采用简化方法进行处理，即根据影响因素的重要性，在挟沙水流模拟上，仅考虑推移质或悬移质；在悬移质中，仅考虑床沙质，忽略冲泻质；在河床变形的模拟上，仅考虑河床的冲淤，忽略河岸的变化。

在接下来的讨论中，将重点介绍推移质动床模型及悬移质动床模型试验的设计步骤。在泥沙运动和河床变形相似比尺关系式的推导过程中，将垂直比尺和水平比尺分别用 $\lambda_h$ 和 $\lambda_l$ 表示，使推导得到的相似比尺关系式既适用于变态模型，又适用于正态模型。对于正态模型，只要将 $\lambda_h$ 换成 $\lambda_l$ 即可。

### 11.4.1　推移质动床河工模型试验

推移质可以分为沙质推移质和卵石推移质两种。沙质推移质由于与悬移质中的床沙质经常发生交换，且其输沙率仅占悬移质中床沙质输沙率的很小一部分，不能单独地对河床变形起主导作用，在有必要考虑沙质推移质对河床变形的影响时，一般不单独地进行沙质推移质的动床模型实验，而往往是进行包括沙质推移质在内的悬移质中床沙质的动床模型实验。由于悬移质中的床沙质输沙率远大于沙质推移质输沙率，对河床变形起决定作用的是悬移质中的床沙质，在本书中将不深入讨论关于悬移质和沙质推移质同时模拟的问题，有兴趣的读者可以参阅相关文献。本节仅限于讨论卵石推移质动床试验问题。

模型沙的选配是动床模型试验成败的关键。当原型沙很粗时，模型沙一般采用与原型沙密度相同的天然沙；当原型沙较细时，如果采用密度较大的模型沙，则模型沙的颗粒很细，颗粒间具有黏性，因此用很细的天然沙来模拟本无黏性的原型沙是不恰当的。在这种情况下，常选用密度小于天然沙的材料（即轻质沙）来作为模型沙。

1. 推移质动床河工模型试验关键问题

推移质动床河工模型中关于水流运动必须遵守的相似条件，与定床模型一致。这里需要指出的是，由于河床可动，模型的糙率与床面形态和模型沙的选用有关，需结合模型沙的阻力特性进行综合考虑。推移质动床模型设计的关键问题包括以下几个方面：确定模型进口加沙的粒径及加沙量；确定河床上铺设的模型沙的粒径；确定模型放水时间。下面分别进行讨论。

（1）模型进口加沙的粒径。对于进口加入的推移质泥沙来说，应该同时满足起动相似和止动相似条件。由于推移质泥沙起动和止动流速公式具有相同的公式结构，这里采用起动流速公式来计算满足起动相似所要求的粒径比尺 $\lambda_d$。推移质为散粒体，其颗粒起动流速公式的基本形式可写为：

$$U_c = k \sqrt{\frac{\gamma_s - \gamma}{\gamma} g d} \left( \frac{h}{d} \right)^m$$

由这一方程式可导出起动流速比尺关系式：

$$\frac{\lambda_{U_c}}{\lambda_k \lambda_{(\gamma_s - \gamma)/\gamma}^{1/2} \lambda_d^{5/14} \lambda_h^{1/7}} = 1$$

利用起动流速比尺关系式，结合起动相似条件 $\lambda_{U_c} = \lambda_U$，可导出粒径比尺 $\lambda_d$ 的关系式：

$$\lambda_d = \frac{\lambda_h}{\lambda_{(\gamma_s - \gamma)/\gamma}^{7/5} \lambda_\eta^{14/5}} \tag{11-78}$$

这一比尺关系式可作为确定卵石推移质动床模型进口加沙粒径的依据。泥沙运动相似应要求模型沙的级配曲线与原型沙相似，所以当泥沙粒径比尺 $\lambda_d$ 确定之后，就要按照这一比尺将原型沙的推移质级配曲线换算为模型沙的级配曲线，然后按照此曲线配制通过模型进口加入的模型沙。

如果采用天然沙作为模型沙，则有 $\lambda_{(\gamma_s-\gamma)/\gamma}=1$，如果同时取 $\lambda_k=1$，则得出：

$$\lambda_d=\lambda_h \tag{11-79}$$

式（11-79）说明，在用天然沙作模型沙的条件下，粒径比尺应等于铅直方向的长度比尺 $\lambda_h$，对于正态模型即等于长度比尺 $\lambda_l$。由于卵石粒径较大，卵石推移质动床模型采用天然沙作模型沙，在许多情况下往往是可能的。

（2）河床铺设模型沙粒径的确定。一般来说，床沙与推移质采用相同材料的模型沙。按照上述泥沙粒径比尺 $\lambda_d$ 将原型的床沙级配曲线换算为模型沙的级配曲线，然后按照此曲线配制模型沙。

（3）模型进口的加沙量。采用推移质输沙率公式来计算满足推移质输沙相似所要求的输沙比尺 $\lambda_{g_b}$，确定模型进口的加沙量。

目前计算推移质输沙率的公式很多，结构形式不一，在同一水流泥沙条件下，按不同的推移质输沙率公式导出的输沙率相似条件也各不相同。这里以窦国仁根据平衡原理提出的公式为例，推导推移质输沙率的相似条件。其公式为：

$$g_b=\frac{k_0}{C_0^2}\frac{\gamma_s}{(\gamma_s-\gamma)/\gamma}(U-U_0')\frac{U^3}{g\omega}$$

式中：$k_0$ 为综合系数，对于全部底沙，$k_0$ 取为 0.1；$U_0'$ 为不动流速，一般取 $U_0'=U_0/1.2$；$C_0$ 为无量纲谢才系数，从谢才公式可得：

$$\lambda_{C_0}=(\lambda_l/\lambda_h)^{1/2}$$

可得输沙率比尺：

$$\lambda_{g_b}=\frac{\lambda_{\gamma_s}}{\lambda_{(\gamma_s-\gamma)/\gamma}}\frac{\lambda_U^4}{\lambda_{c_0}^2\lambda_\omega} \tag{11-80}$$

窦国仁认为由于底沙可能处于半悬浮状态，最好还能满足沿程落淤部位的相似，$\lambda_\omega$ 可用下式表示：

$$\lambda_\omega=\lambda_U\frac{\lambda_h}{\lambda_l}$$

对于粗沙，可由泥沙沉速公式 $\omega=K\sqrt{\frac{\gamma_s-\gamma}{\gamma}gd}$ 得到沉速比尺为：

$$\lambda_\omega=\lambda_{(\gamma_s-\gamma)/\gamma}^{1/2}\lambda_h^{3/2}$$

则得输沙率比尺为：

$$\lambda_{g_b}=\frac{\lambda_{\gamma_s}}{\lambda_{(\gamma_s-\gamma)/\gamma}}\lambda_h^{3/2} \tag{11-81}$$

由于现阶段推移质输沙率的计算公式还难于符合实际，因而按上述公式或其他公式导得的输沙率相似比尺，还需要经过率定试验进行调整。

（4）模型放水时间的确定。根据推移质河床变形方程推导推移质冲淤变形时间比尺 $\lambda_{t'}$，控制模型放水时间。推移质运动的河床变形方程式可写为：

$$\frac{\partial Bg_b}{\partial x}+\gamma'B\frac{\partial z_b}{\partial t}=0$$

由此导出河床变形比尺关系式为：

$$\lambda_{t'} = \lambda_{\gamma'} \lambda_l \lambda_h / \lambda_{g_b}$$

(11 – 82)

与水流及泥沙连续条件相似的时间比尺 $\lambda_t = \lambda_l / \lambda_u$ 比较，可得：

$$\lambda_{t'} = \lambda_{\gamma'} \lambda_l \lambda_q / \lambda_{g_b}$$

要使两个时间比尺统一起来，必须：

$$\lambda_{\gamma'} = \lambda_{g_b} / \lambda_q$$

这个条件在一般情况下是难以满足的。

2. 推移质动床河工模型设计步骤

(1) 根据试验场地限制和可能的供水量及变率，选定可能的水平比尺 $\lambda_l$ 和垂直比尺 $\lambda_h$。

(2) 选择不同密度的模型沙，根据前面介绍的方法计算得到粒径比尺 $\lambda_d$、输沙比尺 $\lambda_{g_b}$、时间比尺 $\lambda_{t'}$。经过对各种模型沙性能的综合考虑，初步确定模型沙的种类和粒径。

(3) 对初步选定的模型沙进行专门的水槽预备试验。水槽试验主要是进行起动流速和糙率的试验，通过起动流速试验，确定模型沙起动流速随水深变化的规律，选择并检验相应的起动流速公式。通过糙率 $n_m$ 测定试验，确定它能否满足阻力相似，如不能满足，则应重新选择模型沙，直到既能满足起动流速相似又能满足糙率相似为止。应该指出，由于这里的阻力是动床阻力，因此，其阻力相似条件只是近似的表达，最终动床阻力的相似还依赖于模型的验证试验。

当模型沙用天然沙时，由于粒径比尺等于垂直比尺，若原型沙粒径较小，则模型沙将因粒径过细而影响其起动特性，此时可采取选用轻质沙的办法来解决上述问题。

(4) 模型沙以及 $\lambda_d$、$\lambda_{\gamma_s}$、$\lambda_{\gamma_s'}$ 等相关比尺确定后，由输沙相似和河床冲淤变形相似条件，求得推移质单宽输沙率比尺 $\lambda_{g_b}$ 和冲淤变形时间比尺 $\lambda_{t'}$，确定模型进口加沙量及试验放水控制时间。

3. 模型的率定和验证

模型的率定是指选择具有代表性的水沙系列，对模型的各项参数进行调整校正的过程。如果在模型上能够获得与原型相似的水流结构和复演与原型相对应的地形冲淤变化，就可以认为所选定的各类模型的比尺是可行的，所选用的模型沙能够用来模拟泥沙运动及河床的冲淤变化。否则就需要调整相关比尺。泥沙运动的比尺，有些一经选定就不能更改，如泥沙的粒径比尺和密度比尺；一般需要调整的是推移质输沙率比尺和河床变形时间比尺。选择调整这两个比尺的原因有二：①推移质输沙率公式包含了一系列经验系数和指数，是不可靠的，河床变形方程属于纯理论公式，是比较可靠的；②为保持率定过程中冲淤量为定值，推移质输沙率比尺调大，则时间比尺需调小，反之亦然。因此，一般说来，模型比尺问题是由推移质输沙率比尺引起的，而冲淤变形时间比尺是派生的。经过反复调整，直到能复演与原型相应时段的河床冲淤变化为止。

模型的验证是指把率定好的模型，用与率定模型的水沙序列数据特点相近，变化范围大体相同的另一水沙序列，进行验证实验，比较模型测量结果与实测值的接近程度的过程。其中包括水面线的验证，水流流态的对比，冲淤相似的验证（冲淤过程和形态、最大淤积量等）。必须强调的是这里用的水沙系列不能与率定用的水沙系列相同（哪怕是部分的），而且验证用的水沙系列又要与率定用水沙系列在资料变幅上具有大体相同的特点。只有区别验证与率定的水沙系列，模型的验证才有意义，只有用与率定模型的水沙系列特点相近的水沙系列，才可能充分验证模型。

### 11.4.2　悬移质动床河工模型试验

#### 11.4.2.1　悬移质动床河工模型试验关键问题

前面已经提到，原型沙的粒径很细的话，淤积以后，颗粒间黏结力显著，这种情况下模型沙的起动流速往往较大，满足不了起动相似的要求。因此在通常情况下，悬移质动床试验必须选择轻质沙。下面分别讨论悬移质动床模型设计的关键问题：确定模型进口加沙的粒径及加沙量；确定河床上铺设的模型沙；确定模型放水时间。

1. 模型进口加沙的粒径

（1）河床变形以淤积为主的情况。从描述恒定渐变流悬移质泥沙运动的扩散方程出发，来推导悬移和沉降相似必须满足的比尺关系式，并按沉降相似和悬移相似条件来确定模型进口加沙的粒径比尺。

恒定渐变流悬移质泥沙运动的方程为：

$$U\frac{\partial s}{\partial x}=\frac{\partial}{\partial y}(\omega s)+\frac{\partial}{\partial y}\left(\varepsilon_{sy}\frac{\partial s}{\partial y}\right)$$

运用相似转化，可以导出如下比尺关系式：

$$\lambda_U\lambda_h/\lambda_\omega\lambda_l=1 \tag{11-83}$$
$$\lambda_{\varepsilon_{sy}}/\lambda_\omega\lambda_h=1 \tag{11-84}$$

第一个比尺关系式为泥沙沉降相似条件，表示由时均流速及重力沉降引起的进出沙量变化比相等；第二个比尺关系式为泥沙悬移相似条件，表示由紊动扩散及重力沉降引起的进出沙量变化比相等。

对于二维均匀流，$\lambda_{\varepsilon_{sy}}$ 可从下水流紊动扩散系数的表达式导出，即：

$$\varepsilon_{sy}\approx\varepsilon=kU_*\left(1-\frac{y}{h}\right)y$$

写出比尺关系式：

$$\lambda\varepsilon_{sy}\approx\lambda_\varepsilon=\lambda_k\lambda_{U_*}\lambda_h$$

取 $\lambda_k=1$，即得：

$$\lambda_{U_*}/\lambda_\omega=1$$

又由于 $U_*=\sqrt{ghJ}$，上式可写为：

$$\lambda_\omega=\lambda_{U_*}=\lambda_h^{1/2}\lambda_J^{1/2}=\lambda_U(\lambda_h/\lambda_l)^{1/2}=\lambda_U/\eta^{1/2} \tag{11-85}$$

式（11-83）还可以改写为：

$$\lambda_\omega=\lambda_U\lambda_h/\lambda_l=\lambda_U/\eta \tag{11-86}$$

因此，对于变态模型来说，式（11-85）和式（11-86）是不能同时成立的，在选择模型沙时必须结合所研究的具体情况对相似条件有所取舍。

1）按沉降相似条件来确定模型进口加沙的粒径。当重点保证含沙量沿程分布的相似问题时，即满足沉降相似条件 $\lambda_U \lambda_h / \lambda_\omega \lambda_l = 1$，而允许悬移相似有所偏离。泥沙沉降相似比尺关系式中包含了沉速比尺 $\lambda_\omega$，而泥沙的沉速是与泥沙的粒径及密度直接相关的，可以通过表达它们之间关系的静水沉速公式，来建立泥沙粒径及密度比尺与沉速比尺之间的关系。

悬移质泥沙一般较细，认为基本处于滞流区内，推求比尺关系式时，可以选用滞流区静水沉速公式，如：

$$\omega = 0.039 \frac{\gamma_s - \gamma}{\gamma} g \frac{d^2}{v}$$

写出比尺关系为：

$$\lambda_\omega \lambda_v / \lambda_{(\gamma_s - \gamma)/\gamma} \lambda_d^2 = 1 \tag{11-87}$$

结合沉降相似比尺关系式（11-86）得粒径比尺：

$$\lambda_d = \lambda_h^{3/4} \lambda_v^{1/2} / \lambda_{(\gamma_s - \gamma)/\gamma}^{1/2} \lambda_l^{1/2} \tag{11-88}$$

式（11-88）是引用滞流区的沉速公式得来的。而悬移质中较粗的颗粒不一定处于滞流区内。在这种情况下，可引用不同流区的统一沉速公式来导出比尺关系式，如：

$$\omega = \sqrt{\left(13.95 \frac{v}{d}\right)^2 + 1.09 \frac{\gamma_s - \gamma}{\gamma} g d} - 13.95 \frac{v}{d}$$

上式改写为：

$$\omega = \xi \sqrt{\frac{\gamma_s - \gamma}{\gamma} g d}$$

写出比尺关系式为：

$$\lambda_\omega / \lambda_{(\gamma_s - \gamma)/\gamma}^{1/2} \lambda_d^{1/2} \lambda_\xi = 1 \tag{11-89}$$

其中：

$$\lambda_\xi = \xi_y / \xi_m, \quad \xi = \sqrt{\left(\frac{13.95 v/d}{\sqrt{g d (\gamma_s - \gamma)/\gamma}}\right)^2 + 1.09} - \frac{13.95 v/d}{\sqrt{g d (\gamma_s - \gamma)/\gamma}}$$

将上式与沉降相似比尺关系式（11-87）联立，得到的粒径比尺包含了系数比尺 $\lambda_\xi$，而其本身是密度比尺和粒径比尺的函数。因此，利用这样的表达式来推求密度比尺和粒径比尺只能通过试算。

需要指出的是，由于原型沙的各粒径组泥沙颗粒的平均沉速不同，因此不同粒径组泥沙具有不同的沉速比尺 $\lambda_\omega$。若将原型沙分为若干组，第 $k$ 组粒径的直径为 $d_{p,k}$，相应沉降速度 $\omega_{p,k}$，由沉降相似比尺关系式（11-86）可以得到第 $k$ 组粒径相对应的沉速比尺 $\lambda_{\omega_{m,k}}$，再由式（11-89）进一步得到粒径 $\lambda_{d_{m,k}}$。

2）兼顾悬移相似和沉降相似条件来确定模型进口加沙的粒径。从前面的分析知道，对于变态模型来说，悬移相似和沉降相似是不能同时满足的，当悬移相似和沉降相似居于同等重要时，解决的办法有二：①模型变率尽量小些；②选沙时使 $\lambda_\omega$ 介于 $\lambda_U / \eta^{1/2}$ 和 $\lambda_U / \eta$ 之间，然后与上述相应沉速公式联立求解，即可得到粒径比尺。

（2）河床变形有冲有淤的情况。当河床变形有冲有淤时，除满足沉降相似外，参与淤积的悬移质还应满足起动相似条件。即利用适当的起动流速公式求得起动流速比

尺 $\lambda_{U_c}$，进而求得粒径比尺 $\lambda_d$。

悬移质泥沙由于粒径很细，淤积之后，黏结力作用显著，其起动流速一般用含黏性细颗粒泥沙的起动流速公式计算。在通常情况下，要同时满足悬移及起动相似要求，必须选择轻质沙，此时模型沙的重率较小，而粒径则相对较大，使黏结力作用减弱甚至消除。采用下式来推导起动流速的比尺关系：

$$U_c=1.34(h/d)^{0.14}\sqrt{(\gamma_s-\gamma)gd/\gamma+0.00000496(d_1/d)^{0.72}g(h_a+h)}$$

式中：$d_1$ 为参考粒径，取为 1mm。

上式可改写为：

$$U_c=1.34(h/d)^{0.14}\sqrt{(\gamma_s-\gamma)/\gamma gd\zeta}$$

得到粒径比尺：

$$\lambda_d=\frac{\lambda_h}{\lambda_{\frac{\gamma_s-\gamma}{\gamma}}^{7/5}\lambda_\zeta^{14/5}} \tag{11-90}$$

其中：

$$\lambda_\zeta=\zeta_y/\zeta_m$$

$$\zeta=\sqrt{1+0.00000496(d_1/d)^{0.72}\frac{(h_a+h)}{d(\gamma_s-\gamma)/\gamma}}$$

需要指出的是，上述确定粒径比尺的过程中，由不同的相似条件将推导得到不同的粒径比尺，那究竟应该取哪一个粒径比尺呢？通常的做法是，在同一张图纸上绘制由式（11-88）及式（11-90）中的粒径比尺 $\lambda_d$ 与 $\lambda_{(\gamma_s-\gamma)/\gamma}$ 的关系曲线。其交点处的 $\lambda_d$ 及 $\lambda_{(\gamma_s-\gamma)/\gamma}$ 即为既满足沉降相似又满足起动相似的粒径比尺及密度比尺。

在初步选定模型沙的粒径和材料之后，通常还需要做起动流速和糙率的水槽实验。需要做起动流速试验的原因是起动流速公式并不一定可靠，需要进一步检验选择的模型沙是否满足起动相似。影响模型糙率的主要因素是模型沙粒径，因此在初步选定了粒径比尺后，还要进行糙率试验，检验选择的模型沙是否满足阻力相似。如不能满足，则应重新选择模型沙，直到既能满足起动流速相似又能满足糙率相似为止。

**2. 河床铺设模型沙粒径的确定**

当模型中河床铺设的模型沙与悬移质采用相同材料时，其泥沙粒径比尺 $\lambda_d$ 与悬移质相同。如前所述，不同粒径组泥沙具有不同的粒径比尺，应根据床沙级配曲线按照相应的粒径比尺来配置模型床沙。

**3. 模型进口的加沙量**

由一维泥沙连续性方程式来确定含沙量比尺，以控制模型进口加沙量。一维泥沙连续性方程式可写为：

$$\frac{\partial(QS)}{\partial x}+\frac{\partial(BhS)}{\partial t}+\alpha BS\omega-\alpha B\omega S_*=0$$

运用相似转化得：

$$\lambda_s/\lambda_{s_*}=1 \tag{11-91}$$

即含沙量比尺应与水流挟沙力比尺相等。

为了求得含沙量比尺的表达式，必须引进表征悬移质挟沙能力的水流挟沙力公式，如：

$$S_v^a = \frac{\gamma}{8c_1(\gamma_s - \gamma)}(f - f_s)\frac{U^3}{gR\omega}$$

令 $\alpha = 1$，并将体积含沙量 $S_v$ 改为以单位体积重量计的含沙量 $s$，则上式将改写为：

$$S_* = \frac{\gamma_s}{8c_1\frac{\gamma_s - \gamma}{\gamma}}(f - f_s)\frac{U^3}{gR\omega}$$

取 $\lambda_{c1} = 1$，$\lambda_{fs} = \lambda_f$，$\lambda_R = \lambda_h$，可求得水流含沙量比尺为：

$$\lambda_s = \lambda_{s*} = \frac{\lambda_{\gamma s}}{\lambda_{\frac{\gamma_s - \gamma}{\gamma}}}\lambda_f\frac{\lambda_U^3}{\lambda_g\lambda_h\lambda_\omega} \qquad (11-92)$$

对上式的简化，可分为以下两种情况：

（1）对于正态模型，应有 $\lambda_f = 1$，在保证重力相似和悬移相似的条件下，$\lambda_U^2 = \lambda_h$，$\lambda_U = \lambda_\omega$，方程式简化为：

$$\lambda_s = \lambda_{s*} = \lambda_{\gamma s}/\lambda_{\frac{\gamma_s - \gamma}{\gamma}} \qquad (11-93)$$

（2）对于变态模型，应有 $\lambda_f = \lambda_h/\lambda_l$，当悬移条件采用 $\lambda_U\lambda_h/\lambda_\omega\lambda_l = 1$ 的条件下，有 $\lambda_U^2 = \lambda_h$，$\lambda_\omega = (\lambda_h/\lambda_l)\lambda_U$，得到与上式相同的计算式，即无论正态还是变态模型，含沙量比尺是一致的。

当悬移条件采用 $\lambda_U/\lambda_\omega = 1$ 时，应有 $\lambda_\omega = (\lambda_h/\lambda_l)^{1/2}\lambda_U$，将简化为：

$$\lambda_s = \lambda_{s*} = \frac{\lambda_{\gamma s}}{\lambda_{\frac{\gamma_s - \gamma}{\gamma}}}\left(\frac{\lambda_h}{\lambda_l}\right)^{1/2} \qquad (11-94)$$

即正态和变态模型的含沙量比尺是不同的。

4. 河床冲淤变形相似时间比尺

根据悬移质河床变形方程推导悬移质冲淤时间比尺 $\lambda_{t'}$，控制模型放水时间。悬移质运动的河床变形方程式可写为：

$$\frac{\partial Qs}{\partial x} + \gamma'B\frac{\partial z_b}{\partial t} = 0$$

当满足惯性力重力比时，由上式可求出时间比尺 $\lambda_{t'}$ 为：

$$\lambda_{t'} = \lambda_l\lambda_{\gamma'}/\lambda_s\lambda_u \qquad (11-95)$$

与水流相似的时间比尺比较：

$$\lambda_{t'} = \lambda_{\gamma'}\lambda_t/\lambda_s$$

显然，只有在 $\lambda_{\gamma'}/\lambda_s = 1$ 的条件下，这两个时间才会相等。而要满足这个条件，需：

$$\lambda_{\gamma'} = \lambda_{\gamma_s}/\lambda_{(\gamma_s - \gamma)/\gamma}$$

这个条件是难以满足的。

## 11.4.2.2 悬移质动床河工模型设计步骤

（1）根据试验场地限制和可能的供水量及变率，选定可能的水平比尺 $\lambda_l$ 和垂直比尺 $\lambda_h$。

（2）模型沙初选：根据所研究问题的具体情况，按照同时满足悬移及起动相似的条件，来控制模型选沙。

（3）对初步选定的模型沙进行专门的水槽预备试验。水槽试验主要是进行起动流速、糙率的试验，检验模型沙是否同时满足各种相似条件，如不能满足，则应重新选择模型沙，直到能满足各项相似条件为止。

（4）模型沙选定后，采用相应公式求得含沙量比尺 $\lambda_s$ 和冲淤变形时间比尺 $\lambda_{t'}$。

### 11.4.2.3　模型的率定和验证

在推移质动床模型中介绍的率定验证试验在悬移质动床模型中也同样要进行。悬移质动床模型试验率定的具体做法是，选定模型沙后，先设定某一含沙量比尺 $\lambda_s$，由冲淤变形相似条件得到冲淤变形时间比尺 $\lambda_{t'}$，根据原型中具有代表性的流量冲淤过程，在模型中以相应流量进行重演，然后观测模型河床的冲淤演变，若与原型不符，则针对不符的原因校正模型糙率或调整 $\lambda_s$ 和 $\lambda_{t'}$，直至观测结果满意为止。

和推移质动床模型一样，悬移质动床模型也需要把率定好的模型，用与率定模型的水沙序列数据特点相近、变化范围大体相同的另一组水沙序列，进行验证实验，比较模型测量结果与实测值的接近程度的过程。悬移质动床模型的验证，包括水面线的验证，水流流态的对比，悬移质含沙量的验证（验证断面平均含沙量、含沙量沿垂线分布及含沙量沿河宽分布的特性），冲淤相似的验证等。

# 参 考 文 献

［1］　李炜，徐孝平．水力学［M］．武汉：武汉大学出版社，2001.

［2］　窦国仁．潮汐水流中悬沙运动及冲淤计算［J］．水利学报，1963，（4）：13－24.

［3］　Lu Yongjun，Zhang Huaqing．Study on Nonequilibrlum Transporation of Nonuniform Bedload by Steady Water Flow．Proceedings of 5th ISRS，April，Karisruhe，FRG，1992.

［4］　谢鉴衡．河流模拟［M］．北京：水利电力出版社，1990.

［5］　杨国录．河流数学模型［M］．北京：海洋出版社，1993.

［6］　李义天，胡海明．床沙混合活动层计算方法探讨［J］．泥沙研究，1994（1）.

［7］　韦直林，赵良奎，付小平．黄河泥沙数学模型研究［J］．武汉水利电力大学学报，1997，30（5）：21－25.

［8］　中华人民共和国水利部．水工（常规）模型试验规程（SL 155—95）［S］．北京：中国水利水电出版社，1995.

［9］　中华人民共和国水利部．水工（专题）模型试验规程（SL 156～165—95）［S］．北京：中国水利水电出版社，1995.

［10］　中华人民共和国水利部．河工模型试验规程（SL 99—95）［S］．北京：中国水利水电出版社，1995.

［11］　惠遇甲，王桂仙．河工模型试验［M］．北京：中国水利水电出版社，1999.